高等职业学校西餐工艺专业教材

U0825616

西点制作基础

XIDIAN ZHIZUO JICHU

周　航◎主编

中国轻工业出版社

图书在版编目（CIP）数据

西点制作基础 / 周航主编. — 北京：中国轻工业出版社，2023.8

ISBN 978-7-5184-2265-4

Ⅰ. ①西… Ⅱ. ①周… Ⅲ. ①西点—制作 Ⅳ. ①TS213.23

中国版本图书馆CIP数据核字（2019）第167123号

责任编辑：方　晓　　责任终审：孟寿萱　　整体设计：锋尚设计
策划编辑：史祖福　　责任校对：吴大朋　　责任监印：张　可

出版发行：中国轻工业出版社（北京东长安街6号，邮编：100740）
印　　刷：河北鑫兆源印刷有限公司
经　　销：各地新华书店
版　　次：2023年8月第1版第3次印刷
开　　本：787×1092　1/16　印张：13.5
字　　数：260千字
书　　号：ISBN 978-7-5184-2265-4　定价：42.00元
邮购电话：010-65241695
发行电话：010-85119835　传真：85113293
网　　址：http://www.chlip.com.cn
Email：club@chlip.com.cn
如发现图书残缺请与我社邮购联系调换
231195J2C103ZBW

前言

本教材作为高职教育专业教材之一，在编写中始终以本专业的培养目标为指导思想，把握高职旅游类烹饪专业课程建设的特点，体现现代职业教育新理念，既注重知识的传授，更突出能力的培养，突出人才规格的专业技能性和岗位指向性，强调教材的先进性、创新性、兼容性、实用性和科学性。

本教材循序渐进地让学习者掌握西点知识与技能的学习规律。全书共分为六章，第一章为概述，主要介绍西点的历史、西点的种类与特点、西点生产作业流程与要求等；第二章和第三章分别介绍西点常用的设备器具和原辅材料；第四章介绍西点基础知识，包括配方平衡、烘焙百分比、西点基础酱汁、奶油膏制作等；第五章在阐述蛋糕类、点心类制作工艺的基础上，详细介绍海绵类蛋糕、戚风类蛋糕、面糊类蛋糕和起酥类、挞派类、曲奇饼干类、泡芙、冷冻甜点及其他类点心的制作技术；第六章介绍西点装饰技术及技巧。

本教材凝聚编写者多年的教学经验和收获，有的放矢，力求教材的科学性和实用性。全书所有配方均在教学和酒店中实际使用，确保制作的准确性，在表述形式上，插入大量图片，使文字叙述和图片显示紧密结合，强调技能操作的可模仿性。本教材可供高职院校烹饪专业学生使用，也可供烘焙爱好者、烘焙企业参考和培训使用。

本教材由四川旅游学院副教授周航担任主编，成都市 JW 万豪酒店饼房厨师长刘萍、四川省成都市财贸职业高级中学的杨喜花担任副主编。参加编写的有：四川旅游学院周航（第一章、第五章第二节、第六章），成都市技师学院（大邑分院）杨涵允（第二章），四川省成都市财贸职业高级中学校杨喜花（第三章、第五章第一节），黄冈职业技术学院杨清（第四章）。全书由周航总撰、统稿，并对部分章节的内容、插图进行了修改和增补。图片由周航、杨喜花、刘萍等制作并拍摄，感谢王小燕女士、王青平、陈泗林等对本书相关资料的收集和整理工作。

本教材在编写过程中，参阅了众多专家、行业资深人士的专业书籍、论文，难以一一注明来源，请作者见谅。本教材在编写过程中得到了四川旅游学院领导、同仁的鼓励和帮助，得到了中国轻工业出版社的大力支持，在此一并致谢！

限于编写人员对本教材编写要求的理解程度和编写水平，加上编写时间仓促，书中不妥和错误之处在所难免，望使用本教材的同仁、读者批评指正，以便再版时修改。

编者

2019 年 6 月

目录

第一章

西点概述

第一节 西点基础知识

学习目标

- 了解西点食品的定义和渊源、特点。
- 了解西点在西方饮食中的地位。
- 了解西点的发展概况和发展趋势。
- 掌握西点的分类、特色品种，熟悉西点的特点。
- 激发学生强烈的专业学习热情，培养他们浓厚的学习兴趣和自主学习的能力。

一、西点的概念

西点（Western-style pastry），又称为西式面点，指发源于欧美国家的点心，是以各类面粉、鸡蛋、糖、油脂和乳品为主要原料，辅以干鲜果品和调味料，经过调制、成形、成熟、装饰等一系列工艺手段制成的食品。西点的熟制方法是烘焙（baking），因此也称为焙烤食品。西点既是主食，也是餐前餐后的点心；既可以作为茶点品味，还可以作为馈赠之礼品。它是西餐烹饪的重要组成部分，在西餐饮食文化之中有着举足轻重的作用，在世界上享有很高的声誉。

二、西点文化以及其在西方饮食中的地位

西点在欧美国家人的生活中占有重要地位，充分体现了西方饮食文化的特色和西方人的饮食习惯。在欧美国家，餐后有食用甜点（Desserts）的习惯，家庭、宴会、即使食堂亦是如此。在传统的欧式宴会中，甜点是诸多菜肴中夺目的一道，精致的各种甜点放在各式银器和水晶器皿里，用以衬托宴会的主题和气氛，一个正式的西餐宴会缺乏甜点是不完整的。在欧美国家，烤箱（烤炉）是每个家庭厨房的标准配置，几乎每一位家庭主妇都会做蛋糕和点心。在大街小巷，前店后厂、自产自销的糕点店比比皆是，随时可以买到新鲜的面包、琳琅满目的蛋糕和点心。喝下午茶是欧美地区，特别是英国人传统的生活习惯。其历史可以追溯到英国 17 世纪时期，传统的下午茶时间大约在下午 4 点。与下午茶相伴的有各种花式蛋糕，以及一类专供下午茶享用的点心，即茶点应运而生。

巴黎被称为甜点之都，有许多著名的具有历史渊源和技术含量的甜点店。法国人非常会享受生活，法式甜品，就是这种情调型生活的代表。传统的法式甜点就好像是甜点界的柏拉图，在它之后的甜点文化只是对其进行补充和诠释。法式甜品具有高贵冷艳的气质和姗姗来迟的风格，但正是因为这些因素孕育了它无可替代的地位。数千年来，法国人早将甜点制作视为一门艺术、一门学问，他们对甜品的迷恋和追求，有时候会让人觉得疯狂。即使是在现在高速发展的时代，西式快餐业蓬

勃发展，不断和传统餐饮相冲突竞争，他们依旧放慢脚步，对甜点从选材到加工制作的每一步都有着近乎完美的苛刻要求。为了保证甜点的新鲜，讲究纯手工制作，看似简单的一个慕斯蛋糕就会花费 48 个小时。从准备材料到制作完成，都是亲自制作调配。但也正是这份执着和对艺术的迷恋，法国的甜品独步世界，直指人心，在世界餐饮界具有很高的地位。

节日（庆典）西点属于节日期间的专用食品，都有其传统的制作方法，即便是同一个节日，不同的民族也有不同的加工方法。英国非常注重传统习惯，节日喜庆糕点至今仍恪守传统样式，有一定的配方、制作方法和装饰风格。西点中常见的节日食品主要围绕圣诞节、复活节、情人节、感恩节和万圣节来制作。欧美国家最重要的节日是圣诞节。圣诞节的地位相当于中国的春节，这么盛大的节日里，食用圣诞树根蛋糕（Bûche de Noël）是传统之一。除了节日糕点外，每逢婚礼、生日等喜庆事也要制作特别的糕点来表示祝贺。在法国，泡芙是象征吉庆、示好的甜点，在节庆典礼场合，如婴儿诞生或新人结婚时，都习惯将泡芙沾焦糖后堆成塔状庆祝，称作泡芙塔（Croquembouche），象征喜庆与祝贺之意。

西点发展到现在，无论从卫生、营养、工艺装饰和花色品种，都充分体现出它的现代化气息。当前，烘焙食品业在欧美十分发达，西点制作不仅是西餐烹饪的组成部分（即餐用面包和点心），而且是独立于烹饪之外的一种庞大的食品加工行业，成为西方食品工业的主要支柱之一。

三、西点发展概况

欧洲是西点的主要发源地。西点制作在欧洲各国已有相当长的历史，并在发展中取得了显著的成就。小麦粉是生产糕点食品的主要原料。随着小麦及其生产工具的发展，才逐渐有了面包、糕点和饼干。尼罗河和地中海沿岸如埃及、土耳其等国家是小麦的故乡，距今已有一万多年的栽培历史。在埃及的金字塔砖瓦中，发现了公元前 3395 年的小麦绘画。在《圣经》中也有小麦的记载。埃及是生产面包最早的国家。在公元 600 多年前，他们已经将面粉加水和马铃薯及盐拌在一起，放在热的地方利用空气中的野生酵母来发酵，等面团发好后再掺上面粉揉成面团放在泥土做成的土窑中去烤，制成面包。

公元前 8 世纪，埃及将发酵技术传到巴勒斯坦，后来又传到希腊。希腊人在面包和糕点制作技术方面大大前进了一步。他们在面包中加入了牛奶、奶油和乳酪、蜂蜜，改善了面包和糕点的品质。后来，罗马人征服了希腊和埃及，面包和糕点制作技术又传到了罗马，又由罗马传到匈牙利、英国、德国进而遍及欧洲各地。

糖的发现和运用使西式糕点的发展进入一个新的时期。人们对甜食有不可抵御的渴望和需要。欧洲人和糖的第一次接触发生在印度，在最初，糖还相当稀奇，所以算得上是一种奢侈品，主要是作为医药，只有在宫廷里才作为食物原料使用。初具现代风格的西式糕点大约出现在欧洲文艺复兴时期。1533 年，意大利佛罗伦萨美第奇家族的凯瑟琳公主嫁给当时法国的王储，即后来的法兰西国王亨利二世。这位公主出嫁时从本国带了 50 名私人厨师作为陪嫁，把当时意式原料带到了法国，当亨利二世即位后，讲究美食的凯瑟琳就成了当时法国宫廷宴会的核心，宫廷内外掀起了一股学习意大利烹饪之风。糕点制作不仅革新了早期的方法，而且品种也不断增加。烘焙业已成为相当独立的行业，进入了一个新的繁荣时期。

维多利亚时代是欧洲西点发展的鼎盛时期。十八九世纪，在西方政体改革、近代自然科学和工业革命的影响下，西点烘焙业发展到一个崭新阶段。一方面，贵族豪华奢侈的生活影响到西点的制作，装饰大蛋糕开始风靡；另一方面，西点亦朝着个性化、多样化的方向发展，品种更加丰富多彩。同时，西点开始从作坊式的生产步入现代化的工业生产，并逐渐形成了一个完整和成熟的体系。

到了 20 世纪初，糕点开始运用谷物化学技术和其他科学实验成果，这时，面包的质量和生产数量有了很大的提高。同时，大的面包厂已经发展成为较大的面包公司，向周围几百公里的超市供应面包和其他糕点产品。在美国所有的面包消费中，90％是由工业化生产提供的，而仅有 10％是由家庭作坊制作的。欧洲的糕点工业与北美相比，其不同点是欧洲侧重于小糕点厂，采用较为古老的传统制作方法，糕点的花色多样，风味各异，而加拿大、美国等北美国家则侧重于大的公司生产，糕点的品种少，风味单调。漫步欧洲街头，很多点心店都具有悠久的历史，很多甚至是百年老店，而且在发展过程中形成了自己特有的风格和特色的品种，一直被食客津津乐道。

四、西点在中国的发展

西点是伴随着我国和世界各民族人民的交往而传入的，但西点何时传入我国，至今还未有定论。据史料记载，早在汉代，波斯古国和西亚各地的灿烂文化通过“丝绸之路”传到中国，其中就包括膳食。13 世纪，意大利著名学者马可·波罗（1254—1324 年）在我国居住数十年，为两国经济文化交流贡献了毕生精力。与此同时，马可·波罗也给成吉思汗的子孙带来了意大利人民的佳肴美馔，包括西点。明朝万历年间，意大利传教士利马窦和明末清初德国传教士汤若望，将面包制法传入我国东南沿海城市广州、上海等地，以后传入内地，其次是 1867 年帝俄修建东北铁路时，将面包制作技术传入我国东北地区。至今在我国东北的哈尔滨、长春、沈阳等地区还保留着许多传统的苏联风味面包制法。自从清代末期沿海城市对外开放以后，各种西餐馆、面包房便应运而生了。上海的凯司琳、起士林、菲特食品厂、沙利文面包厂等西式糕点厂（店），都有一百多年的历史了。

在中国饮食文化史上，19 世纪中叶至 20 世纪 40 年代，是西方饮食文化大规模传入时期，其中 20 世纪 20、30 年代，在我国的传播最快，进入了一个全盛时期。辛亥革命以后，军阀混战，饭店、酒楼、西餐馆等成为军政头目、洋人、买办、豪门贵族交际享乐的场所，西餐，包括西点，也在这种形势下很快发展起来。从 20 世纪 20 年代起，上海先后出现了大型西式饭店，如汇中饭店、大华饭店、上海大厦等大饭店相继开业。与此同时，其他城市也开设了西餐馆，其中，天津的“起士林”是当时较著名的西餐馆，它是德国人开设的最大的点心厂，随着生意的兴隆，他们雇用了不少中国雇员，这些人后来都成为我国第一代有名的西点师。

改革开放以后，随着我国经济的增长和人民生活水平的提高，星级酒店和高档餐饮的蓬勃发展使得中国西点烘焙业进入了一个迅猛的发展时期，一大批来自国外以及我国香港、台湾等地的点心行业从业人员担任星级酒店餐饮的高层人员，不仅带来精湛的生产技术，也推动西方食品、原料的大量涌入。西点烘焙业从上世纪末开始呈现出迅速发展的趋势。西式面点从高档次的星级酒店走向社会，面包房、饼屋日益增多，基础原料逐渐规格化，生产工艺日臻完善，生产设备日益先进，国内外技术交流和培训日益活跃，行业协会相继建立，我国西点业步入了健康、持续发展的轨道。目前，西点烘焙食品的生产已在食品工业中占有非常重要的比重。

近年来，西点烘焙食品经历了较长时间的市场培育和发展过程，目前已经进入一个飞速发展的阶段。特别是高档次甜品的发展，已经从高档酒店一枝独秀演变成高档酒店、大中型连锁烘焙店、咖啡店三足鼎立。而且随着烘焙爱好者的增加，在“无添加”概念的影响下，家庭烘焙异军突起，方兴未艾，导致面向家庭烘焙市场的原料、设备、用具销售量剧增，具有强大的烘焙消费市场能力。

根据国家统计局对规模以上企业统计的数据显示，2017 年中国焙烤食品糖制品行业（含糕点 / 面包、饼干、糖果巧克力、冷冻饮品、方便面和蜜饯）主营业务收入为 7431.78 亿元，同比增长 8.29%。烘焙食品作为一种“舶来品”，在中国市场上正在经历高速增长，是一个“年轻成长型”行业。随着西式饮食文化的渗透，烘焙食品行业在未来 5 ~ 10 年有望持续高增长的势头，中国焙烤食品行业市场消费潜力巨大。

五、西点的分类

西点起源于欧美地区，但因国家或民族的差异，其制作手法千变万化，即使是同样一个品种在不同的国家也会有不同的加工方法，因此，西点品种繁多，要全面了解西点品种概况，必须首先了解西点分类情况。西点的分类，目前尚未有统一的方法，但在行业中常见的有下述几种：①按西点制品的温度分类，可分为常温点心、冷点心和热点心；②按西点的用途分类：可分为零售类点心、宴会点心、酒会点心、自助餐点心和茶点；③按口味进行分类：可分为甜点和咸点；④按干湿特性进行分类，可分为干点、软点和湿点。

按西点加工工艺及坯料性质分类将其分为面包类、蛋糕类和点心类三大类。本书主要讲述蛋糕和点心两大类。

（一）面包类（Bread）

面包是一种发酵的烘焙食品，它是以面粉、酵母、盐和水为基本原料，添加适量糖、油脂、乳品、鸡蛋、果料、添加剂等，经搅拌、发酵、成形、醒发、烘焙而制成的组织松软、富有弹性的制品。目前，国际上尚无统一的面包分类标准，分类方法较多，主要的分类方法有以下几种。

1. 按面包的柔软程度分类

按面包柔软程度可分为软式面包和硬式面包。

（1）软式面包　配方中使用较多的糖、油脂、鸡蛋、水等柔性原料，糖、油用量皆为 4% 以上，组织松软，结构细腻。

（2）硬式面包　配方中使用小麦粉、酵母、水、盐为基本原料，糖、油脂用量少于 4%，表皮硬脆，有裂纹，内部组织柔软，咀嚼性强，麦香味浓郁。

2. 按面包内外质地分类

按面包内外质地可分为软质面包、硬质面包、脆皮面包和松质面包。

（1）软质面包 具有组织松软而富弹性，体积膨大，口感柔软等特点。

（2）硬质面包 其特点是组织紧密，有弹性，经久耐嚼。面包的含水量较低，保质期较长。

（3）脆皮面包 具有表皮脆而易折断、内心较松软的特征。原料配方较简单，主要有面粉、食盐、酵母和水。在烘烤过程中，需要向烤箱中喷蒸汽，使烤箱中保持一定湿度，有利于面包体积膨胀爆裂和表面呈现光泽，以达到皮脆质软的要求。

（4）松质面包 又称起酥面包，是以小麦粉、酵母、糖、油脂等为原料搅拌成面团，冷藏松弛后裹入奶油，经过反复压片、折叠，利用油脂的润滑性和隔离性使面团产生清晰的层次，然后制成各种形状，经醒发、烘烤而制成，是口感特别酥松、层次分明、入口即化、奶香浓郁的特色面包。

3. 按用途分类

按用途可分为主食面包、餐包、点心面包和快餐面包。

4. 按成形方法分类

按成形方法可分为普通面包和花式面包。

5. 按用料特点分类

按用料特点可分为白面包、全麦面包、黑麦面包、杂粮面包、水果面包、奶油面包、调理面包和营养保健面包等。

6. 按地域分类

按地域分类，具有代表性的有法式面包、意式面包、德式面包、俄式面包、英式面包和美式面包等。

（二）蛋糕类（Cake）

蛋糕是以鸡蛋、糖、油脂、面粉为主料，配以水果、奶酪、巧克力、果仁等辅料制成的具有浓郁蛋香、质地松软的制品。蛋糕与其他西点的主要区别在于原料中鸡蛋、糖和油脂的用量都比较多。制作中，原辅料混合的最终形式不是面团而是含水较多的浆料（也称面糊、蛋糊）。浆料装入一定形状的模具或烤盘中烘焙而成。蛋糕根据面糊性质一般分为三种类型，即乳沫类蛋糕、戚风类蛋糕和面糊类蛋糕，它们是各类蛋糕制作和品种变化的基础。

1. 乳沫类蛋糕（Foam Cake）

乳沫类蛋糕又称海绵蛋糕（Sponge Cake），因其组织结构类似多孔的海绵而得名，国内称之为清蛋糕。海绵蛋糕一般不加油脂或仅加少量油脂。它充分利用了鸡蛋的发泡性，与油脂蛋糕和其他西点相比，具有更突出的、致密的气泡结构，质地松软而富有弹性。

2. 戚风类蛋糕（Chiffon Cake）

戚风类蛋糕是采用分蛋搅拌法，即蛋白与蛋黄分开搅打再混合而制成的一种蛋糕。通过蛋黄面糊和蛋白泡沫两种性质面糊的混合，而达到改善乳沫类蛋糕的组织和颗粒状态，其质地非常松软，柔韧性好。此外，戚风类蛋糕水分含量高，口感滋润嫩爽，存放时不易发干，且蛋糕风味突出，因而特别适合作为高档卷筒蛋糕及鲜奶油装饰的蛋糕坯。

3. 面糊类蛋糕（Butter Cake）

面糊类蛋糕又称奶油蛋糕、油脂蛋糕，是一类在配方中加入较多固体油脂，主要利用油脂的充气性蓬松的蛋糕。其弹性和柔软性不如海绵蛋糕，但质地酥散、滋润，带有油脂特别是奶油的香味，且具有较长的保存期。

（三）点心类（Pastry）

西式点心主要包括油酥、起酥、饼干、泡芙、布丁、冷冻甜点、巧克力等类型。

1. 起酥类（Puff Pastry）

起酥类点心又称帕夫点心，在国内称为清酥或麦酥，与塔、派点心一起被看成传统西式点心的两个主要类型。起酥点心具有独特的酥层结构，通过用水调面团包裹油脂，经反复擀制折叠，形成了一层面与一层油交替排列的多层结构，制成品体轻、分层、酥松而爽口。

2. 油酥类（Short Pastry）

油酥类点心是以面粉、奶油、糖等为主要原料（有的需添加适量膨松剂），调制成面团，经擀制、成形、成熟、装饰等工艺而制成的一类酥松而无层次的点心。国内称之混酥或松酥。油酥点心的主要类型是派（或称排、攀）、塔等。派（Pie）俗称馅饼，有单皮派和双皮派之分。塔（ Tart）是欧洲人对派的称呼。比较两个名称的用途，可以发现派的含义多用于双皮派，并且是切成块状的。塔多用于单皮的馅饼，或比较薄的双皮圆派，或整只小圆形及其他形状（如椭圆形、船形、带圆角的长方形等）的派。这一类型的点心主要通过馅心的不同来变化品种。

3. 曲奇饼干类（Cookies）

饼干类点心，也称干点、小西饼，通常体积、重量都较小，食用时以一口一个为宜，口感香酥、松脆，适用于酒会、茶点或餐后食用。饼干的类型主要有蛋白类饼干、甜酥类饼干、面糊类饼干等。

4. 泡芙类（Puff ）

泡芙又叫空心饼、哈斗、气鼓，是将奶油、水或牛奶煮沸后，烫制面粉，再搅入鸡蛋制成面糊，通过挤注成形、烘焙或油炸而成的空心酥脆点心，内部夹入馅心后方食用。

5. 布丁类（ Pudding）

布丁是以淀粉、油脂、糖、牛奶和鸡蛋为主要原料，搅拌呈糊状，经过水煮、蒸或烤等不同方法制成的甜点。

6. 冷冻甜点类（Frozen Dessert）

冷冻甜点是通过冷冻成形的甜点的总称。这类制品品种繁多，口味独特，造型各异，包括各种果冻（Fruit Jelly）、慕斯（Mousse）、布丁（Pudding）、冰淇淋（Ice Cream）、冻蛋糕等。冷冻甜品以甜为主，口味香浓爽口，适宜于午餐、晚餐的餐后甜食或非用餐时食用。

7. 巧克力类（Chocolate）

巧克力类制品是指直接使用巧克力或以巧克力为主要原料，配上奶油、果仁、酒类等辅料调制出的产品，其口味以甜为主。巧克力类制品有巧克力装饰品、加馅制品、模型制品，如巧克力吊花、酒心巧克力、动物模型巧克力等。巧克力制品主要用于礼品、节日、茶点和糕饼装饰。巧克力生产需要一个独立的房间和适宜的温度，室温要求在 15 ~ 21℃。

8. 装饰造型类（Decorative Dessert）

装饰造型类制品是指加工特殊、造型美观，观赏价值大于食用价值的一类西点。如精制的巧克力糖棍、面包花篮、庆典蛋糕、糖粉装饰、翻糖蛋糕和糖艺制品等。这类制品品种丰富，工艺性强，造型精美。

六、西点的特点

（一）用料特点

西点多以乳品、蛋品、糖类、油脂、面粉、干鲜果品等为主要原料，其中蛋、糖、油脂的比例较大，配料中干鲜水果、果仁、巧克力等用量大。这些原料营养丰富，一些品种糖分含量较高。

西点用料十分考究，讲究原汁原味，特别是在传统西点制作中，对于食材的选择要求比较严格，此外不同品种其面坯、馅心、装饰、点缀等用料都有各自的选料标准，各种原料之间都有着恰当的比例。

（二）工艺特点

西点制作多依赖于设备与器具，原料要求称量准确，工艺严格，成品规则、标准，生产的机械化、自动化和批量化水平高。西点的成熟以烘焙为主要方式，讲究造型、装饰，给人以美的享受。

（三）风味特点

西点中乳和乳制品、巧克力、调味酒使用较多，因此带有浓郁的香味以及巧克力特殊的风味。水果（包括鲜果和干果）与果仁在制品中的大量应用是西点的另一重要特色。水果在装饰上的拼摆和点缀，给人以清新而鲜美的感觉；由于水果与奶油配合，清淡与浓重相得益彰，吃起来油而不腻，甜中带酸，别有风味。果仁烤制后香脆可口，在外观与风味上也为西点增色不少。

课后思考题

1. 西点的概念是什么？
2. 西点起源于哪里？和蔗糖的发现有何关系？
3. 西点的发展经历了哪几个重要时期？
4. 现代西点有怎样的发展趋势？
5. 常见的西点分为哪几类？每一类的特点有哪些？

第二节　西方传统节日点心

学习目标

- 了解传统节日西点在西方饮食中的地位。
- 了解传统节日西点的发展概况和发展趋势。
- 了解节日西点的代表品种。
- 激发学生强烈的专业学习热情，培养他们浓厚的学习兴趣和自主学习的能力。

节日西点（Normal sweets for festival）是西点制作中的一部分，属于节日期间的专用食品，世界各国有各式各样的节日，节日食品也都有其传统的制作方法，即便是同一个节日，不同的民族也有不同的加工方法。西点中常见的节日食品主要围绕圣诞节、复活节、情人节、感恩节和万圣节来制作。

一、圣诞节（Christmas day）

圣诞节是西方的盛大节日。如同我国的春节，在欧洲，每年的圣诞节都要举办隆重的庆祝活动。圣诞节在每年 12 月 24 日、25 日两天最热闹和隆重，气氛超过新年。欧美国家都在以自己的形式庆祝这个节日。从 12 月初到新年近一个月的时间，圣诞节传统西点制品的销售量都非常大。

圣诞节常见的品种有各种风味的饼干、圣诞屋、圣诞蛋糕、圣诞布丁、树根蛋糕、圣诞面包、姜包、圣诞老人、巧克力钟、靴子、果料蛋糕等（图 1-1）。装饰品有星星、月亮、松树、蜡烛等。调味品以白兰地、朗姆酒、桂皮粉、姜粉、豆蔻粉、丁香粉为主，而且一些品种表面常用糖粉装饰，以代表寒冷。

图 1-1　圣诞节点心

二、复活节（Easter day）

复活节又称逾越节，是西方的重要节日。许多西方人小时候会在当天玩一种找彩蛋的游戏，而彩蛋里面也会藏一些小礼物，找到彩蛋的人会很兴奋，所以彩蛋是“复活节”最典型的象征，代表了惊喜与另藏玄机。现代西点中的复活蛋通常使用蛋状的巧克力代替，不再是单纯的装饰品，而是一种在复活节前后最畅销的食品。稍微大一点的复活蛋是中空的，在内部放上其他味道的糖块或者放上小玩具。蛋体本身的颜色不再是彩色，而所谓的“彩”，就是指琳琅满目的外包装纸了。在复活节到来前一个多月，各大小商店都挂满了复活蛋，巧克力商也竭尽全力推出各种口味的复活蛋，以争取复活节这个巨大的市场。基督教盛行的国家规定复活节休息两天。节日期间，家人团聚，品尝传统美食，亲戚朋友见面要相互祝贺。象征生命的蛋、火、水、兔成了复活节的吉祥物。鸡蛋和兔子在西方是新的生命和兴旺发达的象征。鸡蛋本身象征太阳，把鸡蛋染成彩色象征多彩的幸福生活。在初春的季节，正是万物复苏的时候，为复活节增添了节日气氛。

复活节的传统点心包括各种彩蛋、巧克力蛋、兔子、花篮、复活节派、圆形蛋糕、天使蛋糕以及十字包等，装饰以彩球、小花和小动物为主。复活节常用的彩蛋的种类很多，有巧克力彩蛋、面包中加裹彩蛋、巧克力兔子、兔形巧克力装饰蛋糕等（图 1-2）。

三、情人节（Valentine day）

情人节又叫圣瓦伦丁节或圣华伦泰节，即每年的 2 月 14 日，是西方的传统节日之一。这是一个关于爱、浪漫以及花、巧克力、贺卡的节日。男女在这一天互送礼物用以表达爱意或友好。现已成为全世界各国青年人喜爱的节日。大家都喜欢情人节那天送玫瑰花和巧克力给心爱的人。巧克力成为情人间相互赠送、爱情甜得发腻的象征。

近几年世界各地都流行情人节赠送巧克力，特别是心形巧克力；情人节甜品有多种，如心形草莓慕斯、心形热情果巴菲等。不仅甜品做成心形，而且还用心形的插件装饰制品，匹配的甜汁也以红色为主，象征热情和奔放（图 1-3）。情人节的点心还包括：心形蛋糕、心形曲奇、心形糖粉盒和心形曲奇等。

图 1-2　复活节点心

图 1-3　情人节点心

图 1-4　感恩节传统点心

四、感恩节（Thanksgiving day）

11 月的第四个星期四是感恩节。感恩节是美国的一个古老节日，也是美国人合家欢聚的节日。

感恩节的食品（图 1-4）富有传统特色，主要有：传统特色的烤火鸡（roasted turkey），它是感恩节的传统主菜，通常是把火鸡肚子里塞上各种调料，然后整只烤熟，由男主人用刀切成薄片分给大家；感恩节南瓜饼（pumpkin pie），是将南瓜烤熟去皮，用鸡蛋、牛奶和香料调和成稀汁，倒入饼模中烘烤，冷却后食用，南瓜饼的表面可根据口味加上甜山芋、玉米、果酱等。

五、万圣节（Halloweens day）

万圣节也称鬼节，是每年 10 月 31 日。

万圣节期间人们穿上动物造型的服饰，戴上可怕的面具，在万圣节前夜驱赶黑夜中的鬼怪。孩

图 1-5　万圣节主要甜品

子们带着开玩笑的心理穿戴上各种服饰和面具参加舞会，舞厅的墙上悬挂着用纸糊的巫婆、黑猫、鬼怪和尸骨，窗前和门口吊着狰狞的面具或是面目可憎的南瓜灯笼。孩子们还常常试图咬住悬挂着的苹果，或者穿戴上古怪的服饰去按邻居家的门铃，并按传统发出“是款待我还是要我耍花招”的威胁。邻居们不管是否被吓着，总是准备一些糖果、苹果等点心，分给孩子们。

万圣节的主要甜品是南瓜派等，有时用蜘蛛、蝙蝠、鬼脸和昆虫之类图案的巧克力装饰，再配上鲜血般的桑葚汁，样子极为恐怖（图 1-5）。

第三节　西点职业规范要求

学习目标

- 了解学好西点技术的方法。
- 了解西点岗位工作要求。
- 掌握西点从业人员的职业道德。
- 掌握西点从业人员应具备的基本知识和能力。

一、学好西点制作技术的方法

西点制作技术是一门精湛的技艺，掌握这门技艺，除了要有明确的学习目的，严谨的学习态度外，还要有正确的学习方法，这些方法可归纳为以下几点。

（一）重视理论知识，系统地掌握西点制品的制作技术理论

西点理论知识是西点制作实践的科学总结。系统地学习、掌握西点制作理论知识，是正确、迅速地学会实际操作技术的条件和基础。因此，要下大气力弄懂有关的概念和定义；弄懂西点制作各工艺过程中有关的变化原理及技术要领；弄明白每项操作技术之间诸种条件与因素的内在联系，只有这样，才能真正理解西点制作的真谛，从而掌握西点制作技艺。

（二）苦练基本功，扎实地进行实际操作技能训练

西点制作是手艺活，不动手或动手少是学不会的。熟练的操作技巧只能来自于平时锲而不舍的努力。“业精于勤”，只要勤学苦练，不断分析、总结，制作技术才会日趋熟练。扎实地练好基本功，切实掌握各项操作技能，把握细节，这是掌握西点制作技术的重要途径。至于实践的形式则是多种多样。如观摩教师演示，个人操作，参加实习劳动等，都是提高操作技能的有效措施，此外，多看有关的书籍、网站、App；看商店、饮食店的糕点展品；观摩名师表演等也会大有收益。总之，利用一切机会，勤看、勤问、勤想、勤练，一定能够收到满意的效果。

（三）把握典型品种，触类旁通掌握西点制品制作多种技艺

西点制品品种极其繁多，制作方法也是千变万化，但只要掌握了各类面点的制作规律，抓住其选料、和面、制馅、成形、成熟各道工序中的技术关键，任何品种都不难掌握。此外，在学习西点制作时，应该选择在技术上有普遍性、代表性的典型品种，通过典型品种的制作，做到举一反三，触类旁通，这样才能争取在短时间内掌握许多花色品种的操作技术。

（四）学习先进技术，不断提高和创新

作为新一代的西点制作师，应在具有坚实的理论知识和实际操作技能的基础上，广泛博览，寻本求源。一方面要注意西点制作新的研发成果，有意识地学习和借鉴国外西点食品制作的先进技艺；另一方面继承和发掘我国传统烘焙制品的宝贵财富，将民族的传统技艺发扬光大，不断地研究探索新品种、新花样、新技术，推动西点事业蓬勃发展。

二、西点从业人员的职业道德

西点从业人员的职业道德，是指西点从业人员在从事烹饪工作时所要遵循的行为规范和必须的品质。面对烘焙产业蓬勃发展的新形势，更需要提高西点从业人员的职业道德水平。

（一）具有敬业精神和服务意识

敬业精神是人们基于对一件事情、一种职业的热爱而产生的一种全身心投入的精神，是社会对人们工作态度的一种道德要求。服务意识是指企业全体员工在与一切企业利益相关的人或企业的交往中所体现的为其提供热情、周到、主动的服务的欲望和意识。即自觉主动做好服务工作的一种观念和愿望，它发自服务人员的内心。西点从业人员的责任心，是决定工作质量优劣的首要因素。每

一位西点从业人员都应充分发挥自己的聪明才智，把自己从事的职业工作当作事业，以主人翁的态度对待自己的工作。

（二）团结协作，顾全大局

团结协作，顾全大局是餐厅经营管理成功的重要保证，是西点从业人员处理同事之间、岗位之间、部门之间以及大局利益与整体利益、眼前利益与长远利益等相互关系的一项行为准则。

（三）钻研业务，提高技能

钻研业务，提高技能，是西点从业人员职业道德的核心。西点从人员必须加强理论修养，理论联系实践，并在实践中不断提高自己的专业理论和技术水平。

（四）讲究卫生，严格操作

讲究卫生，保证消费者健康，是西点从业人员职业道德的具体体现，西点从业人员必须持《健康证》上岗，严格遵守《中华人民共和国食品安全法》。工作时，掌握食品卫生知识，养成良好的卫生习惯，严格遵守操作规程，确保产品质量，同时具备一定的消防知识。

三、西点从业人员应具备的基本知识和能力

对于一个合格的西点从业人员来讲，应该具备基本的英文读写能力，特别是对烹饪原料、制作方法、产品名称等英文的掌握，还要了解欧美各国的饮食文化和特点，包括不同国家和地区的风俗习惯、宗教信仰、民族礼仪和饮食喜忌等。除此以外，对于技能要求见表 1-1。

表 1-1 西点从业人员应具备的基本知识和能力

职业功能	工作内容	技能要求	相关知识
1．准备工作	清洁卫生	①能进行车间、工器具、操作台的卫生清洁、消毒工作 ②能发现并解决卫生问题	①食品卫生知识 ②操作场所卫生要求
	备料	①能识别原料 ②能进行原料预处理	①原辅料知识 ②不同原料预处理知识
	检查工器具	①能检查工器具是否完好 ②检查设备运行是否正常	①工器具常识 ②不同设备操作常识
2．原料配备	产品配方	①能读懂配方 ②配方平衡 ③投料量计算	①配方表示方法 ②配方平衡原则 ③烘焙计算
	原料称量	①原料选择 ②能按配方要求准确称料	①原辅料对产品质量、生产工艺的影响 ②配料常识
3．面团调制	面团搅拌	①能根据产品配方和工艺要求调制面团 ②能解决搅拌过程中出现的一般问题 ③能发现并解决搅拌过程中出现的问题	①面团搅拌工艺原理及要求 ②搅拌注意事项 ③搅拌常见问题的解决方法
	面团控制	①面团温度控制 ②面团松弛 ③面糊相对密度的控制	①适用水温的计算 ②面团松弛原理与应用 ③面糊相对密度的测量
	面团发酵	①能根据产品制作工艺进行发酵面团 ②面团发酵温度、时间控制	①麦面团发酵原理与工艺 ②不同房间面团相应的工艺要求

续表

职业功能	工作内容	技能要求	相关知识
4. 成形	面团分割称重	①能按品种要求分割和称重 ②能按不同品种要求在一定的条件和规定时间内完成分割和称量	①度量衡器、工具、模具的选用及处理 ②计算单位及换算知识 ③温度、时间对不同面团分割的工艺要求
	整形	①能运用整形方法对不同品种进行正确整形 ②能根据不同产品特点进行整形 ③能根据产品特点进行装盘、装模	①不同整形工具、模具的选用及处理 ②整形设备知识 ③整形工艺方法和要求 ④烤盘容积与装盘数量的关系
	醒发	①能按工艺要求醒发各类面包 ②能正确控制不同面包醒发程度	①醒发一般知识 ②各类面包醒发的工艺要求及方法 ③醒发室的设计要求
5. 烘烤	烘烤条件的设定	①能按工艺要求烘烤相应品种 ②能按不同产品的特点控制烘烤过程 ③能处理烘烤中出现的问题 ④能及时发现和解决烘烤过程中出现的各种问题	①烤炉的相关知识 ②烘烤工艺要求 ③烤炉的操作使用 ④不同产品的烘烤条件
6. 装饰	装饰材料的准备	①能准备各种装饰材料 ②能应用新型装饰材料	①装饰料调制的原理 ②装饰料调制方法
	装饰材料的使用	①能应用调制的各种装饰料对产品表面进行装饰 ②能使用装饰料装饰突出主题的艺术系产品	①装饰器具的使用常识 ②美学、工艺美术基础知识 ③装饰图案设计构思方法
7. 冷却与包装	冷却	①能按冷却规程进行操作 ②能正确使用冷却设备 ③能控制产品冷却时间及冷却完成时的内部温度	①冷却常识 ②产品冷却程度和产品保质的关系 ③冷却场所、工器具及操作人员卫生要求
	包装	①能按包装规程进行包装操作 ②能根据产品特点选择相应的包装方法	①食品包装基本知识 ②操作人员、包装间、工器具的卫生要求
8. 产品评估	质量鉴定	①能应用感官质量检验方法对产品进行质量鉴定 ②能对产品质量进行综合性分析并提出改进意见	①产品质量鉴定标准 ②食品色、香、味、形、质的知识
	成本核算	①能计算原料的净料费 ②能计算产品的直接成本 ③生产过程中能有效控制直接成本，控制废品率	①成本核算知识 ②产品成本核算的原则和方法
	产品开发与技术创新	①能根据市场需求进行调查分析并独立设计产品配方，开发产品 ②能使用新材料、新工艺、新设备、新技术研制开发新产品 ③能对原有工艺方法进行革新	①市场调查分析预测知识 ②国内外原辅料工艺特性知识

课后思考题

1. 结合实际，谈谈如何才能学好西点技术。
2. 西点从业人员的职业道德包括什么？
3. 西点从业人员应具备的基本知识和能力有哪些？

第二章

西点常用设备和用具

第一节 西点常用设备

学习目标

- 了解西点常用的设施设备。
- 了解常用设备的常规维护和保养。
- 掌握常用设施设备与器具的具体操作方法。
- 能根据具体成品选择适合的设施设备。
- 能正确安全地使用各种设备。

随着人们物质生活水平的不断提高，对西点品质的要求越来越苛刻，健康、营养、美味、美观的西点越来越受欢迎，为迎合市场需求，需要现代厨房具备完备、先进的设施设备，提高厨房工作者工作效率，能保证产品质量，提高生产标准才能满足市场需求。西点常用设备按用途分为面团成形设备、烘烤和加热设备、冷藏冷冻设备以及工作台、醒发箱、烤盘架、储物设备等。

一、面团成形设备

（一）和面机（Dough mixer）

和面机（图 2-1）又称搅拌机，主要用于搅拌各种粉料，用来调制黏度极高的浆体或单塑性固体等各种不同性质的面团，包括酥性面团、韧性面团、水面团等，是西点制作中最常用的机械设备。它主要由电动机、传动装置、面箱搅拌器、控制开关等部件组成，利用机械运动将粉料和水或其他配料拌和成面坯，工作效率比手工操作高 5 ~ 10 倍，常用于大量面坯的调制。常见的有立式和面机、卧式和面机。

图 2-1 和面机

卧式和面机的搅拌容器轴线与搅拌器回转轴都处于水平位置，结构简单，制造成本低。在大型的面包加工厂中，经常使用卧式和面机。卧式和面机造价低，卸料、清洗、维修方便，且有较高的搅拌速度，一般为 50 ~ 100r/min（使用时搅拌速度为 70 ~ 80r/min），生产能力较大。缺点是占地面积较大。搅拌器是和面机最重要的部件，其结构形状有多种，以满足面点生产中不同物料特性及工艺要求。如∑形、z 形搅拌器适用于高黏度物料的调制；桨叶式搅拌器适用于揉制酥性面团；滚笼式搅拌器适用于调制水面团、韧性面团等。

立式和面机的搅拌器轴线沿垂直方向布置，搅拌器垂直或倾斜安装。立式和面机转速慢，发热量小，能使面团形成良好的面筋组织。其缺点是需要较长的搅拌时间；卸料、清洗均不如卧式和面机方便；直立轴封长期工作易使润滑剂泄漏，对食品造成污染。

（二）多功能搅拌机（Multifunctional mixer）

多功能搅拌机（图2-2）是西点制作工艺中常用的一种机械，主要用于搅拌面团、打发奶油、蛋白膏等。一般使用的多功能搅拌机为立式，由搅拌器、容器、传动装置、容器升降机构等部分组成。搅拌器由搅拌桨和搅拌头组成，搅拌桨在运动中搅拌物料，搅拌头则使搅拌桨相对于容器形成公转与自转的行星运动，搅拌桨的行星运动可以满足调和高黏度物料的运动要求，使容器内各处物料都能被搅拌到。此外还有小型台式搅拌器，功率和搅拌能力稍差，可用于搅打鲜奶油、少量面糊等。多功能搅拌机一般带有圆底搅拌桶和三种不同形状的搅拌头（桨）（图2-3），网状用于低黏度物料如蛋液与糖的搅打，桨状（扁平花叶片）用于中等黏度如油脂和糖的打发以及馅心的调制，勾状用于高黏度物料如面团的搅拌，搅拌速度可根据需要进行调节。

搅拌机操作时，通过搅拌桨的高速旋转强制搅打，使被调和物料间充分接触并剧烈摩擦，从而实现对物料的混合、乳化、充气等作用。使用不同的搅拌桨，搅拌机的适应性也不同。常见的搅拌桨有球形（鼓形）、扇形、钩形等。

①球形搅拌桨：为由不锈钢组成的筐形结构。强度较低，易于造成液体湍动，适用于工作阻力小的低黏度物料的搅拌，如蛋液、蛋糕糊等黏度较低的物料。高速旋转时，球形网起到弹性搅拌作用，使空气混入蛋液，蛋液膨胀起泡。球形桨又分为两种，一种是桨叶多而细的，适于搅打蛋液、蛋糕糊、蛋白膏；另一种是桨叶少而粗的，适于搅打奶油膏。

②扇形搅拌桨：为整体锻造，呈球拍形，桨叶外缘与容器内壁形状一致。具有一定强度，作用面积大，可增加剪切作用，适合于中等黏度物料（膏状物料和馅料）的调制，如调制果占、白马糖、甜馅、糖浆、饴糖等。

③钩形搅拌桨：为整体锻造，一侧形状与容器侧壁弧形相同，顶端为钩状。强度高，主要用于高黏度物料的调制，如筋性面团。

（三）开酥机（Open crisper）

开酥机（图2-4）用于面坯压片，使面皮厚薄均匀，多用于起酥面包、清酥类产品的面皮起酥。操作时，将换向手柄置于中间位置，接通电源，把面坯放在一端输送带上，然后将换向手柄上下交替，交替改换轧辊的转向，使面坯在两辊之间左右往返轧薄，成为所需的薄片。

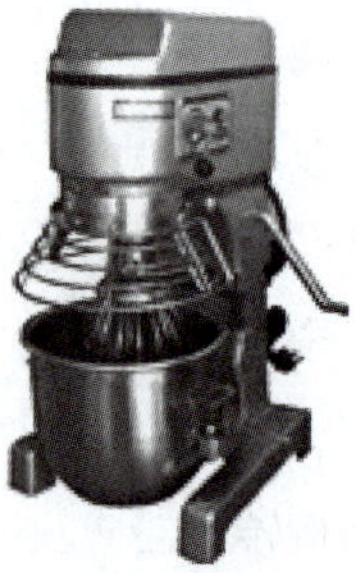

图2-2　搅拌机

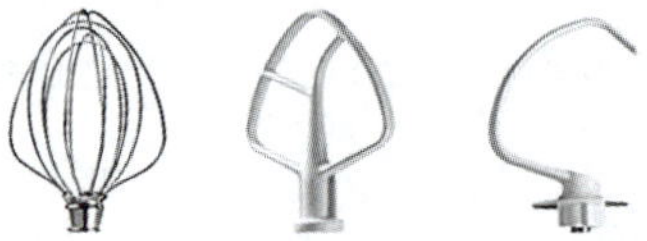

图2-3　三种搅拌头

图2-4　开酥机

（四）面团分块机（Dough blocker）

面团分块机（图 2-5）是对面团进行分割定量的机器，它能代替人工分割面团，和传统手工分面相比，具有工作效率高、速度快、分割面团质量统一等优点，是提高工作效率，完成大批量产品制作中必不可少的工具，一般大型的食品加工厂或中央厨房配备有该机器。

图 2-5 面团分块机

（五）面团滚圆机（Dough rolling machine）

面团滚圆机（图 2-6）又称面团搓圆机，经面团分割机分割得到的小面团通过机器的滚动与摩擦，形成有光滑表皮的圆形面团，以适应下一道工序的需要。工作原理是：经面团分割机分割后的小面团进入滚圆机的螺旋曲线导板下部，随着滚动锥体与螺旋曲线导板的相对运动，面团在滚动锥体表面沿螺旋曲线导板槽自下而上地滚动，从而被搓成圆球形并形成光滑表皮。

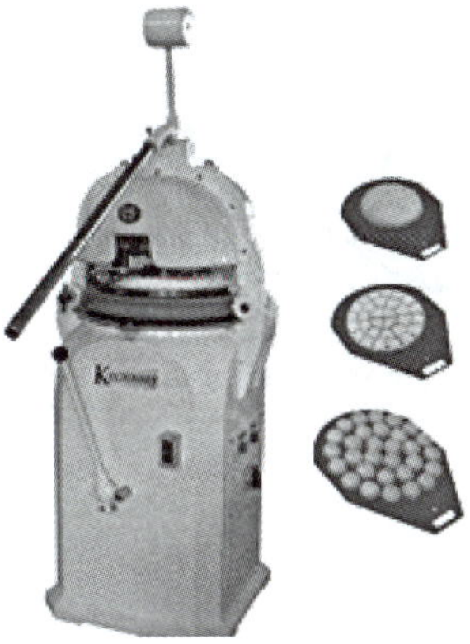

图 2-6 面团滚圆机

（六）面包成形机（Bread forming machine）

面包成形机（图 2-7）也称面包整形机，是把面团用机械的方法做成所需形状的机器，有吐司面包成形机和花色面包成形机之分。吐司面包成形机主要用于吐司面包制作，由进料斗、辊筒、链排、压板、输送带、传动装置等部件组成。面团由进料斗进入压延部分，经两道辊筒的辊压、排气后，成为薄的面片，然后由输送带进入卷折部分，通过链排与输送带的相对运动，面片被卷折成为圆柱形，再经过压板压实，即成为整形好的吐司面包坯。花色面包成形机有各种不同的形状，根据所制作面包种类的不同而定，如有的可做成辫子形，有的可做成牛角形，有的可做成长棍形。

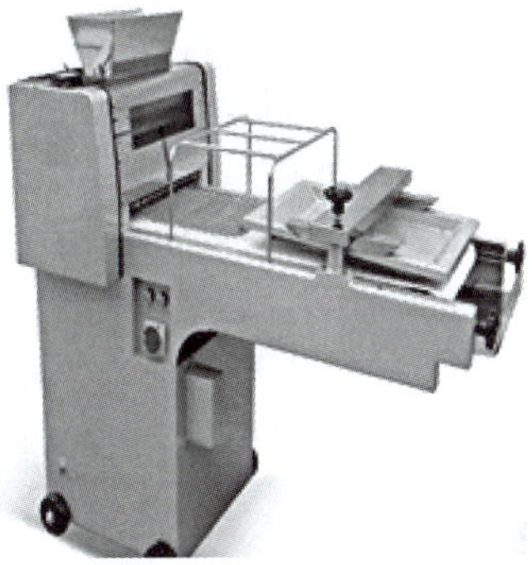

图 2-7 面包成形机

二、烘烤和加热设备

常见的西点烘烤和加热设备有烤箱、万能蒸烤箱、旋转式热风循环炉、四头炉、炸炉、焗炉、电磁炉等。

（一）烤箱（Oven）

烤箱（图 2-8）主要用于产品烘焙成熟，在西点制作过程中是必不可少的设备。烤箱的性能对产品质量的影响很大，在选择烤箱时要根据产品需求和资金预算选择合适的烤箱。常见的烤箱分为燃气烤箱和电烤箱两种，烘烤温度最高能达到 300℃；燃气烤箱常见的燃料为天然气（或液化气）燃烧产生热量对食

图 2-8 烤箱

图 2-9 万能蒸烤箱

品进行加热，热效率较高；电烤箱使用电压为 380V，基本原理是利用电阻丝把电能转化为热能对食品进行加热；传统烤箱分为上下火加热，根据需求一般分为一到三层，一层一般可放两个烤盘。

（二）万能蒸烤箱（Steam oven）

万能蒸烤箱（图 2–9）是西餐厨房常备的设备，它集蒸烤于一体，加热方式一般为电加热，无上下火之分，依靠风机进行热循环达到蒸烤的目的。能够烹制各种各样的菜式，不但可以省去很多诸如烘炉、烤炉、蒸炉等设备，而且还节省厨房空间和操作人员，大大降低经营成本；电热万能蒸烤箱采用涡流风扇送风加热，加热均匀，并且使用能够探测食品中心温度的探针，可以随时掌握食品的中心温度，保证烹饪质量。

图 2-10 热风循环烤炉

（三）旋转式热风循环烤炉（Conventional oven）

旋转式热风循环烤炉（图 2–10），烤炉分为加热室和烤室两部分。加热室上方设有风机，以强制气流循环。在热风的出口设置有风量调节器和加湿装置。加湿装置由时间继电器控制阀来控制进入蒸发器的水量。通过调节风量，可保证食品的色泽和成熟度一致。烤室顶部装有吊钩，用于悬挂烤车，下部有防偏件，以固定烤车。烘焙时，在吊钩的传动下，烤车缓慢旋转，加之强制循环的热风，使食品各部分均匀受热，有效地保证了食品的烘焙质量。

图 2-11 四头炉

（四）四头炉（Four-burner）

四头炉（图 2–11）属于加热、制熟工具，常见的加热方式有燃气、电磁、红外线加热等，在西餐厨房被广泛使用，主要用于加热或煮制食物，在西点制作中经常用于煮制馅料或糖水等原料，规格和尺寸可根据厨房面积进行设计。

（五）炸炉（Fryer）

炸炉（图 2–12），常见的有单缸、双缸、三缸炸炉，在西餐厨房被广泛使用，用来制作甜甜圈等油炸类产品，常见的加热方式有燃气、电热丝加热；电炸炉也称作间歇炸锅，具有自动调温、控温、恒温功能，导热快，受热均匀。操作时将待炸物料放入油中，炸好后连篮一起取出。为延长油的使用寿命，电热元件表面温度不宜超过 265℃。

图 2-12 炸炉

（六）焗炉（Oven）

焗炉（图 2–13）常见的加热方式为电加热，通过调节上部加热丝的高度来控制温度；一般用于需要焗的食物保温和上色，如焗芝士；焗炉是一种烤炉，主要是利用火力或者电力使它内部的金属产生热量烘烤食物，用的是热能。将进入烤架的热量传递给烘烤的物品。

图 2-13　焗炉

（七）电磁炉（Induction cooker）

电磁炉又名电磁灶，是一种高效节能厨具，完全区别于传统所有的有火或无火传导加热厨具。电磁炉主要由两大部分构成：一是能够产生高频交变磁场电子线路系统（含电磁炉线圈盘）；二是用于固定电子线路系统，并承载锅具的结构性外壳（含能承受高温和冷热急变的炉面板）。

三、案台

案台（图 2-14），又称工作台，是西点制作中必备的设备，在西点制作中，绝大部分操作步骤都是在案台上来完成的。根据其材料的不同，可分为木质案台、大理石案台、不锈钢案台和塑料案台。

（一）木质案台（Wooden work bench）

木质案台台面大多用 6 ~ 10 厘米厚的木板制成，底架一般有铁制或木制的。台面的材料以枣木为最好，其次是柳木。主要用于和面、揉面、制皮等工序的制作。在使用时，要尽量避免用其他工具碰撞，切忌当砧板使用，不能在案板上用刀切、剁原料。

（二）大理石案台（Marble work bench）

大理石案台台面一般用 4 厘米左右厚的大理石材料制成。大理石台面比木案平整、光滑、散热性能好，抗腐蚀力强，是制作糖制品的理想工作台。

（三）不锈钢案台（Stainless steel work bench）

不锈钢案台美观大方，卫生清洁，台面平滑光亮，传热性能好，是目前各级饭店、宾馆采用较多的工作案板。冷冻（藏）不锈钢案板也是其中的一种。操作台面为不锈钢面板，台面下设冷冻（藏）柜，既方便面点生产操作过程中需要冷冻（藏）的半成品或成品的制作，又大大节约了厨房的空间，在现代餐饮企业中大受欢迎。

（四）塑料案台（Plastic work bench）

塑料案台质地柔软，抗腐蚀性强，不易损坏，较适宜加工制作各种制品，其质量优于木质工作台。

木质案台

大理石案台

不锈钢案台

冷冻（藏）不锈钢案台

图 2-14　不同类型的案台

四、冷藏和冷冻设备

冷冻冷藏设备是西点制作中必不可少的设备之一。按构造设备分为直冷式（冷气自然对流）和风冷式（冷气强制循环）两种，按用途分保鲜和低温冷冻两种。无论何种冷冻冷藏设备机柜（箱），均具有隔热保温的外壳和制冷系统，其冷藏的温度范围为-40℃~10℃，具有自动恒温控制、自动除霜等功能，使用方便，可用来对西点原料、半成品或成品进行冷藏保鲜或冷冻加工。

图 2-15 冰箱

（一）冰箱（柜）（Refrigerator）

冰箱（柜）是保持恒定低温的一种制冷设备，一般兼有冷藏和冷冻功能。餐饮厨房用冰箱（图 2-15）按外形和容量一般有单门、双门、多门等样式，一般都是不锈钢材质，便于厨房清洁和提高产品的耐用性。冷藏柜（图 2-16）的冷藏室温度在 0℃以上，常用于保鲜原料或半成品等。冷冻室主要用于冷冻较长时间存放的半成品。

图 2-16 冷藏柜

（二）冻库（Frozen store）

冻库又称冷库（图 2-17）。在大型餐饮企业和食品加工企业运用较多，如餐饮中央厨房，面点半成品生产商等，能承担大量食物和物料的冷藏或冷冻工作。冻库的技术性较强，建立大小可根据实际需要而定。

图 2-17 冻库

五、其他设备

（一）醒发箱（Proof box）

醒发箱（图 2-18），又称发酵箱，是面包进行基本发酵和最后醒发所使用的设备，能调节和控制温度和湿度，操作简便。醒发箱分为普通电热醒发箱、全自动控温控湿醒发箱、冷冻醒发箱等。醒发箱利用电热管通过温度控制电路加热箱内水箱的水，使之产生相对湿度为 80% ~ 85%、温度 35 ~ 40℃的最适合发酵环境，具有使用安全可靠等优点，是提高面包生产质量必不可少的配套设备。

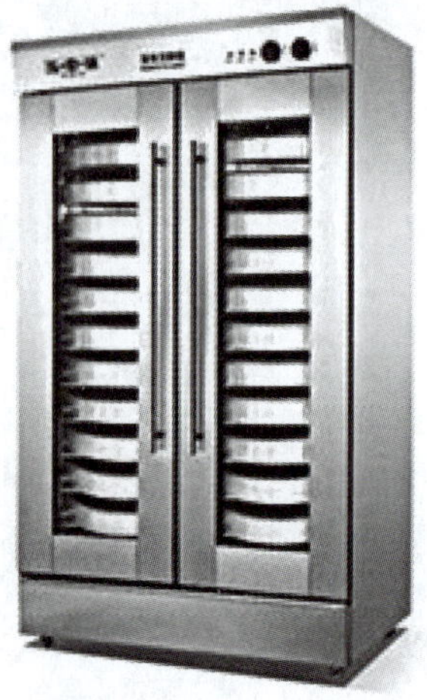

图 2-18 醒发箱

普通电热醒发箱采用电热管加热，强制循环对流，以旋钮式温控器控制柜内温度。通过自来水管与醒发箱入水口相连，并通过调节器调节进水间隔时间和每次进水量，即可自动入水加湿，并以此控制醒发箱的湿度。进入醒发箱内的水以喷雾方式洒在电热片上，经汽化后进入发酵室，使箱内有足够的湿度。醒发箱的外壳及门板内部以发泡材料作保温，门上有较大的玻璃观察窗，

图 2-19　烤盘架

图 2-20　粉碎机

图 2-21　均质机

内部安装照明灯，醒发效果清晰可见。

冷冻醒发箱除具有全自动发酵的全部功能外，还具有定时制冷的功能。适用于头天晚上把整形好的面包坯放进醒发箱内，设定好冷藏温度、时间以及醒发温度，第二天一早取出醒发好的面包坯进行烘烤。另外，冷冻醒发箱可单纯用作醒发箱或冷藏柜。

（二）烤盘架（Bakeware rack）

烤盘架（图 2-19）主要用于盛放烤盘或通风网，在面团发酵过程中可配合大型醒发箱使用，提高工作效率；蛋糕烤制成熟后需要用通风网放在烤盘架上进行通风冷却；还可把成品放在烤盘中进行存放，可以大大节省空间。

（三）粉碎机（Pulverizer）

粉碎机（图 2-20）是西点厨房常用的多用小型粉碎设备，采用高速单相电机，具有结构精密、体积小、重量轻、功效高、无粉尘、清洁卫生、操作简单、造型美观、省电安全等特点。用于加工西点中需要粉碎的各种原料和半成品，例如饼干碎、坚果碎等。

（四）均质机（Viscolizer）

均质机（图 2-21）又叫多功能手持料理机，行业上也称慕斯淋面消泡机。设备小巧，方便携带，功能全面。选择不同的搅拌头，可以碾磨、榨汁、搅拌、打蛋、制奶昔等。适用于一些工艺性较高的西点制作。均质机的出现基本改变了一部分西式甜品的制作，特别是在淋面甜品的制作上，它能有效消除慕斯淋面膏料中的泡沫，均匀膏料质地，使淋面效果更好。此外，它的搅拌头也能够让有些产品充气获得轻盈的口感，例如打蛋、打奶油等。

（五）巧克力喷枪（Chocolate spray gun）

巧克力喷枪（图 2-22）是利用空气的压力，雾化巧克力和可可脂的聚合物，使其均匀分布在慕斯蛋糕表面的一种方式，喷枪制作出的蛋糕立体感强，造型美观。巧克力喷枪的使用源于法

图 2-22　巧克力喷枪

国，最初只在高档酒店制作，随着烘焙行业的发展，喷枪产品已经进入普通门店，让消费者在享受美味的同时，也可以享受视觉上的美感。喷枪就是利用空压机，调节气压的大小，喷枪的口径决定了颗粒的大小，空气过滤器过滤了空气中的水分，温度决定了雾化的效果。

课后思考题

1. 大型西点加工厂和小型加工坊的设备有何差别？
2. 面团调制过程中需要用到哪些设施设备？
3. 在使用面团调制设备时有哪些注意事项？
4. 西点成形的时候需要用到哪些设施设备？
5. 哪些西点品种可以使用机器成形？
6. 西点熟制的时候需要用到哪些设施设备？

第二节　西点常用用具

学习目标

- ◆ 认识西点制作过程中常用器具。
- ◆ 掌握常用器具正确使用方法。
- ◆ 了解常用器具的常规维护和保养。
- ◆ 能根据具体成品选择适合的器具。
- ◆ 能正确安全地使用各种器具。

一、称量工具

精确的称量为西点制作成功的第一步，西点称取材料的方法很多，倘若称量方法不正确，将会直接或间接影响成品品质。因此，为使产品品质稳定，客观的科学化及精确化称量工具，是西点制作的基础要件，而常用的西点称量工具包括电子秤、量杯、量匙、直尺、温度计等。

（一）电子秤（Electronic scale）

电子秤（图 2-23）是目前在面点生产和操作中使用最为普遍的一种衡器工具，主要用于称量各种原料，在西点制作过程中所有原料必须按标准配方进行称量。电子秤根据大小，称量标准从 500g 到 300kg 不等，而称量的最小刻度，又根据其灵敏度，起跳值从 1g，2g，5g，10g 不等，在实际生产过程中，应根据生产能力的大小选择合适的电子秤。

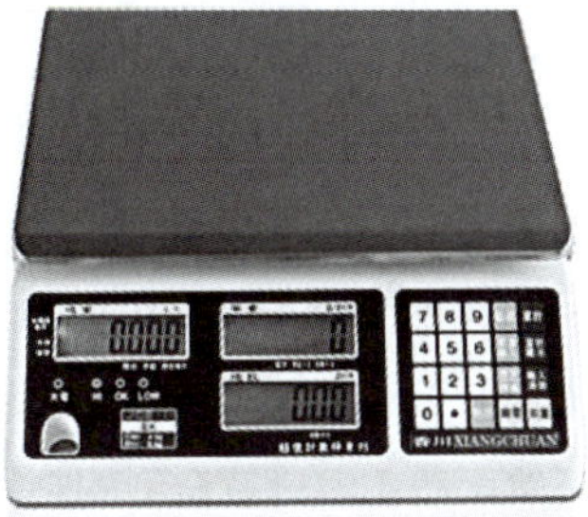

图 2-23　电子秤

（二）量杯（Measuring cup）

常见的量杯（图 2-24）有金属、塑料和玻璃材质等，主要用于量取液体类原料。一量杯的标准液体容量为 240mL（即 240mL/ 杯）。

图 2-24　量杯

（三）量匙（Measuring spoon）

量匙（图 2-25）主要为金属或塑料材质，主要用来量取粉状类、调味品等用量较少的材料；一组包括 4 支，分别为 1 大匙、1 茶（小）匙、1/2 茶（小）匙及 1/4 茶（小）匙。

图 2-25　量匙

（四）直尺（Ruler）

可用来衡量产品的外观大小，并可于操作时用来做直线切割用。

（五）温度计（Thermometer）

常见的厨房温度计（图 2-26）有酒精、水银及电子温度计，而后者多用于较高温时，例如油炸温度测试。温度计主要用于测量食物温度和糖的温度。

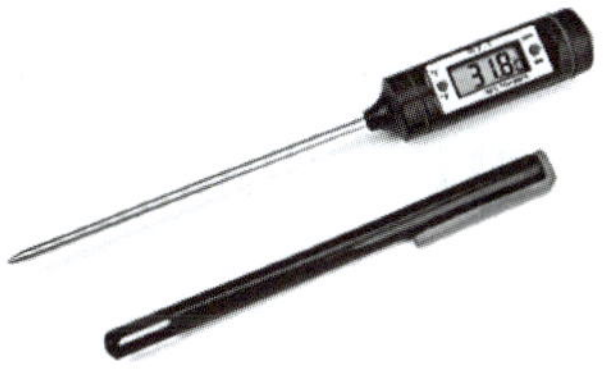

图 2-26　温度计

二、西点制作辅助工具

西点制作辅助工具，是西点制作过程中的一些辅助工具，常见的有以下几种。

（一）筛网（Sieve）

筛网（图 2-27）一般由不锈钢材质的细丝网加框架构成，主要用于粉状类原料过筛，可以去除杂质和颗粒过大不符合要求的原料。在西点厨房常见需要过筛的原料有面粉、糖粉、可可粉等。使用时将粉状类原料直接倒入筛网中，然后反复晃动筛网即可。

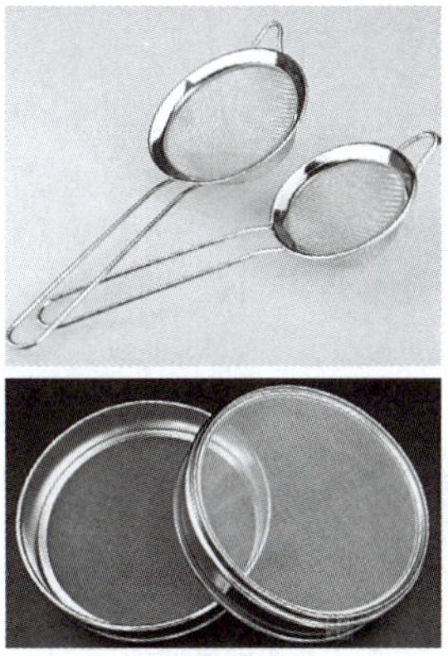

图 2-27　筛网

（二）擀面棍（Rolling pin）

擀面棍是制作皮坯时不可缺少的工具，材质一般为无异味木质或塑料，表面光滑，主要用途：用来碾平面团、糖衣或各种材料。

（三）刮板（Dough scraper）

刮板（图 2-28）常见的材质有塑料和不锈钢，主要用于手工和面时刮取面板周边的面粉，经常配合手工和面使用。

（四）砧板（Chopping board）

砧板（图 2-29）主要用于刀具切割食材的垫板，砧板的种类繁多，主要有天然木质、塑料、天然木质和塑料复合型的制品三类，传统厨房大多选用木质砧板，现在酒店常用的为抗菌塑料砧板。

（五）刷子（Brush）

刷子（图 2-30）常见的为硅胶或木柄毛刷头，主要用于刷各种原料表面的涂层，是装饰用的基础工具。

（六）散热网（Thermal network）

散热网（图 2-31）常见的为不锈钢材质，主要用于面包、蛋糕烘焙出炉后冷却的过程。

（七）面盆（Bowl）

面盆（图 2-32）常见材质为不锈钢，有圆形和方形之分，用于盛放各种原料。

（八）油布（Non-stick cloth）

油布（图 2-33）主要用于烤盘垫底，有不粘的效果。

（九）耐高温手套（Gloves）

耐高温手套（图 2-34）一般为棉质，较厚，用于拿取烤箱内的烤盘或经过高温加热的容器。

（十）抹刀（Spatula）

抹刀（图 2-35）一般为不锈钢材质，长条状无刃，用作裱花的基础工具，在制作裱花蛋糕中抹平奶油和侧面的工具，也可用于酱料的涂抹；较小的抹平刀，甚至可当作馅匙使用。

（十一）喷壶（Watering can）

喷壶（图 2-36）主要用于面点品种的喷色、半成品的保湿等，用处比较广。

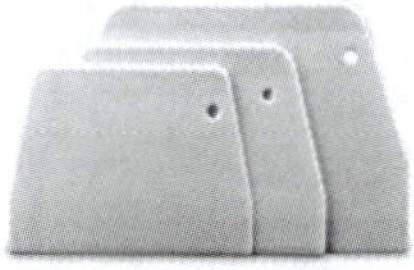

图 2-28 刮板

图 2-29 砧板

图 2-30 刷子

图 2-31 散热网

图 2-32 面盆

图 2-33 油布

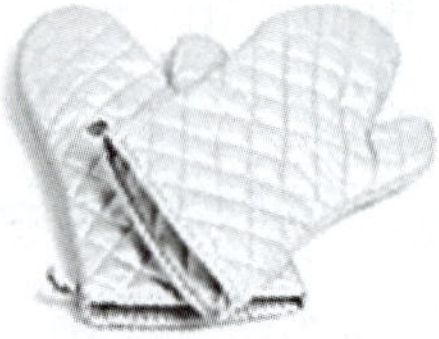

图 2-34 耐高温手套

图 2-35 抹刀

图 2-36　喷壶

图 2-37　裱花转台

图 2-38　裱花嘴

图 2-39　裱花袋

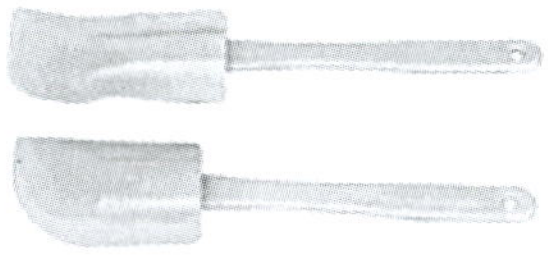
图 2-40　橡皮刮刀

图 2-41　蛋抽

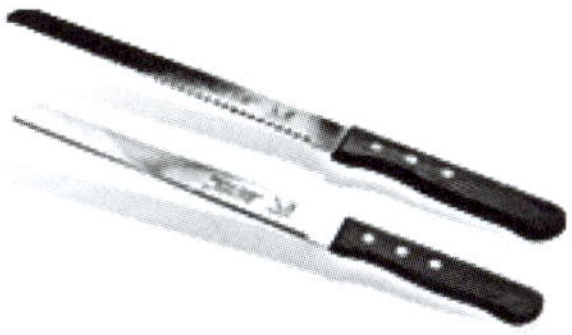
图 2-42　西点刀

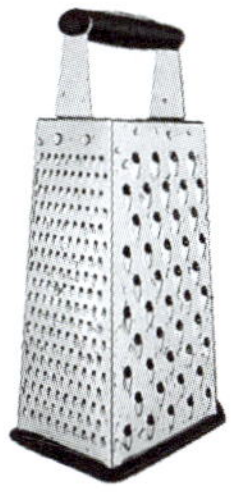
图 2-43　刨刀

（十二）裱花转台（Pastry turntable）

裱花转台（图 2-37）主要用于裱花蛋糕制作过程中的基底，由底托和转盘构成，转台可旋转，方便蛋糕造型。

（十三）裱花嘴（Pastry tubes）

裱花嘴（图 2-38）又称裱花龙头，材质有铜、不锈钢、塑料等，有平口、牙口、齿口等几十种不同形状。有各种规格，可根据图案、花纹按照需要选用；运用花嘴时将浆状物装入挤袋中，挤注时通过花嘴形成所需的花纹，如蛋糕的裱花、奶油曲奇裱花等。

（十四）裱花袋（Pastry bag）

裱花袋（图 2-39）常见的有布袋和塑料袋，属于裱花的基础工具，主要用于盛装奶油或酱料，配合裱花嘴一起使用；装置霜饰用材料。

（十五）橡皮刮刀（Rubber spatula）

橡皮刮刀（图 2-40）可用来搅拌材料或刮除沾在容器边缘的材料。

（十六）蛋抽（Whisk）

蛋抽（图 2-41）又称打蛋器，手动打蛋工具，材质一般为不锈钢；可用来搅拌液体（例如蛋、鲜奶油）或面糊等材料。

（十七）西点刀（Knife）

西点刀（图 2-42）又称长形锯齿刀，多用来切割蛋糕或将蛋糕切割成数个薄层。

（十八）刨刀（Planer）

刨刀（图 2-43）一般为不锈钢材质，主要用于加工丝、片、末等。

（十九）轮刀（Wheel knife）

轮刀（图 2-44）主要用于面团的切边、切形。轮刀口有平口、花纹齿口及针状三种，常见的

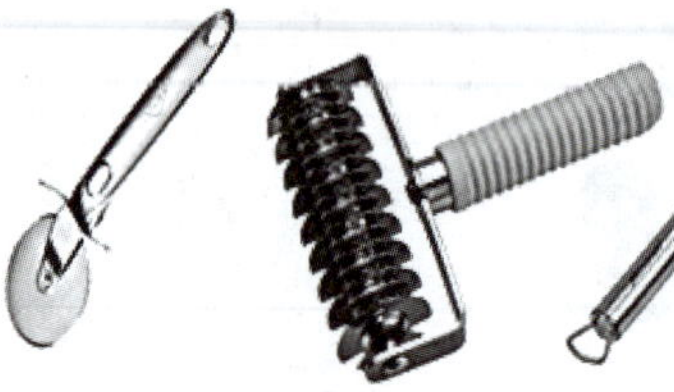

图 2-44 轮刀

图 2-45 铲刀

图 2-46 喷火枪

有派轮刀、波浪轮刀、两用起酥轮刀、两用夹轮刀、拉网轮刀、三角轮刀、针车轮刀等。

（二十）铲刀（Blade）

西点中使用的铲刀（图 2-45），通常分为清洁铲、操作铲和成品铲。清洁铲主要用于清洁烤盘，去除烤盘中残渣；成品铲主要用于蛋糕、馅饼切割后的取拿；操作铲用于西点制作操作环节，如巧克力铲。

（二十一）喷火枪（Flamethrower）

喷火枪（图 2-46）是西点常用工具之一，火力的大小可以转换和调节，配合便携式气罐使用。主要用于慕斯蛋糕脱模，给慕斯刀加热，处理制品表面，以及一些西点特色装饰，例如蛋白霜和白砂糖的焦化等。

三、烘烤辅助工具

（一）烤盘（Baking pan）

一般多为黑色铁皮金属材质制成的长方形铁盘，但近来也研发有硅橡胶不粘烤盘等各式材质的烤盘，使用更为方便；可直接用于各种烘焙食品的烤焙。而网状烤盘则多用于制作饼干时，垫于饼干下的烤盘，可使饼干呈网状的烙痕。西点制作中使用的烤盘包括常规烤盘、法棍烤盘、汉堡烤盘等。

1. 常规烤盘（Conventional pan）

常规烤盘（图 2-47）一般为不锈钢或铝质，表面涂不粘涂层，是在烤箱烤制蛋糕或面包时必不可少的制熟工具。

2. 法棍烤盘（Baguette pan）

法棍烤盘（图 2-48）一般为不锈钢或铝质，表面涂不粘涂层，底部有小孔，主要用于法棍烤制。

3. 汉堡烤盘（Hamburg pan）

汉堡烤盘（图 2-49）主要为不锈钢或铝质，表面涂不粘涂层，是汉堡面包烤制的模具。

（二）各种烘烤模具

西点制作中使用的模具包括吐司模具、蛋糕模具、饼干模具、甜甜圈模具、派盘、塔模等。

1. 面包模（Bread mould）

面包模中应用最多的是各式吐司模（图 2-50），专供吐司面包烘焙用，形状有长方形、方形、圆柱形（车轮形），以长方形最常见，带盖或不带盖，有普通吐司模和不粘吐司模。面包发酵篮是欧式乡村面包常用模具；八角面包模是潘多洛面包专用模具；还有圆形、椭圆形面包圈、U 形面包

图 2-47　常规烤盘

图 2-48　法棍烤盘

图 2-49　汉堡烤盘

吐司面包模　　U 形面包模　　车轮面包模

图 2-50　面包模

方形蛋糕模　　圆形蛋糕模　　芝士蛋糕模

图 2-51　蛋糕模

图 2-52　饼干模具

模、蛋糕模具、各式面包纸模、菠萝印模、甜甜圈模等，在甜面包制作中运用广泛。

2. 蛋糕模具（Cake mold）

蛋糕模具（图 2–51）一般可分为不锈钢、铝制、铁弗龙、陶瓷或纸制；而外观则有圆形、长方形、心形、中央空心、实心活动底模等，也分为大、中、小各式不同的规格。

3. 饼干模具（Biscuit mold）

饼干模具（图 2–52）一般为不锈钢、铝制或塑胶制；包括苏打饼干常用的网状模、玛琍牛奶饼干的圆形模、凤梨酥专用模等。

4. 道纳斯（甜甜圈）专用印模（Doughnut cutter）

道纳斯专用印模（图 2–53）多为不锈钢、铝制或塑胶材质；为甜甜圈专用的特殊印模。

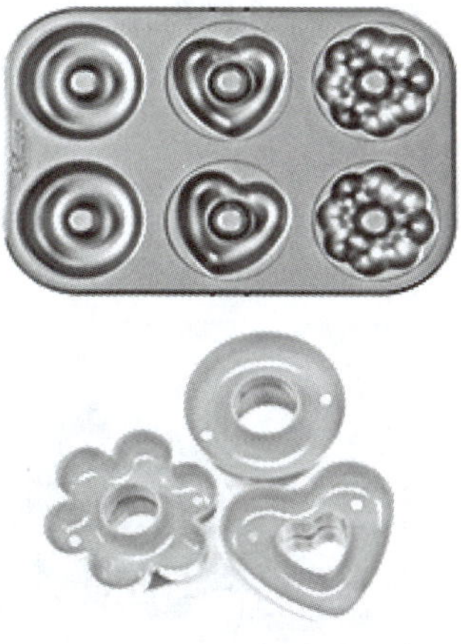

图 2-53　甜甜圈专用印模

5. 派盘（Pie tin）

派盘（图 2-54）常用材质多为不锈钢、铝、锡箔或陶瓷；依材料多少仍可分大、中、小等不同规格，且多为圆形的活动底模或实心模。

6. 挞模（Tart mould）

挞模（图 2-55）常用材质为不锈钢、铝合金、铝箔、陶瓷以及经特氟龙处理的不粘模等。挞模形状较多样，有圆形、菊花形、异形等。

7. 比萨盘（Pizza pan）

比萨盘（图 2-56）常用材质为不锈钢、铝合金、铝箔、陶瓷以及经特氟龙处理的不粘模等。比萨盘多为实心底圆盘，有大小不同尺寸。

8. 巧克力模（Chocolate mould）

巧克力模（图 2-57）用于巧克力造型，有金属模、硅胶模及塑料模等；还常用到巧克力转印纸，主要用于巧克力表面纹饰。

方形派盘　　圆形活动底派盘　　心形派盘

图 2-54　派盘

图 2-55　挞模

图 2-56　比萨盘

硅胶巧克力模　　塑料巧克力模　　金属巧克力模

图 2-57　巧克力模

课后思考题

1. 电子秤、温度计等电子设备在厨房使用中应该注意哪些问题？
2. 面粉筛在使用之前沾水未晾干会对面粉过筛产生什么影响？
3. 在使用带不粘涂层的模具时应该如何保养？
4. 橡胶或塑料类模具（工具）在使用过程中能不能高温加热？
5. 不锈钢材质的模具（工具）使用后应该如何保存？

第三章

西点原料

第一节 西点常用原料

学习目标

- ◆ 了解面粉的成分、性质及质量鉴别。
- ◆ 熟悉面粉、糖、油脂、乳制品和蛋品种类。
- ◆ 熟悉面粉、糖、油脂、乳品、蛋品一般特性。
- ◆ 掌握面粉、糖、油脂、乳品、蛋品在西点中的作用及运用。
- ◆ 能够根据烘焙产品，合理选择原材料。
- ◆ 激发学生强烈的专业学习热情，培养他们浓厚的学习兴趣和自主学习能力。

一、面粉

面粉（Flour）即小麦粉，是西点制作过程中最常使用的原料之一。主要由粮食作物小麦经过一整套的复杂加工而制成。大多数烘焙产品如面包、蛋糕、饼干等都是以面粉为其形态、结构的主要原料。因此，面粉的性质对西点制品的加工工艺和品质有着决定性的影响。

面粉的主要营养成分有蛋白质、糖类、脂肪、矿物质、维生素。面粉的化学成分因小麦的种类、产地、气候及制粉方法不同，而有着较大的变化范围。面粉中含量最高的是糖类（主要是淀粉），约占面粉量的 75%，蛋白质占 9% ~ 13%（主要是面筋蛋白质），维生素和矿物质相对集中在胚芽和麸皮内，脂肪含量较少。

（一）面粉的种类

1. 按面筋的含量分

（1）高筋面粉（Bread Flour） 高筋面粉又称强筋粉、面包粉，由硬麦磨制而成。蛋白质含量为 12% ~ 15%，湿面筋在 35% 以上，吸水率为 62% ~ 64%，蛋白质含量高，面筋质也较多，筋性强，常用来做筋度较强的面包类以及制作泡芙、起酥类点心等（加拿大的春小麦最好）。

（2）中筋面粉（All Purpose Flour） 中筋面粉是介于高筋面粉和低筋面粉之间的一种具有中等筋力的面粉，其蛋白质含量为 9% ~ 11%，湿面筋含量为 25% ~ 35%，吸水率为 55% ~ 60%，市场出售的标准粉、普通粉都属于这类面粉，主要用于一些对面粉要求不高的西点品种，例如发酵饼干、油脂蛋糕等。中筋面粉也可以用一半的高筋粉和一半的低筋面粉混合来充当使用。

（3）低筋面粉（Cake Flour） 低筋面粉又称弱筋面粉、蛋糕粉、糕点粉，由软麦磨制而成，蛋白质含量为 7% ~ 9%，湿面筋含量为 25% 以下，吸水率为 48% ~ 52%，筋性较弱，多用于制造口感蓬松又松软的蛋糕、甜酥点心和饼干等。

2. 按用途分

食品专用小麦粉生产的发展速度很快，目前已有十几个品种，主要有面包专用粉、糕点专用粉、蛋糕专用粉、饼干专用粉、面条专用粉、馒头专用粉、油炸食品专用粉以及自发小麦粉等。

（1）面包用小麦粉　即面包粉，湿面筋含量大于30%，属于高筋粉类，是以小麦为原料制成的供制作主食面包和花色面包用的小麦粉。

（2）糕点用小麦粉　即糕点粉，湿面筋含量小于24%，属于中筋粉类，是以软质小麦为原料制成的供制作酥类糕点用的小麦粉。

（3）蛋糕用小麦粉　即蛋糕粉，湿面筋含量小于24%，属于低筋粉类，是以软质小麦为原料制成的供制作蛋糕用的小麦粉。

（4）发酵饼干用小麦粉　湿面筋含量为24%～30%，属于低筋粉类，是以软质小麦为原料制成的供制作发酵饼干用的小麦粉。

（5）酥性饼干用小麦粉　湿面筋含量为22%～26%，面粉筋度介于中筋粉与低筋粉之间，是以软质小麦为原料制成的供制作酥性饼干用的小麦粉。

3. 其他种类面粉

（1）自发面粉（Self-Rising Flour）　自发面粉采用精制面粉加入碳酸氢钠和磷酸二氢钙的方法制成膨发剂，再将精制小麦粉分次按比例与膨发剂搅拌并混匀。自发面粉大都为中筋面粉混合泡打粉的预拌粉。

（2）强化面粉（Nutrient Adding Flour）　强化面粉指在一般面粉中添加营养成分，如硫酸铵、核黄素、烟酸、铁、钙等维生素和矿物质的小麦粉。

（3）全麦面粉（Whole Wheat Flour）　全麦面粉又称全麦粉，是由全粒小麦经过磨粉、筛分（分级适当颗粒大小）等步骤，保有与原来整粒小麦相同比例的胚乳、麸皮及胚芽等成分制成的产品，全麦面粉营养丰富，是天然健康的营养食品，含有丰富的维生素 B_1、维生素 B_2、维生素 B_6 及烟酸。全麦面粉在掌心搓开，可以看到有粉碎的麸皮在里面，口感较一般面粉粗糙，麦香味更浓郁。常用于制作各种全麦面包、饼干等。

（二）面粉的工艺性能

1. 面粉的物理性质

面粉在西点制作中的工艺性能主要是由面粉中的淀粉和蛋白质所决定的。由于面粉有淀粉和蛋白质成分的存在，所以面粉在制品中起着“骨架”作用，能使面坯在成熟过程中形成稳定的组织结构。

淀粉的物理性质：面粉中的淀粉不溶于冷水，但能与水结合，具有受热糊化、颗粒膨胀的性质。淀粉在常温下物理性质基本没有变化，如水温在50℃以下，吸水及膨胀率很低，黏度变化不大，但水温至53℃以上，其物理性质发生明显改变，出现溶于水的膨胀糊化现象。淀粉在高温下溶胀，分裂形成均匀糊状溶液的特性，称为淀粉的糊化，其糊化作用能够提高面团的可塑性。

蛋白质的物理性质：将面粉加水，用机器搅拌或手工揉搓后形成的具有黏弹性面团放入水中搓洗，淀粉、可溶性蛋白质、灰分等成分渐渐离开面团而浮于水中，最后剩下一块具有黏性、弹性和延伸性的软胶状物质就是所谓的粗面筋。粗面筋又称湿面筋，含水量为65%～70%，是面粉中面筋性蛋白质吸水胀润的结果。面筋蛋白质有很大的吸水力，一般约为干面粉的 2 倍。面团因有面筋形成，才能通过发酵制成面包类产品。

面粉质量、面团温度及面团放置时间等都会影响面筋的形成。一般在 30 ~ 40℃面筋的生产率最大，温度过低及过高都会影响面筋的形成。面粉筋力的好坏、强弱不仅与面筋的数量有关，也与面筋的质量或工艺性能有关。通常评定面筋质量和工艺性能的指标有延伸性、可塑性、弹性、韧性和比延伸性。这些特性对改善面团物理性能具有重要的作用。不同的制品对面筋工艺性能的要求也不同。面包制品要求弹性和延伸性都好的面粉，而蛋糕、饼干等制品对弹性、延伸性的要求不高，但要可塑性良好的面粉。

2. 面粉的吸水率

面粉的吸水率是指单位面粉沥干成团所需要的最大水量，是检验面粉烘焙品质的重要指标。面粉吸水率越高，面包的出品率也越高，水分的增加也使面包更柔软，保质期延长。而面团的最适吸水率取决于所制面团的种类和生产工艺条件。

3. 面粉的熟化

面粉的熟化也称成熟、后熟、陈化。刚磨制的面粉，特别是新小麦磨制的面粉，其面团黏性大，筋力弱，不易操作，生产出来的面包体积小，弹性、疏松性差，组织粗糙、不均匀，皮色暗、无光泽，扁平，易塌陷收缩。但这种面粉经过一段时间贮存后，其烘焙性能得到大大改善，生产出的面包色泽洁白、有光泽、体积大、弹性好、内部组织均匀细腻。特别是操作时不黏，醒发、烘焙及面包出炉后，面团不跑气塌陷，面包不收缩变形。这种现象被称为面粉的“熟化”“陈化”“成熟”或“后熟”。

面粉熟化时间以 3 ~ 4 周为宜。新磨制的面粉在 4 ~ 5 天后开始“出汗”，进入面粉的呼吸阶段，发生某种生化和氧化作用，而使面粉熟化，通常在 3 周后结束。在“出汗”期间，面粉很难被制作成高质量的面包。除氧气外，温度对面粉的“熟化”也有影响，高温会加速“熟化”，低温会抑制“熟化”，一般以 25℃左右为宜。除自然熟化外，还可用化学方法处理新磨制的面粉，使之熟化。最广泛使用的化学处理方法是在面粉中添加面团改良剂维生素 C 等。用化学方法熟化的面粉，在 5 日内使用，可以制作出合格的面包。

（三）面粉的包装和贮藏

市售的面粉包装，一般每袋重量为 25kg，家用面粉多为 0.5kg、1kg、5kg 装。一般糕点店大多整批大量采购贮存备用，以保证烘焙食品品质良好的统一性，也可使面粉在贮存期间因本身的呼吸作用而熟化。面粉贮藏保管时应注意以下事项：①放置在阴凉通风处；②防止面粉吸潮；③防止面粉吸收异味。

（四）面粉筋度的感官鉴别

在实际生产中，难免会出现因放置错误或贴错标签而无法正确区分面粉种类的情况。因此有经验的师傅会通过视觉和手感来辨别面包粉、蛋糕粉、糕点粉和通用面粉。

面包粉在指尖揉搓时会有粗糙感，如果在手中捏成小块，松手以后，粉块会立即散开。蛋糕粉、糕点粉的手感非常光滑细腻，捏成小块，松手后会保持原状。通用面粉的手感介于面包粉和糕点粉之间，捏成小块，松手后粉块似散非散。

二、油脂

油脂是西点制作中的主料之一，对改善制品品质、增加风味、形成层次及提高营养价值等都起着非常重要的作用。油脂在西点制作中具有起酥、充气、可塑、乳化等功能作用，烘焙过程中还能产生特有的香气，并能增加制品的色泽。

（一）油脂的种类

油脂是油和脂的总称，多数植物油（菜籽油、大豆油、花生油、芝麻油等）在常温下呈液态，被称为油，多数动物油（猪油、黄油等）及再加工油脂（人造黄油、起酥油）在常温下呈固态，称为脂，动物油具有较高熔点、良好的起酥和可塑性，加工性能优于植物油。

1. 植物油（Vegetable Oil）

植物油主要含有不饱和脂肪酸，其营养价值高于动物油脂，但加工性能不如动物油脂。食用植物油根据精制程度不同和商品规格可分为普通植物油、高级烹调油和色拉油三个档次品级。常见的植物油有橄榄油、菜籽油、芝麻油、大豆油、花生油、玉米油、葵花籽油等。

2. 黄油（Butter）

黄油又称奶油、白脱油（图 3-1），即牛奶中的脂肪，具有特殊的芳香味，是西点中的传统油脂。它是从牛乳中分离加工出来的一种比较纯净的脂肪，含脂量 80% 以上，熔点为 28 ~ 33℃，凝固点在 15 ~ 25℃，常温下呈浅黄色固体，有含盐、无盐两种。其具有良好的起酥性、可塑性和乳化性，但价格较高，储存稳定性较差。

图 3-1　黄油

3. 猪油（Lard）

猪油（图 3-2）是由猪的脂肪所提炼的，是一种不饱和高级脂肪酸甘油酯，属于油脂中的“脂”，常温下为白色或浅黄色固体。熔点为 28 ~ 48℃，通常用来做中式点心，在烘焙产品中也可用于面包、派以及各种中西式点心中。

图 3-2　猪油

4. 人造黄油（Margarine）

人造黄油又称麦淇淋、玛琪琳，是以氢化油为主要原材料，添加水和适量的牛奶或乳制品、色素、香料、乳化剂、防腐剂、食盐、维生素等经混合、乳化等工序制成的。其含水量在 15% ~ 20% 之间，含盐量为 3%，熔点较高，是黄油的代替品，多数用在西点、起酥面包和膨胀多层次的产品中。

5. 起酥油（Shortening）

起酥油（图 3-3）是指精炼的动、植物油脂、氢化油或这些油化的混合物，经混合、冷却、塑化而加工出来的具有可塑性、乳化

图 3-3　起酥油

性等加工性能的固态或流动态的油脂产品。其呈白色或淡黄色，质地均匀，具有良好的滋味、气味。起酥油一般不直接食用，是食品加工的原料油脂，具有较高的稳定性、起酥性、可塑性、乳化性等。

（二）油脂的加工特性

油脂是西点中的主要原料之一，其对改善制品的品质、风味、色泽等起着非常重要的作用。油脂种类很多，不同制品对油脂的要求也不一样，因此，了解和熟悉油脂的性能，对合理地选择油脂，保证制品质量有着关键的作用。

油脂具有疏水性和游离性，在面团中，它能与面粉颗粒表面形成油膜，阻止面粉吸水，阻碍面筋形成，使面团的弹性和延伸性减弱，而疏散性和塑性增强。在食品加工中，正确运用油脂的疏水性和游离性，合理用油比例，有利于制作出理想的产品。一般来说，在一定的范围内，油脂越多，起酥性越强，动物性油脂优于植物性油脂。

1. 油脂的熔点

固态油脂变为液态油脂的温度称为油脂的熔点。熔点是衡量油脂起酥性、可塑性和稠度等加工特性的重要指标。油脂的熔点既影响加工特性又影响人体的消化吸收。用于制作西饼的固态油脂熔点最好在 30 ~ 40℃。

2. 油脂的可塑性

油脂的可塑性是指像面团一样在外来的作用下能够经受揉捏、擀制及成形。可塑性是油脂最基本的特性，其与环境、温度及熔点有关，也与固体脂和液态油的比例有关。

3. 油脂的起酥性

起酥性是指油脂用在饼干、酥饼等烘焙制品中，使成品酥脆的性质。起酥性是油脂通过在面团中限制面筋的形成，使制品组织比较酥散、口感酥松，达到起酥作用的。油脂的这种特性称为起酥性，即油脂起酥原理。

油脂加入面粉中，由于其流变性，能在面粉颗粒周围形成油膜，阻碍蛋白质对水的吸收和面筋网络的形成，使面团的弹性和韧性降低，但可塑性得到提高，酥性增强。一般来说，在一定的范围内，油脂越多，起酥性越强，动物性油脂优于植物性油脂。

4. 油脂的融合性（充气性）

融合性是指油脂在经过搅拌后，油脂包含空气气泡的能力或油脂引入空气的能力。油脂的融合性与其成分有关，油脂的饱和度越高，拌入的空气也越多。油脂因充气而膨松（搅打），充气性越好，打发的体积越大。油脂的充气性与结晶状态及搅打程度有关，细粒糖也有助于油脂的充气。

5. 油脂的乳化性

油和水是不相溶的，但在烘焙产品制造过程中经常会碰到油和水混合的问题。在饼干制作过程中，酥性饼干是 W/O 型，韧性饼干是 O/W 型，为解决这一问题，则必须添加乳化剂，使油相、水相能相互均匀分散。因此，添加有乳化剂的起酥油和人造奶油有着良好的乳化特性，油脂在乳化剂存在的条件下，它能与水形成稳定的分散体系，油脂的乳化性能越好，分散性也就越好，从而使制品得到更均匀的质地，成品组织酥松、体积大、风味好。

6. 油脂的润滑作用

面团在搅拌时加入油脂，搅拌过程中油脂使面筋与淀粉界面上形成润滑膜，与面筋紧密结合后，利于面筋网络的延伸，增大产品体积。油脂的润滑作用能够柔软面筋及减缓面包水分的流失与老化，改善面包组织并提供柔软润滑的口感。

（三）油脂在西点中的工艺性能

1. 改善面团的物理性质

在调制面团时，将油脂加入后，油脂覆盖于面粉的周围。由于油脂的疏水性，限制面筋蛋白质吸水，还由于油脂的隔离作用，使已形成的面筋不能相互粘合而形成大的面筋网络。同时使淀粉与面筋不能结合，降低了面团的弹性、韧性、黏度，增强了面团的可塑性。

2. 促进起酥类点心形成均匀的层次

丹麦起酥等层酥点心制品是将面团擀开，包入油脂，然后采用反复擀压折叠的方法制成。可塑性良好的油脂能与面团一起延伸，在面团中，每两层面团中有一层油层，此油层在烘烤过程中，油中的水受热会形成水蒸气，此时固体油脂也变成液体油而分布在面团表面形成可隔离水蒸气的薄膜，再利用水蒸气的力量将面团撑起分层，就形成酥脆、层次分明的起酥类点心制品。

3. 促进面包体积增大

面团在搅拌时加入油脂，搅拌过程中油脂使面筋与淀粉界面上形成润滑膜，与面筋紧密结合后，利于面筋网络的延伸。油脂的润滑作用，使面团在发酵过程中的膨胀阻力减小，面团的延伸性能增强，从而增大产品体积。

4. 增加制品风味，提高热量和营养

各种油脂都有它独特的香味，西点中加入油脂不仅可以使制品带有独特的风味，也可以通过烘烤，在高温及缺氧的情况下，使少量油脂发生分解、酯化反应，形成特殊芳香。

油脂中含有大量脂肪，能够提高制品热量，可以补充人体能量。油脂除含脂肪外，还含有很多营养物质，如必需氨基酸、脂溶性维生素、磷脂等，具有很好的营养价值。

5. 增加制品的体积及酥脆性

由于油脂具有很好的起酥性及充气性，在制作过程中加入大量油脂，其限制了面团面筋的形成，并可使面团以薄膜状分布，在搅拌中能够冲入大量空气并包裹住，使制品在烘焙中因气体膨胀而产生酥松、松脆的口感。

6. 促进乳化，使产品质地均匀

油脂具有很好的乳化性，有利于面团中油、水、蛋的均匀混合，使产品性质均匀。

7. 作为传热介质，形成油炸制品特色

油脂具有较高的热容量和发烟点、燃点，它可作为油炸食品的传热介质，能够使制品快速成熟、上色，具有质感丰富、香味浓郁的特点。

三、糖

糖是西点常用原材料之一，它对西点产品的色、香、味、形、质均起到非常重要的作用。

（一）糖的种类

西点中常用的糖包括蔗糖和淀粉糖浆等。蔗糖主要是从甘蔗和甜菜中提取的，一般有白砂糖、绵白糖、赤砂糖、红糖、冰糖、糖粉等。淀粉糖浆的淀粉水解而得的浓稠糖品，主要成分是麦芽糖、葡萄糖、果糖和少量的糊精。常见的淀粉糖浆有葡萄糖浆、麦芽糖、饴糖、蜂蜜等。随着社会的进步，人们对健康的要求越来越高，西点当中也会用到一些功能性甜味剂，如木糖醇、麦芽糖醇、海藻糖等。

1. 白砂糖（Sugar）

白砂糖简称砂糖，是西点使用最广泛的糖。由甘蔗和甜菜提取糖汁，经过过滤、沉淀、蒸发、结晶、脱色、干燥等工艺而制成的。白糖色白、干净、甜度高，蔗糖含量在 99% 以上。白糖根据晶粒大小可分为粗砂、中砂、细砂。因细砂糖颗粒细小便于溶解，西点制作中用细砂糖较为普遍。

2. 绵白糖（White soft sugar）

绵白糖是由颗粒小的白砂糖加适量的转化糖浆加工制成的，蔗糖含量在 97% 以上。颜色洁白、颗粒很细微，看起来像积雪，软绵绵的感觉，很容易受潮。绵白糖最宜直接食用，冷饮凉食用之尤佳，但不宜用来制作高级糕点。

3. 赤砂糖（Brown granulated sugar）

它是从甘蔗和甜菜中提取的，用机械或手工制成。是制造白砂糖的初级产物，未经脱色及洗蜜精制。晶粒较大，晶面明显，色泽有红褐、赤红、青褐、黄褐等。食时有浓甜的焦苦味、糖蜜味，水分比还原糖多。

4. 红糖（Brown sugar）

红糖（图 3-4）的原料是甘蔗，含有 95% 左右的蔗糖，古法是将收割下来的甘蔗经过切碎碾压，压出来的汁液先去除泥土、细菌、纤维等杂质，接着以小火熬煮 5 ~ 6 小时，不断搅拌让水分慢慢蒸发掉，使糖的浓度逐渐增高，高浓度的糖浆在冷却后会凝固成为固体块状的粗糖，也就是红糖砖，这样的传统做法保持了甘蔗原本的营养，同时也使红糖带有一股类似焦糖的特殊风味。制作过程中熬煮的时间越久，红糖砖的颜色也越深，使红糖呈现出不同深浅的红褐色。而我们常见的传统粉末状红糖则是红糖砖再经过研磨所制成。在烘焙过程中加入红糖，可使制品易于着色，并增加制品风味。

图 3-4　红糖

5. 冰糖（Crystal sugar）

冰糖是砂糖的结晶再制品。自然生成的冰糖有白色、微黄、淡灰等。由于其结晶如冰状，故名冰糖，有单晶冰糖和多晶冰糖之分。

6. 糖粉（Icing sugar）

糖粉（图 3-5），是一种洁白的粉末状糖类。糖粉颗粒非常细，同时有 3% ~ 10% 的淀粉混合物（一般为玉米粉），可用于饼干的制作及调味品，有防潮及防止糖粒成结的作用。糖粉也可直接以网筛过滤，直接筛在西点成品上作为表面装饰及大型点心的模型等。

图 3-5　糖粉

7. 转化糖（Invert sugar）

转化糖（图 3-6）用稀酸或酶对蔗糖作用后所得含等量的葡萄糖和果糖的混合物。西点中制作巧克力馅料常加转化糖。

8. 饴糖（Malt syrup）

饴糖（图 3-7）又称麦芽糖、米稀、糖稀，以谷类为原材料，主要存在于发芽的谷粒，特别是麦芽中，故得此名称。在淀粉转化酶的作用下，淀粉发生水解反应，生成的就是麦芽糖，麦芽糖呈黏稠状，色泽淡黄而透明，含糊精、麦芽糖和少量葡萄糖。它再发生水解反应，生成两分子葡萄糖。

9. 葡萄糖浆（Confectioner's glucose）

葡萄糖浆又称淀粉糖浆、化学稀等，是一种以淀粉为原料在酶或酸的作用，经脱色、浓缩而制成的一种糖浆，主要成分为葡萄糖、麦芽糖、麦芽三糖、麦芽四糖及四糖以上等。葡萄糖浆又称为液体葡萄糖，葡麦糖浆。

10. 蜂蜜（Honey）

蜂蜜（图 3-8）是糖的过饱和物质，是一种天然糖浆，是蜜蜂从开花植物的花中采得的花蜜在蜂巢中酿制的蜜。蜂蜜的主要成分是葡萄糖和果糖，以及少量的蔗糖、糊精、淀粉酶、有机酸、维生素、矿物质、蜂蜡及芳香物质等，味道很甜，风味独特，营养价值较高。

11. 功能性甜味剂

功能性甜味剂，是指蔗糖或者糖浆之外能够产生甜味的物质。有天然和人工合成两类。甜味剂的优点包括价格、功能性、不参与糖的代谢过程，也就不会引发与糖有关的疾病如糖尿病的危险，不产生热量或者产生的热量完全可以忽略等。常见的用于西点中的功能性甜味剂有以下几种：

（1）木糖醇（Xylitol）（图 3-9） 木糖醇原产于芬兰，是从白桦树、橡树、玉米芯、甘蔗渣等植物原料中提取出来的一种甜味剂，在自然界中，木糖醇的分布范围很广，广泛存在于各种水果、蔬菜、谷类之中，但含量很低。木糖醇是一种天然、健康的甜味剂，因此，目前很多的高端点心用来代替白糖的使用。

（2）艾素糖醇（Isomalt） 又称益寿糖，异麦芽糖醇或异麦芽酮糖醇，以蔗糖为原料经酶异构转化制得。甜度为蔗糖的 42%，甜味纯正，水解速率较蔗糖慢，性质稳定，能重结晶且吸湿性低，是糖艺和蛋糕装饰的优良原料，因为其不吸湿、色泽好、可以直接熔糖等特性，成为星级酒店师傅做高档西点的首选。它是近年来国际上新兴的一种功能性糖醇，是蔗糖、淀粉糖及其他糖醇的优良替代品。产品安全性极高，美国 FDA 给予其 GRAS（公认安全）地位，对其每日摄入量不作限制。

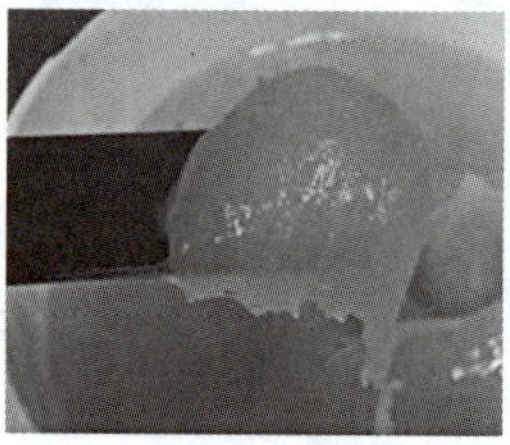

图 3-6 转化糖

图 3-7 饴糖

图 3-8 蜂蜜

图 3-9 木糖醇

（3）海藻糖（Fucose）　海藻糖为白色粉状结晶，海藻糖具有稳定生物膜（细胞膜）和蛋白质结构及抗干燥的作用，还具有抑制骨胶原分解的作用，因而可用于改善骨质疏松症，其多应用于生物制品保护。在烘焙当中也有用来替代白砂糖的使用。

（二）糖的一般特性

1. 糖的甜度

糖的甜度没有绝对值，目前主要利用人的味觉来比较。测量方法是在一定量的水溶解液中，加入能使溶解液被尝出甜味的最少糖量，一般以蔗糖的甜度为 100 来比较各种甜味物质的甜度。各种糖的相对甜度如表 3-1。

表 3-1　糖的相对甜度

糖的名称	相对甜度	糖的名称	相对甜度
蔗糖	100	葡萄糖浆（葡萄糖值 42）	50
果糖	114 ~ 175	转化糖	130
葡萄糖	74	麦芽糖醇	75 ~ 95

2. 糖的溶解性

糖可溶于水，不同的糖在水中的溶解度不同，果糖最高，其次是蔗糖、葡萄糖。糖的溶解度与温度有关，随着温度升高而增大，故冬季化糖最宜用温水或开水。糖的溶解与颗粒大小、有无搅拌及搅拌速度等都密切相关。

3. 糖的结晶性

结晶性是指糖在浓度高的糖水中，已经融化的糖分子又重新结晶的特性。蔗糖极易结晶，晶体能生长很大。葡萄糖也易于结晶，但晶体很小。果糖则难于结晶。饴糖、葡萄糖浆分别是麦芽糖、葡萄糖、低聚糖和糊精的混合物，为黏稠状液体，具有不结晶性。一般来说不易结晶的糖，对结晶的抑制作用较大，有防止蔗糖结晶的作用。如熬制糖浆时，加入适量饴糖或葡萄糖浆，可防止蔗糖析出或返砂。也可加入适量的酸性物质，糖在酸的作用下部分蔗糖转化为单糖具有防止蔗糖结晶的作用。

4. 糖的吸湿性和保潮性

吸湿性是指在较高空气湿度的情况下吸收水分的性质。保潮性是指在较高湿度吸收水分和在较低湿度下失去水分的性质。糖的这种性质对于保持糕点的柔软和储存具有重要意义。蔗糖和葡萄糖浆的吸湿性较低，转化糖浆和果葡糖浆的吸湿性高，故可用高转化糖浆和果葡糖浆、蜂蜜来增加饼坯的滋润性，并在一定时间内保持柔软。

葡萄糖经氢化生成的山梨醇具有良好的保潮性质，作为保湿剂在烘焙食品加工中得到广泛应用。

5. 糖的渗透压

糖溶液具有较强的渗透压，糖分子很容易渗透到吸水后的蛋白质分子或其他物质中间，并把已吸收的水排挤出去形成游离水的性能。较高浓度的糖溶液能够抑制许多微生物的生长，是由于糖液高渗透压的作用夺取了微生物菌体的水分，使微生物生长受到抑制，因此可以起到延长制品保存期的作用。糖的渗透性随着糖液浓度的增高而增高。单糖的渗透压是双糖的两倍。葡萄糖和果糖比蔗糖具有较高的渗透压和食品保藏效果。

6. **糖的黏度**

不同的糖黏度不同，蔗糖的黏度大于葡萄糖和果糖，糖浆黏度较大。利用糖的黏度可以提高产品稠度和可口性。如搅打鸡蛋、蛋白时，加入蔗糖、糖浆可增强气泡的稳定性，改善制品品质。

7. **糖的焦糖化和美拉德反应**

焦糖化和美拉德反应是烘烤制品上色及产生特殊香味的重要途径。

（1）焦糖化反应　焦糖化反应说明糖对热的敏感度。把焦糖化控制在一定程度内，可使烘烤产品产生令人喜欢的色泽与风味。不同的糖对热的敏感度不同。果糖的熔点为95℃，麦芽糖为102～103℃，葡萄糖为146℃，这三种糖对热非常敏感，易形成焦糖。因此，含有大量这三种成分的饴糖、转化糖、过葡萄糖，中性的葡萄糖浆、蜂蜜等在西点中常作为着色剂使用，加快制品烘烤的上色速度，促进颜色形成。

糖的焦糖化作用还与pH有关，溶液的pH低，糖的热敏感度就低，上色作用差，pH高则热敏感度高，上色作用也好。因此，有些pH低的转化糖浆，葡萄糖浆在使用前最好调成中性，才有利于糖的着色反应。

（2）糖的美拉德反应　美拉德反应是使烘烤制品表面着色的另外一个途径，也是烘焙制品特殊香味的重要来源。在美拉德反应中除了产生色素物质外，还产生一些挥发性物质，形成特有的烘焙香味。

影响美拉德反应的因素有：温度、糖量、糖的种类、氨基化合物的种类、pH。温度越高，美拉德反应越强烈，还原糖（葡萄糖、果糖）含量越多，美拉德反应越强烈；pH呈碱性，可加快美拉德反应的速度。果糖发生美拉德反应最强，葡萄糖其次，非还原糖的蔗糖不起美拉德反应。

8. **糖的抗氧化性**

糖溶液具有抗氧化性，因为氧气在糖溶液中溶解比在水溶液中多，因而在含油脂较高的食品中有利于防止油脂氧化酸败，延长制品保存期。同时，糖和氨基酸在烘焙中发生美拉德反应生成的棕黄色物质具有抗氧化作用。

（三）糖在西点中的作用

1. **增加制品甜味，提高营养价值**

糖的甜度在西点制品中起到增加甜味的作用。不同种类的糖其甜度不同。糖在西点中的营养价值在于它的发热量，如100g糖在人体内可产生1673.6kJ热量。

2. **改善制品色泽，装饰美化产品**

糖在加热到一定温度下能够产生焦糖化反应和美拉德反应，可使烘烤制品在烘烤加热过程中产生金黄色或棕黄色的色泽，并产生良好的烘焙香味。糖及糖的再制品如糖粉对点心成品表面装饰也有重要作用。

3. **调节面筋筋力，控制面团性质**

糖具有渗透性，面团中加入糖，它不仅能够吸收面团中的游离水，还可渗透到吸水后的蛋白质分子中，使面筋蛋白质中的水分减少，面筋形成度下降，面团弹性减弱。大约每增加1%的糖量，面粉的吸水率就降低0.6%左右。所以糖可以调节面团面筋力，控制面团的性质。

4. 调节面团发酵速度

糖可作为发酵面团中酵母的营养物，促进酵母菌的生长繁殖，产生大量二氧化碳气体，使制品体积膨大疏松。加糖量的多少对面团发酵速度有影响，在一定范围内，加糖量越多，发酵速度越快，反之则慢。

5. 防腐作用

糖具有渗透压性能，对于有一定糖浓度的制品，由于糖的渗透性能使微生物脱水，发生细胞的质壁分离，产生生理干燥现象，使微生物的生长发育受到抑制，减少微生物对制品造成的腐败。因此，糖分含量越高，水分含量少的制品保质期越长。

四、蛋及蛋制品

在西点制作中运用最多的是鸡蛋。鸡蛋不仅产量大、成本低，且营养价值高，腥味低，在西点制作中性能优于其他鲜蛋，是西点用蛋的最佳选择。常见的蛋品包括鲜鸡蛋、冰蛋和蛋粉。

（一）蛋的种类

1. 鲜鸡蛋

鲜鸡蛋是我们日常生活中常食用的原材料，也是星级酒店、中高档宾馆、饼店等西点生产所需的主要蛋品，其营养价值高，产量大，成本低，食用方便，稳定性强，能用于各类西点制品的制作，是西点重要的原材料之一。

2. 冰蛋

冰蛋又称冻蛋，多用于大型西点生产企业或饼店连锁加工厂。冰蛋多采用速冻制取，速冻温度在-20℃以下。使用冰蛋时，只是将冰蛋完全解冻即可使用。由于冰蛋温度较低，冻结得快，蛋液中的胶体特性很少受到破坏，保留了鸡蛋的工艺性能。蛋速冻后的蛋液再重冻或冷冻时间过长都会影响制品的质量。

3. 蛋粉

蛋粉有全蛋粉和蛋白粉之分。蛋粉比鲜鸡蛋有较长的保质期，多用于大型生产或特殊制品。蛋粉的起泡性不如新鲜鸡蛋。

（二）鸡蛋的结构和成分

鸡蛋由蛋壳、蛋白、蛋黄三个主要部分组成，构成各部分的比例由于季节、品种、饲养条件等不同而异。鸡蛋的结构如图3-10所示。

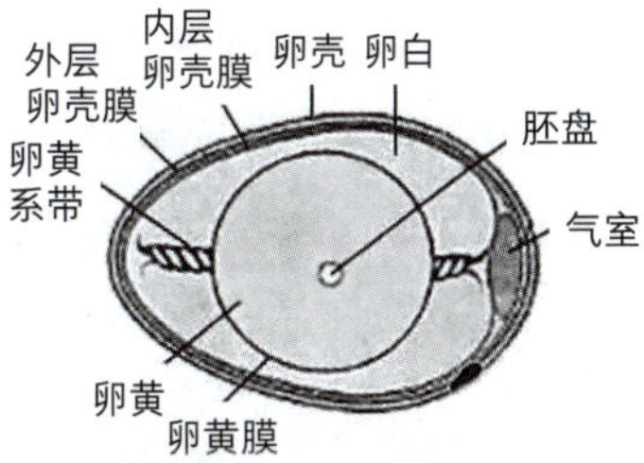

图3-10　鸡蛋结构图

全蛋中，蛋壳重量约占10.3%，蛋黄占30.3%，蛋白占59.4%，蛋黄与蛋白的重量比为1∶2。一个鸡蛋的平均重量为50～60g，在此重量范围内的鸡蛋，蛋黄、蛋白比例差不多。蛋的含水量非常高，一般含有75%的水分，是一种湿性原料，因此，含有鸡蛋制作的烘焙制品需注意其他液体水分的使用量。鲜鸡蛋所含营养丰富而全面，营养学家称之为“完全蛋白质模式”，被人们誉为“理想的营养库”。

（三）鸡蛋的烘焙工艺性能

1. 蛋白的起泡性

起泡性又称打发性，是指蛋白用机器强烈搅打混入空气包围起来形成气泡，使蛋液体积增大的性质。在一定条件下，机械搅打越充分，蛋液混入的空气越多，蛋液的体积越大。蛋白的这种起泡性能，对物理搅拌法制成制品质量有很大的影响。这种搅打气泡的蛋液制品在烘烤时，泡沫内的气体受热膨胀，增大了产品的体积，这时蛋白质受热变性凝固，使制品疏松多孔并具有一定的弹性和韧性，因此，蛋在蛋糕等制品中起到膨胀、增大体积的作用。蛋白可以单独搅打成泡沫，用于蛋白类品种的制作和装饰料的制作，如天使蛋糕、蛋白饼干、奶白膏等；也可以全蛋的形式用于各种海绵蛋糕、手指饼干等品种的制作。

搅打蛋白或全蛋液是糕点制作中的重要工序，影响蛋液泡沫形成与稳定的因素主要有温度、黏度、油脂、pH、蛋的品质等。

2. 蛋的乳化性

蛋白、蛋黄及全蛋都具有乳化性，蛋的主要乳化性是蛋黄当中的卵磷脂的作用，卵磷脂具有亲油性和亲水性的双重性质，是非常有效的乳化剂。蛋的乳化性能，有助于油、水和其他材料均匀地分布在一起，促进制品组织细腻、质地均匀、疏松可口，使制品保持一定水分，在贮存期保持柔软。在一些西点产品，如蛋黄酱、海绵蛋糕的加工工艺中充分利用蛋黄的乳化性。

3. 蛋的凝固、黏结性

蛋中含有丰富的蛋白质，蛋白质对热极为敏感，当蛋白在 54 ~ 57℃时开始变性，达到 60℃时变性加快，超过 70℃蛋黄变稠，80℃时蛋白完全凝固变性，蛋黄表面凝固，100℃蛋黄完全凝固。蛋在受热后凝固变性，能使蛋液黏结面团，产品成熟时不会分离，保持产品的形态完整。

蛋液在凝固前，它们的极性基和羟基、氨基、羧基等基团位于外侧，能与水互相吸引而溶解。当蛋液被加热到一定温度时，原来联系脂键的弱键被分裂，肽键由折叠状态而呈伸展状态。整个蛋白质分子结构由原来的立体状态变成长的不规则状态，亲水基由外部转到内部，疏水基由内部转到外部。很多这样的变性蛋白质分子互相撞击而相互贯穿缠结，各形成凝固物体。这种凝固物体经高温烘焙便失水分，成为带有脆性、光泽的凝胶片。故在面包、点心表面涂上一层蛋液，可增加制品表皮的光亮度，增加其外形美；添加蛋的制品经烘焙或油炸后，会更加酥脆。

（四）蛋在西点制作中的作用

1. 提高营养价值

蛋中含有大量的蛋白质，脂肪、矿物质和多种维生素，是人体不可缺少的营养物质。大部分的西点制品中都含有鸡蛋，大大提高了产品的营养价值。

2. 改善制品的色、香、味，保持制品柔软性

西点、面包制品在入炉前涂抹一层鸡蛋液，不仅能改善制品表皮的色泽，产生光亮的金黄色或黄褐色，也能防止点心、面包制品内部水分蒸发，保持制品的柔软性。

3. 改进制品内部组织状态

蛋白的发泡性，可增加制品的体积，有利于制品内部形成蜂窝结构，提高疏松性。

五、乳及乳制品

乳及乳制品是西点制品的高档优质材料，具有丰富的营养价值和特有的风味，在改善西点产品工艺性能方面有重要作用。

（一）西点常用乳及乳制品

1. 鲜奶（Fresh milk）

鲜奶（图 3-11）又称牛奶，一种白色或稍黄色不透明液体，含有丰富的蛋白质、脂肪和多种维生素及矿物质，还有一些胆固醇、酶及磷脂等微量成分。其极易被人体消化吸收，有很高的营养价值，是西点生产中常用原材料。牛奶不仅是常用辅料，还用来制作馅料和装饰料，也是制作奶粉、鲜奶油、奶油、酸奶、奶酪等乳制品的原料。牛奶含水量高，是糕点常用的润湿剂，提高制品的营养价值，赋予奶香味，乳糖在烘焙中与蛋白质发生美拉德反应使制品上色快，酪蛋白和乳清蛋白是良好的乳化剂，能帮助水油分散，使制品的组织均匀细腻。

2. 酸奶（Yoghurt）

酸奶（图 3-12）是以新鲜的牛奶为原料，加入一定比例的蔗糖，经过高温杀菌冷却后，再加入纯乳酸菌种培养而成的一种奶制品，口味酸甜细滑，营养丰富。其营养价值要高于鲜牛奶和各种奶粉。常用于制作特色风味的糕点。

3. 炼乳（Condensed milk）

炼乳（图 3-13）分为甜炼乳和淡炼乳两种，是牛奶浓缩制品，保存期长。炼乳较好保存了鲜奶的香味，多用于制作布丁之类甜品，可替代鲜奶使用。

4. 奶粉（Milk powder）

奶粉主要是指以牛的乳汁为原料，经过消毒、脱水、干燥等工艺制成的粉末。奶粉便于贮藏、运输、不易变质、使用方便，在西点中运用广泛。奶粉有全脂、半脂、脱脂三种类型，西点常用全脂和脱脂两类。

5. 淡奶（Light milk）

淡奶（图 3-14）也叫奶水、乳水、蒸发奶、蒸发奶水等，是将牛奶蒸馏除去一些水分后的产品，

图 3-11　鲜奶

图 3-12　酸奶

图 3-13　炼乳

图 3-14　淡奶

图 3-15 鲜奶油

有时也用奶粉和水以一定比例混合后代替。经过蒸馏过程，淡奶的水分比鲜牛奶少一半，乳糖含量比牛奶高，奶香味浓郁，常用于制作甜品，以及冲调咖啡及奶茶等饮料。

6. 鲜奶油（Fresh cream）

鲜奶油（图 3-15）又称稀奶油、淡奶油，或者简称奶油，就是 cream，音译作忌廉。也是从牛奶中提取的脂肪，打发成浆状之后可以在蛋糕上裱花、制作慕斯类蛋糕，也可以加在咖啡、冰淇淋、水果、点心上，甚至直接食用。

图 3-16 酸奶油

7. 酸奶油（Sour cream）

酸奶油（图 3-16）是用鲜奶油加入乳酸和风味产生菌在 22℃环境中发酵的稀奶油制成的。其乳酸含量达到 0.5%。酸奶油可用于制作蛋糕、慕斯、汁酱等产品。

8. 乳酪（Cheese）

乳酪又称奶酪、干酪、芝士、计司、起司等，是一种用奶在凝化酶的作用下，其中的酪蛋白凝固，在微生物与酶的作用下，经长时间的生化变化而加工制成的一种乳品。其营养价值很高，含丰富的蛋白质、脂肪和钙、磷、硫等矿物质及丰富的维生素。西点中常用乳酪制作点心，不仅增加风味，也可以提高产品营养价值。乳酪的种类很多，蛋糕中运用最多的是奶油乳酪。

图 3-17 奶油奶酪

（1）奶油奶酪（Cream cheese） 奶油奶酪（图 3-17）是一种未成熟的全脂奶酪，色泽洁白，质地细腻，口感微酸，非常适合用来制作奶酪蛋糕，也可以用来做乳酪味道的奶油。奶油奶酪开封后非常容易吸收其他气味而腐败变质，开封后要尽早使用完。

图 3-18 马斯卡彭

（2）马斯卡彭（Mascapone cheese） 马斯卡彭（图 3-18）是一种将新鲜牛奶发酵凝结，继而取出部分水分后所形成的“新鲜奶酪”。原产地是意大利，主要用于传统意式蛋糕提拉米苏的制作，也用于比萨及一些蛋糕的制作上。

（3）马苏里拉（Mozzarella）（图 3-19） 马苏里拉是意大利的一种淡味奶酪，由水牛乳制成，色泽淡黄，含乳脂 50%。此奶酪是制作 PIZZA 重要原料之一。

图 3-19 马苏里拉

（4）帕尔玛奶酪（Parmesan cheese/Parmigiano reggiano） 一种意大利名品，意大利硬奶酪。经多年陈熟干燥而成，色泽黄，具有强烈的水果味道，一般超市中有盒装或铁罐装的粉末状帕尔玛奶酪出售。

（二）乳制品在西点中的作用

西点制作过程中加入牛奶或奶粉等乳制品，不仅可以提高制品的营养价值，也可以产生香醇滋味。由于乳制品有良好的乳化性能，能改善制品内部组织状态，使制品蓬松、柔软可口，同时，还可以延缓制品的“老化”。

课后思考题

1. 了解各种类型面粉的性质及工艺要求。
2. 为什么蛋糕和面包对面粉的选择要求是不一样的？
3. 糖在西点中有何作用？
4. 蛋在西点中有何作用？
5. 西点中常用乳制品有哪些？

第二节　食品添加剂

学习目标

- ◆ 掌握食品添加剂的定义。
- ◆ 掌握膨松剂的种类、特性及在西点中的运用。
- ◆ 掌握乳化剂在西点中的作用。
- ◆ 掌握改良剂在面包中的作用。
- ◆ 能够根据烘焙产品，合理选择添加剂。

世界各国对食品添加剂的定义不尽相同，联合国粮农组织（FAO）和世界卫生组织（WHO）联合食品法规委员会将食品添加剂定义为：食品添加剂是有意识地一般以少量添加于食品，以改善食品的外观、风味和组织结构或贮存性质的非营养物质。西点制作中常用的食品添加剂有：膨松剂、乳化剂、面包改良剂、胶凝剂、甜味剂等。

一、膨松剂

膨松剂又称疏松剂、膨胀剂、膨大剂，是西点中重要的添加剂，以使制品在烘烤、油炸、蒸煮、煎时增大体积，改善形态、组织，增强口感。

西点中用到的膨松剂有生物膨松剂、化学膨松剂、复合膨松剂。

（一）生物膨松剂

1. 生物膨松剂的种类

（1）酵母（Yeast） 酵母是面包生产中不可缺少的重要原材料，是工厂化生产纯菌提纯，不含或含少量杂菌，是一种单细胞真菌微生物，是一种对人体有益的生物膨松剂。发面机理是酵母在面团中进行新陈代谢，产生利于人体吸收的营养和风味物质，并产生 CO_2 气体，使面团膨胀、松软可口，发酵力强，时间短，不会产生酸味所以不需要加碱中和，是首选的发酵材料。常见的酵母分为液体鲜酵母（酵水）、压榨鲜酵母、活性干酵母三种。

①液体鲜酵母：液体酵母含水分 90%，发酵力强，有独特风味，但容易酸败变质。

②压榨鲜酵母：压榨鲜酵母又称鲜酵母，是酵母液经除去一定量的水分后压榨而成，含水分 71% ~ 75%，颜色乳白或灰白，发酵力强，后劲大，入炉后膨胀好，风味好。但也容易酸败变质，必须在冰箱冷藏保存。

③活性干酵母：活性干酵母（即发酵母）是由鲜酵母脱水干燥处理而成，约含 10%的水分，不易变质，容易保存，使用方便。它具有高活性、稳定性好、发酵快等特点，是面包制作中常用的原材料。

（2）面肥 面肥即老面、面种、糟头，其含酵母，同时也含有较多的醋酸等杂菌，需保存良好。如在面团发酵过程中，杂菌繁殖过多产生酸味，需用碱中和。

2. 影响酵母活性的因素

（1）温度 酵母的生长适宜温度在 27 ~ 32℃，最适宜温度为 27 ~ 28℃。因此，面团前发酵阶段应该控制发酵室温度在 30℃以下。在 27 ~ 28℃主要是使酵母大量繁殖，为最后醒发积累后劲。酵母的活性随着温度的升高而增强，面团内的气体也大量增加，当面团达到 38℃时，产气量达到最大。因此，面团醒发温度控制在 35 ~ 39℃。温度太低，酵母活性不旺盛，甚至活性停止，面团不能正常发酵；温度太高，酵母活性过旺，面团发酵速度过快，面团提前完成发酵，造成发酵不足；同时，酵母衰老也过快，易产生杂菌，使面包变酸。

（2）pH 面团酸碱度（pH）：酵母适宜在酸性条件下生长，最适 pH 为 4 ~ 6；不适宜在碱性条件下生长；$pH < 4$ 或 $pH > 8$，酵母活性均大大降低。

（3）渗透压 酵母细胞外围有一半透性细胞膜，酵母细胞通过此细胞膜以渗透的方式获得营养，所以外界浓度的高低影响酵母细胞的活性。高浓度的糖、盐都会抑制酵母的发酵。

（4）水 水是酵母生长繁殖所必需的物质，许多营养物质都需要借助水的介质作用而被酵母吸收。因此，面团中加水越多、越软的面团，发酵速度越快。

（5）营养物质 影响酵母活性的最重要的营养源是氮素源，常添加的营养物质是氯化铵、硫酸铵等。目前面包面团中加入的面包改良剂都含有硫酸铵或磷酸铵等铵盐，能在面团发酵的过程中提供氮素源，促进酵母繁殖、生长和发酵。

3. 酵母的选择和使用

酵母的选择和使用是否正确，直接关系到面团能否正常发酵和面包发酵制品的质量。正确使用酵母的原则是在制品制作的每一个阶段都要保持酵母的活性，能够有利于酵母的充分繁殖和发酵。不同的酵母不仅发酵力不同，其发酵特性也有差异，适用的产品配方及工艺要求也不同。酵母的选择还应该考虑制品的发酵工艺和配方，是一次发酵法还是二次发酵法工艺，是高糖面团还是低糖面团配方，还应注意酵母的正确存放及生产日期和保质期等。

4. 生物膨松剂在西点中的作用

生物膨松剂能够使面团膨胀，制品体积增大，组织疏松柔软，改善面团面筋，面团在发酵过程中形成了酒精、有机酸、醛、酮、酯类等风味物质，在制品烘烤后形成发酵制品特有的香味。此外面团发酵过程中生长繁殖的大量酵母使面包等制品的营养价值明显提高，易于被人体吸收。

（二）化学膨松剂

1. 化学膨松剂的种类

化学膨松剂可以分为单质膨松剂和复合膨松剂两大类，常用化学膨松剂有碳酸氢钠、碳酸氢铵、泡打粉等。

（1）碳酸氢钠（Sodium bicarbonate）　碳酸氢钠（图 3-20）俗称小苏打、小起子、苏打粉等，白色粉末状，无臭、味咸，易溶于水，不溶于乙醇。碳酸氢钠是一种易溶于水的白色碱性粉末，在与水结合后开始起作用释出二氧化碳，在酸性液体，如果汁中反应更快，而随着环境温度升高，释出气体的作用越快。碳酸氢钠一般用于饼干及一些蛋糕体上，用量为 0.3% ~ 1.0%，碳酸氢钠在作用后会残留碳酸钠，使用过多会使成品有碱味，影响口感，使用不当会导致成品表面呈黄色斑点。

（2）碳酸氢铵（Ammonium bicarbonate）　碳酸氢铵（图 3-21）又名臭粉，化学膨大剂的一种，为白色结晶性粉末，有氨臭，易溶于水，溶于油，不溶于乙醇。对热不稳定剂，容易风化。

碳酸氢铵分解后产生气体的量较碳酸氢钠多，为其 2 ~ 3 倍，起发能力强，上冲力大，俗称起“顺力”。由于其膨胀速度过快，常使制品组织不均匀，粗糙，内部或表面出现大的孔洞。常用于一些特色以及对性状要求不高的饼干的制作。

（3）泡打粉（Baking powder）　泡打粉（图 3-22）又称速发粉、泡大粉、发酵粉，它是由苏打粉配合其他酸性材料，并以玉米粉为填充剂的白色粉末。泡打粉在接触水分、酸性及碱性粉

图 3-20　碳酸氢钠

图 3-21　碳酸氢铵

图 3-22　泡打粉

末同时溶于水中而起反应，有一部分会开始释出二氧化碳，同时在烘焙加热的过程中，会释放出更多的气体，这些气体会使产品达到膨胀及松软的效果。泡打粉根据反应速度的不同，也分为慢速反应泡打粉、快速反应泡打粉、双重反应泡打粉。

2. 化学膨松剂在西点中的作用

（1）促进蛋糕类制品组织蓬松、体积增大　化学膨松剂分解产生的二氧化碳气体可填充在蛋糕面糊内气体含量，有利于蛋糕体积膨大。尤其对于蛋量、油脂用量不足的海绵蛋糕、油脂蛋糕起到良好的增大体积、组织蓬松的作用。

（2）促进酥性制品组织疏松，口感酥脆　油酥类面团中添加化学膨松剂可补充和弥补面团中油脂结合空气量的不足，进一步促进面团在烘烤过程脆裂成多孔的组织结构，增加制品的酥松口感。

（3）促进制品上色，改善制品风味　在制作巧克力蛋糕、黑森林蛋糕等添加可可粉的制品时，碱性膨松剂能够中和可可粉的酸味，使制作烘烤时容易上色且巧克力风味更加突出。

二、乳化剂（Emulsifier）

图 3-23　SP 乳化剂

乳化剂（图 3-23）是一种多功能的表面活性剂，在许多食品中使用，具有多种功能。乳化剂应用于蛋糕、饼干、面包中。乳化剂在蛋糕中运用的主要是蛋糕乳化起泡剂，俗称蛋糕油，是一种膏状乳化剂，其具有发泡和乳化的双重性质。成分有水、山梨醇、硬脂酰乳酸钙和乳化剂等，在蛋糕中应用比较多，尤其是海绵蛋糕制作，其作用是乳化起泡性大大缩短搅拌时间；保持气泡的能力，提高蛋糕面糊泡沫的稳定性；相比传统制作工艺简化生产工艺流程；能使蛋糕面糊更稳定，组织更细腻、均匀，使制品口感更湿润、柔软，改善蛋糕的质量；加入乳化剂的蛋糕体保水性更强，可延长蛋糕保质期。制作蛋糕时直接向面粉中加乳化剂的情况不多，乳化剂一般作为起泡剂、乳化油、液体起酥油的成分使用。海绵蛋糕制作中常用的蛋糕油即一种蛋糕乳化起泡剂，具有发泡和乳化双重功能。制作油脂蛋糕时可以直接添加乳化剂，同时含有乳化剂的起酥油的添加对蛋糕品质也有比较大的影响。油脂蛋糕中添加的乳化剂通常制成发泡性乳化油来使用。在高含糖量的油脂蛋糕中，通常也采用高比例的起酥油，一般多用液体起酥油，这种起酥油具有良好的结合水性能，并且能改善所形成的乳状液的起酥性，增加体积，提高蛋糕质量，使新鲜蛋糕获得更均匀的组织结构。

饼干中添加乳化剂可起到以下作用：①使酥油乳化、分散，改善产品组织和口感；②提高面团亲水性，便于配料搅拌；③提高面团发泡性，使气体分散、致密。

三、香精（Essence）

香精主要是由人工合成的模仿水果和天然香料气味的浓缩芳香油或粉末，以改善、增加、模仿食品香味为目的的食品添加剂。多用于制造食品，是参照天然食品的香味，采用天然和天然等同香料、合成香料经精心调配而成的具有天然风味的各种香型的香精。按来源分为天然香精和合成香精。

主要作用是抑制不良气味、模仿和增加食品风味、增进食欲。西点中常用的香精有：香兰素、奶香粉、巧克力香精、各种水果香精、各种色香油等。

四、食用色素（Edible coloring）

食用色素是以食品着色为目的，使食品颜色更鲜亮的一种食品添加剂。可用于西点制品表面装饰、面糊的调色、馅心的调色等。按来源分天然色素和合成色素。按溶解性分为脂溶性色素和水溶性色素。食用色素以其色彩鲜艳、性质稳定、着色力强、使用方便、成本低廉等特点，在西点运用中非常广泛。合成色素本身无营养价值，且有一点毒性，对人体健康有一定的影响，因此，使用时一定要严格按照国家食品添加剂使用卫生标准。目前国家规定的使用合成色素有：柠檬黄、苋菜红、胭脂红、日落黄、靛蓝。天然色素取自自然界各种食材的天然成分，安全健康性高，还具有一定的营养价值。随着人们生活水平提高及对健康天然的更高要求，天然色素越来越多用于西点高端烘焙店。

图 3-24 红曲粉

延伸知识

红丝绒（Red velvet）。有粉状的红曲粉（图 3-24）和液体的红丝绒色素。是红丝绒蛋糕的重要原材料。因加了红丝绒的蛋糕有其特有的颜色及风味，近几年非常流行，深受消费者的喜爱。红丝绒蛋糕可用粉状的红曲粉加入配方制作，也可用液体液红丝绒色素加入配方中进行制作。

五、塔塔粉（Cream tartar）

塔塔粉的学名叫酒石酸氢钾（Potassium hydrogen tartrate），是一种酸性的白色粉末，主要成分是酒石酸钾。西点中主要用途是帮助蛋白打发以及中和蛋白的碱性。用蛋白制作的食物都有碱味且色带黄，塔塔粉不但可中和碱味，颜色也会较雪白。如果没有塔塔粉，也可以用一些酸性原料如白醋、柠檬汁来代替，但使用的分量要斟酌。

六、柠檬酸（Citric acid）

柠檬酸是一种重要的有机酸，又名枸橼酸、柠檬精，无色半透明晶体或白色颗粒，无臭，有很强的酸味，易溶于水。柠檬酸的用途非常广泛，用于食品工业占生产量的 75% 以上，可作为食品的酸味剂，抗氧化剂，pH 调节剂，用于清凉饮料、果酱、水果和糕点等食品中。在西点中的运用可以保色、调节酸味、稳定蛋液泡沫等。在熬制糖浆时加柠檬酸，可调节酸甜度，促进蔗糖转化，防止糖浆、果酱返砂，还可以防止腐败。

七、防腐剂

（一）山梨酸钾（Potassium sorbate）

山梨酸钾是无色至白色鳞片状结晶或结晶性粉末，无臭或稍有臭味。在空气中不稳定。能被氧化着色。相对分子质量150.22。有吸湿性。易溶于水、乙醇。主要用作食品防腐剂，属于酸性防腐剂，配合有机酸使用防腐反应效果提高。山梨酸钾以碳酸钾或氢氧化钾和山梨酸为原料制得。

山梨酸（钾）能有效地抑制霉菌、酵母菌和好氧性细菌的活性，从而达到有效地延长食品的保存时间，并保持食品原有的风味，是食品很好的防腐剂。

（二）纳他霉素（Natamycin）

这是一种白色至乳白色的结晶粉末，无臭无味，低剂量且安全性高的食品防腐剂。在焙烤食品中用纳他霉素对面团进行表面处理，有明显的延长保质期作用。《食用添加剂使用标准》（GB2760—2014）规定了那他霉素的适用范围和用量：乳酪、肉制品、肉汤、西式火腿、广式月饼、糕点表面等，用 200 ~ 300mg/kg 悬浮液喷雾或浸泡。残留量应小于 10mg/kg。它能够延长食品的保质期，防止酵母和霉菌引起的变质。

八、胶凝剂

（一）琼脂（Agar）

琼脂又称琼胶、洋菜、冻粉，为多糖类物质，是从石花菜和江篱等藻类中提取的。琼脂的主要成分是聚半乳糖苷。琼脂为无色透明或类白色至淡黄色半透明细长薄片或鳞状碎片、无色或淡黄色粉末。琼脂可用作增稠剂、乳化剂、凝胶剂和稳定剂。琼脂在糕点中常用作表面胶凝剂，或制成琼脂蛋白膏等以装饰蛋糕及糕点表面，也可加入糕点馅中以增加稠度。由于琼脂吸水性强，使用前应先用水浸泡 10 小时左右。琼脂作为糕点的保鲜剂时，添加量为 0.1% ~ 1.0%。

（二）明胶（Gelatin）

明胶又称吉利丁、鱼胶，它是从动物的骨头（多为牛骨或鱼骨）提炼出来的胶质，主要成分为蛋白质。明胶为白色或淡黄色透明至半透明带有光泽的脆性薄片、颗粒或粉末，可溶于热水，一般溶于水后再使用。明胶在西点中的运用多用于慕斯类冷冻甜品、果冻布丁，也是制作大型糖粉西点的重要原材料。

（三）玉米淀粉（Corn starch）

玉米淀粉又称玉蜀黍淀粉、粟粉，白色微带淡黄色的粉末。将玉米用 0.3% 亚硫酸浸渍后，通过破碎、过筛、沉淀、干燥、磨细等工序而制成。普通产品中含有少量脂肪和蛋白质等。吸湿性强，最高能达 30% 以上。开封口后，一定要密封保存。玉米淀粉加在饼干中可以使饼干更酥，比如玛格丽特饼干的配方里，使用了很高含量的玉米淀粉，成品就很酥，有入口即化的感觉。

课后思考题

1. 西点中应用的膨松剂有哪些类型？有几种膨松方式？膨松原理是什么？
2. 西点常用的添加剂有哪些？要如何选用？

第三节 其他原料

学习目标

◆ 掌握可可粉与巧克力的成分及运用。
◆ 掌握卡仕达粉、预拌粉等在西点中的运用。
◆ 掌握坚果、果脯、鲜果、灌装水果在西点中的运用。
◆ 掌握酒在西点中的运用及种类。
◆ 掌握水、食盐在西点中的作用。
◆ 能够根据烘焙产品，合理选择原材料。
◆ 激发学生强烈的专业学习热情，培养他们浓厚的学习兴趣和自主学习能力。

一、西点中常用的调味料和香辛料

（一）盐（Salt）

盐是制作面包的基本原料之一，用量不多，但不可缺少。它在西点中的作用是调味，促进面筋吸水，增强弹性与强度、质地紧密，使面团延伸、膨胀时不易断裂。改善色泽。调节发酵速度时，发酵面加盐比例约占面粉的3‰以下，盐能提高面团的保气能力，从而促进酵母生长，加快发酵速度，如果用量多，盐的渗透力就会加强，又会抑制酵母生长，使发酵速度变慢。

（二）香料（Spice）

香料通常是指调味用的各种植物香料。植物提供的香料包括种子、花蕾、根部及树皮，通常使用整粒或粉末状。在西点中常应用一些香料来增加风味，特别是一些独具特色的风味西式糕点，面包、饼干等加入适当的香料，可以使西点制品的口味更加纯正地道，风味更加突出丰富。香料作为调料来使用，起到提高和补充风味的目的，在使用时应注意西点制品的特点和口味的搭配，依据西点制品原料和风味选择香料。香料使用应保证称量仔细正确，小量即可有相当浓郁的味道。使用时应切记：宁可少用，不要多用。西点中常见的辛香料有：香辣椒（Allspice）、八角（Star anise）、葛缕子籽（Caraway）、小豆蔻（Cardamom）、豆蔻（Nutmeg）、肉豆蔻（Nutmeg）、芝麻籽（Sesame seeds）、桂皮（Cinnamon）、丁香（Clove）、姜（Ginger）、柠檬皮（Lemon peel）与橙皮（Orange peel）。

1. 小豆蔻（Cardamom）

小豆蔻原产地在印度、危地马拉和斯里兰卡等国家。小豆蔻味道像柚子的清爽和木香，后味又有薄荷脑和姜的味道。小豆蔻是两年生植物的未成熟干果实，一般为整粒状或粉末状。在面包、饼干和一些西点里可以作为调料用。

2. 罗勒叶（Basil）

罗勒叶又叫甜紫苏，属于薄荷科，品种约150种。罗勒叶原产地为印度，现在主要产地在印度、地中海沿岸国家和美国加州等地。味甜且有独特的香味，一般为叶状和粉状。罗勒叶在意式菜肴中必不可少，也可使用在面包、饼干和小西饼上。

3. 迷迭香（Rosemary）

迷迭香属于薄荷科，是多年灌木的叶子。迷迭香的原产地在地中海沿岸国家，现在在法国、西班牙、葡萄牙等地也有种植。具有樟脑型的微香并有强烈的刺激性，其味道有一种独特的清甜和松木的风味，新鲜的迷迭香风味和香味更佳。一般为叶状和粉状。迷迭香常用在西餐上，用于面包等西式焙烤食品上，有时也可以作为调料使用。

4. 月桂（Bay leaf）

月桂是常青灌木桂树的叶子，属樟科树木。原产地在地中海沿岸国家，现在月桂主要产在土耳其，我国广东、广西、云南和四川也有种植。味道与薄荷类似，香气浓烈，气味宜人，十分清爽又略带苦味。一般为叶状和粉状。月桂是法式、地中海式和印度风味的菜肴中常用的调料。在西点上月桂可以用来烹调甜蛋黄奶油，也可以作为调料用在面包、甜饼上。

5. 肉豆蔻（Nutmeg）

肉豆蔻生长在高温潮湿的海岛上，主要产于印度尼西亚、马来西亚等地。在我国的南方已有栽培。肉豆蔻的果仁和外皮都可食用，有松木味和柑橘味，口感带甜味和苦味，风味香味突出。肉豆蔻的外皮和豆蔻籽味略淡。肉豆蔻有整粒和粉状，肉豆蔻的外皮主要是粉状。在西点上常用来做调料，如布丁、蛋糕和饼干。

6. 茴香籽（Fennel seed）

茴香籽也叫小茴香，是芹科多年生植物的干果实。主要产地为印度、埃及和中国。茴香籽味道香甜适中，近似甘草的味，为籽粒状。在西点中常用来制作德式面包、饼干及西班牙风味的烘焙食品。

7. 桂皮（Cinnarnon）

桂皮是菌桂树的皮。桂皮主要产于东南亚、地中海沿岸和我国南方。桂皮一开始也是野生的，现在多数为人工种植产品。树龄在7 ~ 10年就可以收割桂皮。一般在梅雨季树身发浆时收割，将树皮由上至下一片一片剥下，在阳光下晒干即是常用的桂皮。桂皮一般有片状和粉状。呈淡棕色，有细纹和光泽。桂皮含有1% ~ 2%的可挥发性的桂皮油。口感清凉，具有芳香和刺激性甜味。桂皮是西点用的重要的芳香植物调味料，用于蛋糕、小面包，饼干和派类。

8. 多香果（Allspice）

多香果又叫牙买加胡椒，主要产于牙买加、危地马拉、洪都拉斯和墨西哥等地，以牙买加产的质量和味道为好。有整粒和粉状两种。多香果有近似丁香的芳香，是常用的烘焙香料，多用于美式馅饼、饼干和蛋糕。也可以制作热饮。

9. 丁香（Clove）

丁香又称雄丁香，属桃金科，常绿乔木。颜色为棕红色，长1.5 ~ 2 cm，原产地在印度尼西亚，现在在印度洋流域，我国广东和广西也有种植。将树的花蕾采集后，除掉花柄，在阳光下晒干即成成品。气味香浓，有原状和粉状。在西点中可用来增加蛋糕、南瓜饼、姜饼饼干、姜饼面包、水果蛋糕等制品的风味。

10. 香草（Vanilla）

香草又称香荚兰、香子兰，多年生攀缘藤木，其果实富含香兰素，香味充足，是一种天然的香草。香草豆荚及其衍生物在西点中应用十分广泛，尤其是在冷冻甜品、冰淇淋及烘烤食品中。

（三）酒类（Wine）

在西点中经常在配方中加入酒来增加西点制品的风味特点，在西点中巧妙地用调味酒来调味，可以使西点的口味更加纯正香醇，风味更加突出，并且有利于西点制品的保鲜。西点中经常用酒加入配方中来压制异味、增加特殊风味、增强口味及口感，使西点具有特殊的芳香。同时，酒还可以浸泡果料加入制品中。西点中常用的调味酒有：白兰地、葡萄酒、朗姆酒、咖啡酒、君度酒、香橙力娇酒、樱桃酒等。

使用调味酒时要根据西点制品的品种特点和调味酒的酒度确定其用量。由于调味酒具有挥发性，应该尽可能在冷却阶段和加工后期加入，以保证效果。此外，使用调味酒的目的是增加风味，应根据西点制品使用的原料和口味选择调味酒，如制作提拉米苏蛋糕时，加入咖啡利口酒可使风味更醇厚。浸泡葡萄干时适当加一些朗姆酒或白兰地，能够突出葡萄干的味道。

1. 白兰地（Brandy）

白兰地是用葡萄经过蒸馏和陈酿工艺制作的蒸馏酒或用葡萄皮经过发酵和蒸馏工艺而制成的酒。因为白兰地有浓郁的香味，在西点中使用很广泛，在制作甜食、布丁、各种干果馅料以及水果类馅料、甜汁、冷品、慕斯蛋糕、风味蛋糕和冰淇淋时，加上一点就可增加风味。

2. 朗姆酒（Rum）

朗姆酒也叫糖酒，是以蔗糖作原料，先制成糖蜜，然后再经发酵、蒸馏，在橡木桶中储存 3 年以上而成。在西点制作中常用来增加制品的风味和特色，可增加甜食、布丁、馅料、甜汁、慕斯蛋糕和一些风味蛋糕等的风味。浸泡葡萄干时适当加一些朗姆酒，能够突出葡萄干的风味。

3. 葡萄酒（Wine）

葡萄酒是用葡萄酿造的酒。葡萄酒品种很多，一般的分类有两种：一种按葡萄酒的含糖量，把葡萄酒分为干酒、半干酒、半甜酒、甜酒四种。另一种是按葡萄酒的颜色来分，把葡萄酒分为红葡萄酒、白葡萄酒、桃红葡萄酒三种。干红葡萄酒是用颜色较深的红葡萄或紫葡萄酿造而成的，酿造中葡萄的果汁和葡萄皮一起发酵，因此颜色较深。果味浓郁幽香。干白葡萄酒是采用青黄色的葡萄作为原料，去除葡萄皮酿造而成，颜色较淡，清冽爽口。在西点中使用干红葡萄酒居多。常用来调配馅料、甜汁、甜品和慕斯等高级西点，以增加西点制品的风味。

4. 果酒（Fruit wine）

西点制作中常用果酒提高制品的风味。果酒分勾兑酒、半发酵酒和水果蒸馏酒等。水果蒸馏酒属于广义上的白兰地，许多水果都可以蒸馏成酒。但其产量和知名度远比不上葡萄蒸馏酒。果酒品种很多，不仅有芳香甘醇的酒液，而且经过特殊工艺处理后，仍能保留其天然风味；是制作高级西点、蛋糕、巧克力、冰淇淋等食品必不可少的调料和点缀品。

二、巧克力和可可

（一）可可粉（Cocoa powder）

可可粉是从可可树结出的豆荚（果实）里取出的可可豆（种子），经发酵、粗碎、去皮等工序得到的可可豆碎片（通称可可饼），由可可饼脱脂粉碎之后的粉状物。可可粉按其含脂量分为高、中、低脂可可粉；按加工方法不同分为天然粉和碱化粉。可可粉具有浓烈的可可香气，可用于高档巧克力、饮品，牛奶、冰淇淋、糖果、糕点及其他含可可的食品。

可可粉是一种营养丰富的食品，含有大量的脂肪，还含有丰富的蛋白质和碳水化合物。用可可粉做蛋糕时，因其带有酸性，一般加小苏打中和酸性，改善色泽，是西点中特殊风味原材料。

（二）巧克力

1. 黑巧克力（Dark chocolate）

黑巧克力（图 3-25）一般呈棕褐色或棕黑色，硬度较大，微苦，它由可可浆、可可粉、可可脂、代可可脂、砂糖、香兰素和表面活性剂（磷脂）等原料组成。一般指可可固形物含量介于 70% ~ 99%，或乳质含量少于 12% 的巧克力。食用黑巧克力，可以提高机体的抗氧化水平，对健康的促进作用显著。

黑巧克力在西点中的运用非常广泛，可以做各种糕点的装饰物，模具巧克力，也可以做大型的巧克力装饰物件，制作夹心和巧克力味蛋糕、面包、点心，或用于裱花蛋糕、表面淋面等。

2. 牛奶巧克力（Milk chocolate）

牛奶巧克力（图 3-26）一般呈棕色或浅棕色，具有牛奶风味，它由可可浆、可可粉、可可脂、代可可脂、砂糖、香兰乳和乳制品等原料组成。一般指可可固形物含量介于 36% ~ 55%。

牛奶巧克力在西点中的运用非常广泛，可以做各种糕点的装饰物，模具巧克力，也可以做大型的巧克力装饰物件，制作夹心和巧克力味蛋糕、面包、点心，或用于裱花蛋糕、表面淋面等。

3. 白巧克力（White chocolate）

白巧克力（图 3-27）是由可可脂、糖、牛奶和香料（香草香料）制成的不含可可粉的巧克力，白巧克力成分与牛奶巧克力基本相同，只是不含可可粉，乳制品和糖粉的含量相对较大，甜度高，脂肪含量也高。

白巧克力在西点中的运用非常广泛，可以做各种糕点的装饰物，模具巧克力，也可以做大型的巧克力装饰物件，制作夹心和巧克力味蛋糕、点心，或用于裱花蛋糕、表面淋面等。

图 3-25 黑巧克力

图 3-26 牛奶巧克力

图 3-27 白巧克力

4. 代可可脂巧克力（Generation of cocoa butter chocolate）

代可可脂巧克力以白砂糖或甜味料、代可可脂为主要原料，添加或不添加可可制品、乳制品及食品添加剂，具有巧克力风味及性状的食品，其有多种风味及颜色，食用过多会影响身体健康。

代可可脂巧克力因其价格低廉、操作方便，在西点中运用较多。可以做各种糕点的装饰物，模具巧克力，也可以做大型的巧克力装饰物件，制作夹心和巧克力味蛋糕、点心，或用于裱花蛋糕、表面淋面等。

（三）软质巧克力（Chocolate topping）

软质巧克力又称巧克力膏、巧克力酱，是由高果糖玉米糖浆、蔗糖、乳糖、植物脂肪、可可粉、脱脂奶粉、卵磷脂和食用香精制成，或用巧克力加鲜奶油调制而成。巧克力呈软膏状，质感柔软、细腻，非常平滑，软切割性能强，避免了普通巧克力淋面后易裂、易断、易碎的缺陷。可直接用于蛋糕、面包、糕点的夹心和装饰蛋糕的抹面、淋面、写字及装饰。

（四）可可脂（Cocoa butter）

可可脂是巧克力中的凝固剂。可可脂的熔点较高，一般为 28℃左右，常温下呈固态。在烘焙食品中主要用于制作巧克力，稀释较浓、较干燥的巧克力制品，如巧克力馅料、榛子酱等西点馅料。在可可脂含量较低的巧克力中加入适量的可可脂，可提高巧克力的黏稠度，增强脱模后的光亮效果，质地细腻。

三、水果和坚果类

（一）水果（Fruit）

水果是指多汁且主要味觉为甜味和酸味、可食用的植物果实。水果不但含有丰富的营养，而且能够帮助消化，色彩也非常丰富亮丽。水果在西点中运用非常多，主要用于高端西点的装饰和馅料。水果的酸与甜点的甜完美地结合，不仅使西点外观高端、大气、美丽，也使制品口感层次丰富，营养又美味。

（二）坚果（Nuts）

坚果是闭果的一个分类，果皮坚硬，内含 1 粒或者多粒种子。如板栗、杏仁、开心果等的果实。坚果是植物的精华部分，一般都营养丰富，含蛋白质、油脂、矿物质、维生素较高，对人体生长发育、增强体质、预防疾病有极好的功效。西点中常用的坚果有开心果、核桃、杏仁、花生、瓜子、榛子、夏威夷果、椰蓉等。坚果用于西点制品中不仅营养美味、丰富口感，还可以用于装饰产品。

（三）果脯蜜饯（Glazed fruit）

果脯蜜饯是以干鲜果品、瓜蔬等为主要原料，经糖渍或盐渍加工而成的食品，含糖量为 40% ~ 90%。在西点中常加入面团中或面糊中使用（有时会用酒浸渍后使用），或用于馅料加工及制品表面装饰。西点中常用的有蔓越莓干、杂果脯、提子干、蓝莓干、西梅、圣女果、红枣、话梅等。

（四）罐头水果（Canned）

水果罐头以用料不同而命名不同，一般水果罐头的原料取材于水果，包括黄桃、苹果、荔枝、草莓、山楂、橘子等。西点中常用的水果罐头有黄桃罐头、菠萝罐头、橘子罐头、杂果罐头等。

（五）果酱（Jam）

果酱是把水果、糖及酸度调节剂混合后，用超过 100℃的温度熬制而成的凝胶物质，也叫果子酱。西点中主要用的果酱有草莓酱、蓝莓酱、苹果酱、香橙酱、杏酱等。西点中主要用于夹心馅料，涂抹于制品表面作装饰，或者用于调味奶油、装饰装盘等。

四、其他西点原料

（一）卡仕达粉（Custard powder）

卡仕达粉（图 3-28）又称吉士粉，是在西点中常用的一种制作奶黄酱的粉状半制品原料。速溶吉士粉使用的范围很广，一般用在甜面包、派类、泡芙、起酥和蛋糕上。主要成分是增稠剂、变性淀粉、香精和胡萝卜素等。颜色为奶黄色或黄色，口味一般为香草味或奶香味。使用时只需加入凉水搅拌，稍后即可使用。可以和鲜奶油、水果馅料等搭配使用，也可直接食用。吸水比例一般在1 ∶ 3左右。高质量的速溶吉士粉应具有形状稳定、结构细腻、耐烘烤和耐冷冻的特性。在制作直接食用产品时务必注意卫生条件。其他操作方法可参考产品使用说明。

（二）光亮膏（Light cream）

光亮膏（图 3-29）又名镜面果胶，无色透明，无需加热加水，在西点中可直接把光亮膏涂抹于水果表面，增强水果亮度及保持水果水分不易流失，也可加入颜色做蛋糕的淋面，给蛋糕带来表面光亮的特殊效果。

（三）抹茶粉（Green tea powder）

抹茶粉是抹茶的通俗形象叫法，是采用天然石磨碾磨成微粉状的蒸青绿茶。它是迄今为止，最新鲜、最营养的一种茶品。因其天然的鲜绿色泽及其超细粉末状态，增强消费欲望，用途广泛。抹茶粉在西点中运用多，用来制作具有抹茶风味的蛋糕、面包、点心等，也用于甜品表面装饰及奶油的调味调色和馅心的调制等。

（四）植物奶油（Topping cream）

植物性奶油（图 3-30）是以大豆等植物油和水、盐、奶粉等加工而成的。它的主要配料有水、玉米糖浆、氢化棕榈仁油、白砂糖、食用香精、食用盐等。

由于植物奶油使用方便、发泡性能好、稳定性强、奶香味足、不含胆固醇，价格较便宜，成为

图 3-28　卡仕达粉

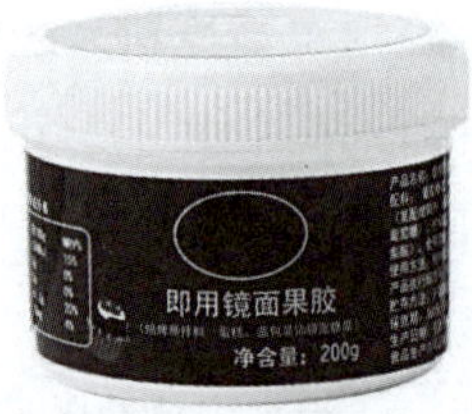

图 3-29　光亮膏

图 3-30　植物奶油

制作奶油蛋糕的主要原料。

（五）预拌粉（Premixed flour ）

预拌粉是指按配方将烘焙所用的部分原辅料预先混合好，然后销售给厂家使用的烘焙原料。烘焙预拌粉与一般意义上的单一原料有着本质区别，它是将一些烘焙技术含量以复配粉的方式包含在内的一个复配半成品。西点中的预拌粉有：面包预拌粉、蛋糕预拌粉、饼干预拌粉。蛋糕预混合粉一般用作制作欧美国家经典和传统西点的半制品原料。常见的有马芬蛋糕预混合粉、黄油蛋糕预混合粉、海绵蛋糕预混合粉、圣诞姜饼预混合粉、沙架蛋糕预混合粉等。在蛋糕预混合粉里已经按照优化典型的配方将各种原料复配好了，使用时只需把少量液态成分如鸡蛋、油脂和水加入，搅拌一次即可。

（六）杏仁粉（Almond powder）

杏仁粉是由杏仁研磨加工而来的制品，是近年来常被应用于西点制作中的烘焙原料。杏仁粉在西点中的运用非常广泛，可加进面糊混合后制作成各色糕点增加风味及香气；同时也适用于饼干、面包、蛋糕等点心的制作，制作出的点心既保留了原来松软的口感，又增加了杏仁的风味，如歌剧院蛋糕；杏仁粉还可以完全不添加面粉，纯粹只用杏仁粉制作高品质的点心，如杏仁膏小点；纯杏仁粉制作的点心如马卡龙。

（七）杏仁膏（Marzipan）

杏仁膏是西点制作所需的重要辅助材料（图 3-31、图 3-32），杏仁膏的主要成分是杏仁粉、糖、朗姆酒等。由于杏仁膏形同面团，且有柔和细腻、口感独特的特性，常用来制作甜点、高档饼干和巧克力糖馅心。利用杏仁膏的黏性和可塑性做大型制品的铺衬，特别是大型西点、各种糖皮、巧克力皮、糖粉皮和翻糖皮等，都必须用杏仁膏做铺衬，再挂上各种糖皮。杏仁膏可以捏制各色花果，塑造形象逼真的水果和动物，雕刻出各式图案和造型来装饰蛋糕或直接作为装饰品。

使用时可以根据需要加入色素调制或加入适量甜酒以提高风味和柔软度。操作杏仁膏最适合的温度在 20℃左右。由于杏仁膏含有较高的糖粉，保存时要严格按照保存要求做，以免保存不当，影响质量。

（八）封登糖（Fondant）

封登糖（图 3-33）是西点中主要的半制品原料，又称翻砂糖，是糖制品的加工产品。色泽洁白，

图 3-31 桃仁杏仁膏

图 3-32 坚果泥杏仁膏

图 3-33 封登糖

质地细腻。封登糖可以自己制作，也可购买。封登糖广泛用于装饰制品的挂面，使制品表面洁白光滑，平整又干燥，可长时间保存。封登糖的另一个主要的用途是将封登糖熔化后加入不同的色素，挤出简洁明快的图案和装饰件，还可以用于甜面包、甜点的装饰，增加制品风味。

使用封登糖的关键是熔化的温度和时间，熔化封登糖要采用隔水法加热，温度控制在50℃为好。需要时可以加少许色拉油或橄榄油，可以增加制品的亮度和细腻柔软度。

（九）椰浆（Coconut milk）

椰浆是椰子内的一种白色液体，是极好的清凉解渴的饮料。椰子果实越成熟，所含蛋白质和脂肪也就越多，椰浆颜色就越深。椰浆有很多作用，椰子含有糖类、脂肪、蛋白质、B 族维生素、维生素 C 及矿物元素钾、镁等，能够有效地补充人体的营养成分，提高机体的抗病能力。西点制品中加入椰浆能提高制品营养价值，又能增强风味和口感。

课后思考题

1. 巧克力和可可粉在西点中有何作用?
2. 食盐在西点中有何作用?

第四章

西点制作基本知识

第一节 西点配方与称量

学习目标

- 了解烘焙百分比的优点；了解实际百分百比与烘焙百分百比的换算。
- 熟悉烘焙食品配方的表示方式。
- 掌握配方实际用料量的计算方法。
- 了解西点配方设计原则。
- 熟悉配方平衡的概念。
- 掌握配方平衡的原则。
- 能够根据配方进行正确的配方称量。
- 能够准确进行配方计量单位的换算。

一、西点配方

配方是指在西点制作过程中为某个品种提供的配料和配比的方子，配方是做好西点产品的基础。西点各种原料之间的配比十分明确，用量要求准、精。西点制作需要很多因素配合，原料的选择，制作者对原材料的性能把握，制作工具的选择，制作者对面糊各种状态的把握以及对各种突发情况的处理能力等，但没有一个成熟的，经过实际应用的配方，会直接影响产品的品质和质量。虽然，同一个配方有很多种做法或是需要注意的事项，操作的步骤，选用的原料，甚至使用的设备不一样都会影响产品的正常变化，而配方则是最基本的前提。

（一）配方的表现方式

1. 以实际重量表示

这种方式适用于家庭和小分量西点的称量，常出现在专业书籍和家庭烘焙中。

2. 以实际百分比表示

实际百分比 =（原料重量 / 总重量）×100%。

3. 以烘焙百分比表示

烘焙百分比 =（原料重量 / 面粉重量）×100%。烘焙百分比（Baker’s percent）是烘焙业专用的百分比，它与一般的百分比有所不同。在实际百分比中，配方总百分比为 100%，而在烘焙百分比中，则以配方中面粉的重量为 100%，配方中其他各原料的百分比是相对于面粉的多少而定，且总百分比总量超过 100%。烘焙百分比已经是国际上所认同的计量方法，多用于大批量西点的制作。对西点制作，尤其是对面包制作具有重要意义。

（1）从配方中可以一目了然地看出各种原料的相对比例，简单明了，容易记忆。

（2）可以快速计算出配方中各原料的实际用量，计算快捷、精确。

（3）方便调整、修改配方，以适应生产需要。

（4）可以预测产品的性质和品质。

在实际操作过程中，特别是工厂或产量较高的地方，经常会用到烘焙百分比。使用烘焙百分比的优点在于适合于任何产品，而在不改变整个公式的基础上，一些基本原料可以多种多样，不拘泥一种形式。以海绵蛋糕基础配方为例，如表 4-1 所示。

表 4-1　海绵蛋糕基础配方

原料	重量 /g	百分比 /%
低筋粉	500	100
细糖	400	80
鸡蛋	1250	250
食盐	5	1
液体油	200	40
蛋糕油	50	10
水	240	48

（二）配方平衡

一个好的配方能够做出好的产品，但西点的配方也不是一成不变的，而是可以根据条件和需要在一定范围内变动，这种变动并不是随意的，须遵循一定的原则，即配方平衡原则。如果缺乏一些常用的知识，即便再成熟的配方也不能够充分运用。烘焙产品所用的材料种类繁多，每一种材料的性质功能都不相同，同时每种材料的用量也不一样，了解配方的组成和原理，有利于提高制作的成功率。配方平衡原则对西点制作具有重要的指导意义，它是产品质量分析、配方调整或修改以及新配方设计的依据。

配方平衡原则建立在原料功能作用的基础上。原料按其功能作用的不同可分为以下几组，见表（4-2）。

表 4-2　原料分类

分类	原材料
干性原料	面粉、奶粉、泡打粉、可可粉
湿性原料	鸡蛋、牛奶、水
强性原料	面粉、鸡蛋、牛奶
弱性原料	糖、油、泡打粉

配方平衡原则的基本点是：在一个合理的配方中应该满足干性原料和湿性原料之间的平衡，强性原料和弱性原料之间的平衡。干性原料需要一定量的湿性原料润湿，才能调制成面团和面糊。强性原料含有高分子的蛋白质，特别是面粉中的面筋蛋白质，它们具有形成及强化制品结构的作用。弱性原料是低分子成分，它们不能成为制品结构的骨架，相反，具有减弱或分散制品结构的作用，

同时需要强性原料的携带。

1. 干湿平衡

不同品种在调制面糊或面团时所需的液体量不同。总的来说，面糊的含水量大于面团的含水量，调制时需要更多的液体。按液体比例从多到少可将面糊和面团作如下分类：稀面糊（如海绵蛋糕）、浓面糊（如油脂蛋糕）、软面团（如面包）、硬面团（如酥点心）。

蛋糕液体的主要来源是蛋液，蛋液与面粉的基本比例为 1 ∶ 1，即面粉约需等量的蛋液来润湿。由于海绵蛋糕主要表现为泡沫体系，而气泡可以增加面糊的硬度。此外，鸡蛋蛋白质在结构方面的作用也可以平衡因液体增加对结构和成形的不利作用，所以海绵蛋糕在上述蛋、粉基本比例的基础上，还可以增加较多的蛋液。而油脂蛋糕则主要表现为乳化体系，水太多不利于油、水乳化且使面糊过稀，故蛋液的加入量一般不超过面粉量。

面包面团形成时，面筋需要充分吸水膨润和扩展，故加水量较多，相当于面筋蛋白质及淀粉吸水量的总和。而酥点心面团吸水因受到油脂限制，且需要减少面筋的生成，所以加水量较少。

各类主要制品液体量的基本比例（相对于面粉百分比）如下。

（1）海绵蛋糕　加蛋量 100% ~ 200% 或更多（相当于加水量 75% ~ 150% 或更多）。

（2）油脂蛋糕　加蛋量约 100%（相当于加水量 75%）。

（3）面包　加水量 50% 左右。

（4）松酥点心　加水量 10% ~ 15%。

此外，干湿平衡的调整还应注意以下几点。

（1）在制作低档蛋糕时，蛋量的减少可用水或牛奶来补充液体量，但总加水量不应超过面粉量。

（2）根据油、糖对吸水作用的影响，当配方中的油和糖增加时，加水量则相应减少。一般每增加 1% 的油脂，应降低 1% 的加水量。另外，配方中如增加了其他液体如鸡蛋、糖面糊、果汁等，加水量亦相应减少。

（3）配方中的总液体量大于糖量时有利于糖的溶解。

（4）由于各种液体的含水量不同，故它们之间的换算不是等量关系。例如制作曲奇时，为了增加曲奇的口感，配方中水可以用鸡蛋或牛奶代替，如果选择是鸡蛋，就需要适当增加鸡蛋的量，因为鸡蛋含水约 75%，否则面糊就可能变干。

（5）现在不少添加其他粉料蛋糕制作时，加入方式是使用粉料代替原配方中的部分面粉，如可可蛋糕、抹茶蛋糕等。由于所加入的粉料和面粉的吸水性不同，增加或减少水（牛奶）量来调节干湿平衡。例如，添加可可粉的蛋糕配方，加入可可粉后，需要增加同样重量的水（牛奶）来调节平衡。

2. 强弱平衡

（1）油脂和糖的比例　强弱平衡考虑的主要问题是油脂和糖对面粉的比例。不同特性的制品所加油脂量不同。一般而言，酥性制品（如油脂蛋糕和松酥点心）中油脂量较多，而且油脂越多，起酥性越好。但油脂量一般不超过面粉量，否则制品会过于酥散而不能成形。非酥性制品（如面包和海绵蛋糕）中油脂量较少，否则会影响制品的气泡结构和弹性。在不影响制品品质的前提下，根据甜味的需要，可适当调节糖的用量。

各类主要制品油脂和糖量的基本比例（对面粉百分比）大致如下。

①海绵蛋糕：糖 80% ~ 110%，油脂 0。

②奶油海绵蛋糕：糖 80% ~ 110%，油脂 10% ~ 50%。

③油脂蛋糕：糖 25% ~ 50%，油脂 40% ~ 70%。

④面包：糖 0% ~ 20%，油脂 0% ~ 15%。

调节强弱平衡的基本规律是：当配方中增加了强性原料时，应相应增加弱性原料来平衡，反之亦然。例如，油脂蛋糕配方中如增加了油脂量，在面粉量与糖量不变的情况下要相应增加蛋量来平衡。此外，蛋量增加时，糖的量一般也要适当增加。在海绵蛋糕制作中，糖能维持鸡蛋打发所形成的泡沫的稳定性。而在油脂蛋糕制作中，油脂打发时，糖（特别是细粒糖）能促进油脂的充气蓬松。

（2）泡打粉的加入和比例　泡打粉是一种化学膨松剂，常用于蛋糕、点心、饼干等制品中，协助或部分代替鸡蛋的发泡作用或油脂的酥松作用。当蛋糕中蛋量有所减少，油脂蛋糕和松酥点心中油脂或糖量有所减少，可以适当补充泡打粉。此外，配方中有牛奶加入时，可加适量的泡打粉使之平衡。

当海绵蛋糕配方中蛋量减少时，除应补充其他液体外，还应适当加入或增加少量泡打粉以弥补膨松不足。同时蛋减少得越多，泡打粉相应增加得也越多。一般而言，蛋与面粉之比超过 150% 时，可以不加泡打粉。高、中档蛋糕的泡打粉用量约为面粉量的 0.5% ~ 1.5%。较低档蛋糕（蛋量少于面粉量）的泡打粉用量约为面粉量的 2% ~ 4%。以上原则也适用于加油脂较多的酥性制品如油脂蛋糕、松酥点心、饼干等。即油脂减少得越多，泡打粉增加得也越多。

3. 配方失衡对制品质量的影响

下面以蛋糕为例说明原料比例不当对制品质量的影响。

（1）液体　液体太多会使蛋糕最终塌陷。烘烤过程中不容易看见过量液体产生的后果，因为这时液体以蒸汽的形式存在。然而一旦冷却后，蒸汽便重新凝结为液体，并沉积在蛋糕底部，形成一条“湿带”，甚至使部分糕体随之坍塌，制品体积缩小。液体量不足则会使成品内部结构粗糙，质地硬而干。

（2）糖　糖会使蛋糕的结构变弱，造成顶部塌陷，蛋糕口感太甜且发黏，可知是糖加得太多。

（3）泡打粉　泡打粉不足则会使蛋糕质地发紧，不疏松，顶部突起太高甚至破裂。泡打粉过多可能引起蛋糕底部发黑，且内部孔洞过大，组织粗糙。

（4）油脂　油脂太多也能弱化蛋糕的结构，致使顶部下陷，且糕心油亮，口感油腻。如油脂不足，同糖不足一样，蛋糕发紧，顶部突起甚至裂开。

4. 配方范围

蛋糕的配方范围如表 4-3、表 4-4、表 4-5 所示。

表 4-3 海绵蛋糕配方

原料	/%（烘焙百分比）
低筋粉	100
细糖	60 ~ 80
鸡蛋	50 ~ 250
食盐	0 ~ 3
液体油	0 ~ 50
糖面糊	0 ~ 25
泡打粉	0 ~ 5
蛋糕油	10 ~ 15
水（牛奶）	20 ~ 30

表 4-4 黄油蛋糕配方

原料	/%（烘焙百分比）
低筋粉	100
细糖	85 ~ 100
黄油	30 ~ 60
鸡蛋	35 ~ 65
水（牛奶）	40 ~ 80
食盐	2 ~ 3
泡打粉	4 ~ 6

表 4-5 戚风蛋糕配方

蛋黄糊部分	/%（烘焙百分比）	蛋白部分	/%（烘焙百分比）
低筋粉	100	蛋白	100 ~ 200
细糖	35 ~ 75	细糖	70 ~ 100
食盐	1 ~ 2	塔塔粉	0.5 ~ 2
泡打粉	0 ~ 4		
色拉油	40 ~ 60		
蛋黄	50 ~ 100		
水（牛奶）	35 ~ 60		

二、西点称量

（一）称量工具和使用方法

西点制作过程中需按照配方严格称量配料。没有称量设备，仅凭经验和估算做西点，严格意义来说是不允许的。常见的称量工具包括秤、量杯和量匙。

西点配方中，如泡打粉、酵母粉、小苏打粉等膨大剂，以及香料、香精等，都是仅使用微量就能达到效果，添加太多反而会使风味变差或者组织口感不良。像这一类仅使用少量的粉类原料可以利用量匙来量取，1 小匙约为 5g，将量匙舀起原料并将满出的粉料刮除就比较精准。另外像液体原料，少量的话可以用量匙来量，用量在 50mL 以上，可以将透明量杯置于水平桌面，达到指定刻度即可。

（二）计量单位

1. 西点制作中常用的法定计量单位

在西点制作中，常用到长度、时间、温度、质量、容积、热量等物理量。通常在不会发生混淆时，物理量可简称为量。我国统一实行法定计量单位。其他计量单位均为非法定计量单位。国家还发布了《计量法》和《标准化法》，制定并颁布了《有关量、单位和符号的一般原则》等国家标准。法定计量单位可简称为计量单位，在不致混淆时可简称为单位。西点制作中常用的法定计量单位见表 4-6 所列。

表 4-6　常用的法定计量单位

量的名称	单位名称	单位符号
长度	米	m
	厘米	cm
	毫米	mm
时间	秒	s
	分	min
	小时	h
	日（天）	d
摄氏温度	摄氏度	℃
质量	千克（公斤）	kg
	克	g
体积	升	L（l）
	毫升	mL（mL）
能量	焦耳	J
	千焦耳	kJ

2. 其他单位

西点属于舶来品，除我国法定计量单位外，在其他国家或地区会用到一些计量单位，了解它们与法定计量单位的换算关系是必要的。常见的非法定计量单位有：磅、盎司、品脱、夸脱、加仑等，它们与法定计量单位换算关系如下。

（1）重量单位

1 磅（1b）= 16 盎司（oz）≈ 454 克（g）

1 盎司≈ 28.5 克

（2）容积单位

1 大匙（Table spoon）	=3 小匙（Tea spoon）	=15 毫升（mL）
1 盎司（oz）	=2 大匙	=30 毫升（mL）
1 杯（Cup）	=16 大匙	=240 毫升（mL）
1 品脱（Pint）	=2 杯	=480 毫升（mL）
1 夸脱（Quart）	=2 品脱	=960 毫升（mL）
1 加仑（Gallon）	=4 夸脱	=3840 毫升（mL）

摄氏度与华氏度对换计算公式℃=（°F−32）÷1.8或°F=（℃+32）×1.8

课后思考题

1. 配方的表现方式有哪些？哪种方式最适合大型工厂使用？
2. 配方平衡的原则是什么？
3. 西点制作中常用的法定计量单位有哪些？

第二节　西点基本操作手法

学习目标

- ◆ 了解西点基础操作方法的种类。
- ◆ 熟悉西点基本操作手法的应用和不同技法。
- ◆ 能够根据不同品种选择不同操作手法。
- ◆ 掌握各种西点成形技法特点，能根据具体品种选择适合的成形方法。
- ◆ 熟悉各种成形方法的操作技术及要点，能够独立进行西点品种成形工艺环节的操作。

西点制作的基本操作手法是西点制作的基本动作。它不仅能使成品拥有美丽的外观，而且能丰富西点的品种。西点常用的基本操作手法有和、揉、搓、擀、包、裱、挤、搅打、捏、卷、切、割、抹、淋、折叠、拉、转等。每种手法均有其特有的功能，实际工作中可视需要相互配合使用。一款西点往往是通过多种操作技法综合运用完成的。因此，西点师的基本功熟练与否，直接影响着产品的质量。

一、西点成形基本操作手法

西点成形是指将调制好的面团、膏料、半成品按照品种的要求，运用各种成形技法制作成半成品或成品的工艺过程。西点成形工艺讲究基本功，内容丰富，要求对温度、时间、速度的把握高，有些品种造型甚至需要美术技巧，才能达到要求的形态和构思意境。因此成形工艺是一项技术性和艺术性相结合的操作技术，需要在实际操作中结合具体品种反复实践，才能做到熟练掌握。

（一）和（Blend）

和指和面，是将粉料与水或其他辅料掺和在一起搅拌成面团的过程。和面的方法有两种，一种是借助机械和面，一种是手工和面。西点常见的面团有甜酥面团、咸酥面团、水面团和酵母面团等。

不同的面团有不同的具体操作方法。操作中要注意方法得当；机械搅拌速度适中，时间合理；手上操作动作协调，干净利落。

（二）揉（Knead）

揉是手掌或手指施力于食品原料循环推压的动作。主要用于面团制品和可塑性原料。揉能使面团中的面筋膨润形成网络，排除气体，或将可塑性食品变软，使内部组织疏密一致。揉一般有单手揉和双手揉两种。单手揉适用于较小的坯料，具体方法是先将坯料分成小剂，置于工作台上，再将五指合拢，手掌扣住坯料，朝着一个方向旋转揉动，使坯料紧凑、光滑，内部气体消失，底部收口变小。双手揉面适用较大的面坯，具体动作是一只手压住坯料的一端，另一只手压住坯料的另一端，用力向外推揉，向内卷起，双手配合，反复揉卷，使坯料光滑。待收口集中变小时，最后压紧，收口向下放置。操作中注意用力轻重适当、均匀；动作要利落；坯料要揉均、揉透，不粘案、不粘手。揉面要求始终保持一个光洁面，不可无规则地乱揉，否则面团外观不整齐，不光洁，影响面筋网络的形成。

（三）搓（Rounding）

搓是将揉好的面团改成长条状，或将面粉与油脂混合在一起的操作手法，可以双手或单手配合使用。搓一般与揉并用，相互配合，完成制品成形。搓面团时先将揉好的面团改成长条状，双手的手掌摁在条上，双手同时施力，来回地揉搓，边推边搓，面条前后滚动数次后会向两侧延伸，成为粗细均匀的圆形长条。油脂与面粉混合时，手掌向前施力，使面粉和油脂均匀地混合在一起。但不宜过多搓揉，以防面筋网络的形成，影响质量。操作中注意动作协调，用力均匀。

（四）擀（Stretching）

擀是借助于工具将面团展开使之变为片状的操作手法。主要用于清酥、混酥、面包的坯料等。擀是先将坯料放在工作台上，并将擀面杖置于坯料之上，用双手的中部摁住擀面杖，向前滚动的同时，向下施力，将坯料擀成符合要求的厚度和形状。如擀清酥面，用水调面团包入黄油后进行擀制，擀制时要用力适当，掌握平衡。清酥面的擀制是较难的工序，冬季好擀，夏季较困难，擀的同时还要利用冰箱来调节面团的软硬。擀制好的成品起发好、层次分明、体轻个大；擀不好会造成跑油、层次混乱、只硬不酥。

（五）卷（Rolling）

卷是将平面原料或半成品，从一端折起、弯曲到另一端，使产品改变形状，形成圆柱形的方法。西点制作中需要卷制的品种较多，方法也不尽相同。这种方法常用于制作瑞士蛋糕卷、树根蛋糕或蝴蝶酥等。卷有单手卷和双手卷两种形式。单手卷（如清酥类的羊角酥）是用一只手拿着形如圆锥形的模具，另一只手将面团拿起，在模具上由小头向大头轻轻地卷起，双手配合一致，把面条卷在模具上，卷的层次要均匀。双手卷（如蛋糕卷）是将蛋糕薄坯置于工作台上，涂抹上配料，双手向前推动卷起成形。卷制后的成品不能有空心，粗细要均匀一致。操作中注意用力要均匀，双手配合要协调一致。

（六）捏（Pinching）

捏是通过手指尖之间的配合，将制品原料粘连或挤压在一起，完成所需形状的动作。捏制手法往往要配合其他的操作手法来完成。捏是一种艺术性强、操作比较复杂的手法，捏不只限于手工成形，还可以借助工具成形，如刀子、剪子等。西点制作中常以细腻的杏仁膏或翻糖为原料，捏成各种花、水果（如梨、香蕉、绿色的葡萄及寿桃等）和小动物（如猪、狗、兔等）。操作中注意用力适度、指法准确、制品要美观，形态要真实、完整。

（七）切（Slicing）

切是借助于工具将制品（半成品或成品）分离成形的一种方法。切可分为直刀切、推拉切、斜刀切等，其中以直刀切、推拉切为主。不同性质的制品，运用不同的切法，是提高制品质量的保证。直刀切是把刀垂直放在要切的制品上面，向下施力使之分离的切法。推拉切是刀与制品处于垂直状态，在向下压的同时前后推拉，反复数次后切断制品的切法。切酥脆类、绵软类的制品都采用此种方法，目的是保证制品的形态完整。操作中注意掌握好刀的角度，用力要均匀一致。选用的工具一定要锋利，保证制品形态完整，切面干净。

（八）割（Cutting）

割是在被加工的坯料表面划裂口，并不切断的造型方法。制作某些品种的面包时常采用割面团的方法，目的是使制品烘烤后，表面因膨胀而呈现爆裂的效果。具体方法是：右手拿刀，左手扶稳坯料，在坯料表面快速划出花纹即可。还有一种方法是分割面团，即将面团搓成长条，左手扶面，右手拿刮刀，将面团分割。操作中注意割的动作要准确，用力不宜过大、过猛。割裂制品的工具其锋刃要快，以免破坏制品的外观。

（九）抹（Wipe）

抹是将调制好的糊状原料，用工具平铺均匀，以使制品平整光滑的操作方法。如制作蛋卷时采用抹的方法，不仅把蛋糊均匀地平抹在烤盘上，制品成熟后还要将果酱、打发的奶油等抹在制品的表面并进行卷制。抹也是蛋糕做进一步装饰的基础，蛋糕在装饰之前先将所用的原料（如打发鲜奶油或黄油酱等）平整均匀地抹在蛋糕表面上，为成品的造型和美化创造有利的条件。操作中注意使用刀具时要平稳，用力要均匀，正确掌握抹刀的角度，保证制品的光滑平整。

（十）挤（Squeezing）

挤是利用挤嘴、挤袋或纸卷，将装入的膏料在烤盘或半成品表面中挤制出各式图案的工艺，是西点中很重要的一种操作手法，在成形和装饰工艺上起着很重要的作用。多用于蛋糕、小西饼的制作。制作的品种不同，所用的挤嘴也不同，挤制时所用的手法和劲力也不相同。在挤制泡芙面糊时，运用不同的花嘴和手法，可以制作出造型各异的各类制品。操作中注意手法娴熟、流畅、自然。无论挤何种原料，都要求纹路清晰、均匀，薄厚一致，所挤内容要与制品的质量要求、造型要求相统一，在特定环境下，挤出的图案要以制品的要求为准则。

（十一）模具成形（Loading in pans）

模具成形是利用各种模具使西点成形的一种方法，所用的模具材质有塑料、木质、金属、纸质等几种。西点中常用模具成形方法，其优点在于实用、易清洗、安全和易脱模。通过模具成形技法，可使西点品种体积相等、形状一致，利于达到整齐划一的效果。模具成形的其他特点还有使繁杂的手工程序得到简化，也能使比较松散的粉料易于成形，制成成品后更不易走样，易于保存储藏。

二、西点装饰基本操作手法

粘、撒、淋面、拼摆、挤注裱花是西点装饰工艺中最基本、最常用的装饰方法。在西点的装饰工艺中，有时往往是两种或两种以上的装饰方法交互使用，以达到完美的装饰效果，因此掌握好基本的装饰方法，就显得更加重要了。

（一）粘（Stick）

粘（图 4-1）是把另一种或几种半成品原料粘在成品或成形体上，起衬托造型和增加风味的作用。例如在小甜点外层粘巧克力等。粘分全粘和部分粘两种。全粘就是将制品全部粘上另外一种原料。部分粘，就是仅将制品的一部分粘上另外一种原料。

1. 粘的方法

粘的方法多样，可依实际情况加以运用。在制品体积小时，还可借助手工工具来操作。一般来讲，粘的技法所用的原料大部分为液体或半固体，如巧克力、果酱、糖霜等。有时也会用到固体颗粒或粉末类原料，如各种果仁碎、糖粉、可可粉等。

制品粘半固体类原料时，一般比较简单，只要把握好制品所粘原料的多少以及制品所粘的部位，即可达到满意的效果。而制品粘液体原料时操作要复杂些，因为各种液体类原料与所装饰的制品性质、浓度不一定相同，所以在粘制成品时，首先要考虑两者之间的性质及黏合程度，以求达到成品完美的效果和质量要求。如果制品体积过小，不便于直接用手操作时，还要借助于工具来完成粘的操作，如在粘巧克力球、餐后小甜点时，就要使用专门粘各类小甜点的工具叉辅助进行操作。

2. 粘的要求

粘是一项技术要求较高的操作方法，尤其是粘巧克力制品时，所要求的技术工艺更高。对巧克力类制品来讲，粘后成品要求形态完整、光滑，所粘位置要完整有光泽，除了特别品种外，不能有多余的巧克力流下，巧克力不能变色和软化。对于粘其他原料的制品而言，要求粘后成品形态完整，所粘的原料应能衬托成品的形态及造型，增加成品的风味和色彩。

（二）撒（Sprinkle）

撒（图 4-2）就是将另外一种辅料撒在制品上面或撒在制品周围的操作过程，所撒的辅助原料起装饰和增加成品口味的作用。撒也是西点装饰工艺中经常使用的一种方法。在西点制作及装饰时，经常用于撒的主要装饰原料有巧克力碎、糖粉、可可粉、果仁碎、鲜水果丁及各式甜汁等。

图 4-1　粘

1. 撒的方法

撒的方法灵活多变，一般要依据所撒原料的性质、特点，以及所撒制品的部位等实际情况，来加以灵活掌握。撒粉质原料时，为了达到均匀平滑的目的，一般都要借助撒原料的均匀度，又可增加成品的美观程度。撒放固体颗粒或碎片时，直接用手操作便能达到工艺要求和质量要求。撒放甜汁类原料时，一般要使用小匙或其他类似的工具，以达到均匀美观的效果。

图 4-2　撒

图 4-3 淋面

2. 撒的要求

制品上所撒的辅料必须能够提高成品风味及特色，也能够起到美化制品的作用。在实际操作中，撒的数量和范围对成品的影响很大，撒的装饰材料过多或过少都会影响成品的整体造型。如撒的范围不当，不仅影响制品的整体色彩，还影响其他辅助原料的布局和造型。所以，在实际操作中，撒放任何辅助原料都要考虑到制品的整体布局、造型的效果。要以增加成品风格，突出成品的自然造型和色彩为原则，灵活运用撒的方法，以达到画龙点睛的目的。

（三）淋面（Glaze）

淋面（图 4-3）是将事先做好的酱汁，均匀淋在制成半成品的蛋糕和小西饼上的操作。所淋的酱汁能够起到装饰和增加制品口味的作用。淋面也是西点装饰工艺中经常使用的一种方法。经常用于淋面的酱汁传统的有西点中传统做法的巧克力甘纳许（Chocolate ganache），各式甜汁，还有最近非常流行的五颜六色的淋面酱等。

1. 淋面的方法

淋面的方法比较单一，但考验基本功。将需要淋面的半成品放在晾网上，底下垫一个大一点的盘子，用于回收淋面酱。操作时要求控制淋面酱的流动性和淋面的速度，将淋面酱从上部直接淋下，可自动覆盖蛋糕。小细节或没有覆盖到的地方可用抹刀或小工具及时处理一下。也可将熔化的巧克力或糖霜类装饰料倾倒在制品上，然后迅速将其抹开或抹平。

2. 淋面的要求

最好一次淋好，不要补淋，补淋后制品表面会有痕迹影响美观。全部淋好后放入冰箱冷藏即可。淋面酱的黏稠度是淋面的关键。太黏稠的时候流动性会不好，太稀淋面太薄也会露出底坯，此外淋面酱不宜有太多气泡，在混合和调节淋面酱黏稠度过程中可以采用均质机。使用均质机消泡，可以使膏料更加顺滑均匀。淋面要求操作手法娴熟、流畅、自然，淋面均匀，薄厚一致。

（四）拼摆（Arrange on）

拼摆就是将不同的半成品、装饰品等原料，运用艺术的手法，组合成一个完整的成品。在西点制作中，拼摆的成品既是可食的制品，又是用于装饰的制品。拼摆可以说是西点装饰工艺最重要的步骤，拼摆的好坏，将直接影响到成品的整体效果。

1. 拼摆的方法

拼摆没有一定的标准，可根据各种原料的大小、性质、色彩等，运用艺术的眼光加以合理组合、安排，以达到突出主题、风格鲜明、具有特色的目的。

2. 拼摆的要求

拼摆各类甜点制品或装饰制品时，首先要掌握好拼摆原料的主次关系，要将主体放在最夺人眼球的重要位置，然后再合理安排其他原料位置。

拼摆的首要要求是要具有鲜明的艺术性，因此，在突出主题的前提下，要运用艺术的多变性，对各种原料加以灵活多变的拼摆，力争营造出丰富多彩的艺术气势，以达到拼摆的装饰要求和目的。

（五）挤注裱花（Squeeze and piping）

裱花就是将用料装入裱花袋（或裱花纸）中，再用手挤压，使装饰用料从花嘴中被挤出，形成各种各样的艺术图案和造型。裱花常用于装饰蛋糕表面和制作边缘花及各种造型，尤其是制作大型多层蛋糕或装饰蛋糕时使用此方法更多、更广、更加复杂。裱花无论在工艺上，还是在操作手法上，都和挤有着明显的不同。

1. 裱花的方法

裱花是一项精细的工艺技巧，必须要以坚实的基本功底为基础。

裱花的方法与裱花用料、手的力度、花嘴的运动速度、花嘴的大小及式样都有着紧密的关系。

在裱制过程中，无论使用任何一种原料，手的力度都将直接影响到用料从花嘴中被挤出的形状、大小。用力越大，被挤出的料越多且越粗；用力越小，被挤出的料越细且越少。利用这一规律，就可在操作时勾画出粗细不一、错落有致的线条和图案，还可裱出各式字母、文字及造型。如果再适当地调换花嘴，就可制作出极具艺术力的大型裱花蛋糕成品。

花嘴的运动速度也关系到裱花时的艺术效果。花嘴的运动速度快，则用料从花嘴中被挤出的少而细，制品呈现柔细流畅的线条。反之，花嘴的运动速度慢，则用料从花嘴中被挤出的多而粗，制品呈现出粗重凝厚的风格特点。如果再配以不同花嘴及手用力的大小变化，即可裱制出千变万化的各式图案及造型。

2. 裱花的要求

裱蛋糕制品或装饰类制品时，所用的原料不同，裱花的效果也各不相同。根据用料的不同，对裱花的要求也各不相同。在使用黄油酱裱花时，要求裱花的线条及图案要清新细腻，色彩要淡雅，造型要力求精细逼真，无论是线条、图案还是花朵，都要力求活泼自然。除此之外，还要充分利用黄油酱细腻光滑这一特点，使成品的整体效果力求精美优雅。在使用糖粉酱裱花时，由于糖粉酱原料洁白细腻，韧性极好，因而可裱出造型极为复杂的制品，因此在操作时要力求精细。

在使用巧克力裱花时，要掌握好巧克力溶化时的温度，以及使用时的温度，因为只有在适当的溶化温度及使用温度内，才能最大限度地利用巧克力的软硬度及柔韧性，使成品及造型立体感强，有光亮，不易破损。在使用奶油裱花时，要尽量缩短操作时间，并在温度较低的环境下进行，以减少温度对奶油的影响。另外，在调制奶油时，也要尽力使奶油打发到细腻、软硬度适合的程度，以利于裱花时的使用和操作。

课后思考题

1. 西点成形常用的操作手法有哪些？
2. 西点装饰常用的操作手法有哪些？
3. 西点挤注裱花注意事项有哪些？

第三节 西点常用术语与释义

学习目标

◆ 了解西点相关常用术语及其释义。

◆ 掌握西点常用术语的要求和注意事项。

一、过筛（Sift）

面粉过筛，就是将称量好的面粉以筛网过滤的过程。这是一道在西点制作中简单但绝不可省略的步骤。

1. 过筛的目的

过筛可以去除面粉里的杂质，裹入空气将受潮结块的面粉颗粒打散，面粉变松散后，非常容易和其他原料混合均匀。制作蛋糕时使用率最高的低筋面粉因为蛋白质含量较低，即使未受潮，置放一段时间之后依然会结块，过筛一方面可以沥除杂质，另一方面则达到了打散结块的作用，以免拌出都是面粉颗粒的面糊而影响蛋糕质量。

2. 过筛的方法

过筛的方法：将粉类置于筛网上，一手持筛网，一手轻轻拍打筛网边缘即可。过筛原料不同，过筛的方法略有不同。为装饰撒上糖粉和可可粉，用小型的滤茶器更容易调节用量。

过筛视成品的需求不同，可以过筛一到两次。另外将面粉和泡打粉、玉米粉等干粉类材料一起过筛，可以将不同比重的材料混合均匀在一起。过筛也能使粉类与黄油拌合，不会有小颗粒产生，烘焙出来的口感比较细腻。过筛完后留在筛网中的粉块，可以用手直接压碎过筛，即要过筛完所有的粉料，避免称量后面粉分量因为过筛后不准确。

二、搅拌（混合）（Mix）

搅拌就是将两种以上的原料混合均匀的方法，这一步非常关键和有技巧。不同的西点制品，搅拌的力度大小、搅拌的用具、搅拌的手法、搅拌的次数都不相同。搅拌中经常使用的工具有橡皮刮刀和打蛋器。

搅拌的方法

1. 调和（Blend）

调和是用木勺、叉子、刮刀或打蛋器调拌原料，适用于大部分面糊的调制。

2. 搅入（Stir in）

搅入是将原料一边加入一边搅拌。

3. 切拌（Fold in）

切拌是用刮刀竖向像剪开一样地拌，然后把搅拌盆按顺时针方向旋转，搅拌两次之后，从底下铲起大面积往上翻，再竖向像剪开一样地搅拌的过程，适于比较轻盈的面糊搅拌，如戚风蛋糕、马卡龙等。

4. 翻拌（Mix up）

翻拌是往材料中加入蛋白霜等搅拌时，为了不消泡，要将橡皮刮刀深入搅拌料底部，像舀水一样将材料翻起来再搅拌。

三、打发（Whipping）

打发是指蛋液、奶油或黄油等经搅打使制品体积增大的方法。西点中如蛋白、全蛋、黄油以及鲜奶油，都是最常见需要打发的材料。这个步骤关系到西点制作最后的成败与否。打发蛋液或鲜奶油所产生的气泡，会影响到蛋糕的蓬松度、口感。如果打发得不够，蛋糕可能会膨胀不起来，或品质变硬。相反，如果打发得过度，蛋糕气孔过大，组织粗糙。

1. 打发的方法

打发时的必备器具是手动打蛋器或电动搅拌器。手动搅打是利用手臂的力量进行打发，适用于分量较少的原料或临时需要使用的打发情况，打发时注意速度尽量保持均匀，利用手腕的巧劲进行操作，要求顺一个方向进行搅打。机器搅打的优点是省力，而且速度可以调节，搅打时要根据制品的要求选择合适的速度，并根据实际情况进行调节。

2. 打发的注意事项

打发和拌匀不同，是需要借助打蛋器不断地搅打拌入大量空气，使材料体积膨胀或材质柔软的重要步骤，如果选用有死角的容器来盛装，就会有很多材料积在边缘角落而无法被打发，应该使用圆底而有深度的不锈钢盆或玻璃盆。不能选择铝及塑料材质的工具，原因是在打蛋器搅打摩擦的过程中，容易使容器材碎屑刮落融入材料中，导致打发膏料变色，造成对产品品质和人体不良的影响。

四、烤箱预热（Over preheat）

在产品制作前，将烤箱预先升温到需要的温度称为预热。

1. 预热的时间

不同的烤炉预热所需的时间不同。电热式烘烤炉温度升到 200℃需 10 ~ 20 分钟。

2. 预热的目的

当制品放进烤炉时，炉温应为烘焙该品种所要求的温度。这样，制品才能得到更多、更快的热渗透，使烘焙时间缩短，成品质量较好。像面糊和面团类的制品，烘焙过程非常重要。面糊自拌好之后就会逐渐开始消泡，如果在烤箱内等待加温或者是待烤箱预热到定温再放进去烤，时间一长，蛋糕都会无法顺利膨胀而不发，甚至会产生沉淀，制品出现很大的品质变化。因此，烤箱预热这一步骤在西点制作过程中非常重要。

五、烘焙（Baking）

烘焙是制品在烤炉中经高温烘烤为成品的工序，是西点成熟的主要方法。制品在烘焙过程中发生一系列物理、化学和生物化学变化，如水分蒸发、气体膨胀、蛋白质凝固、淀粉糊化、油脂熔化和氧化、糖的焦糖化和美拉德褐变反应等。经烘焙制品产生悦人的色泽和香味。

制品在烘焙过程中一般会经历急胀挺发、成熟定型、表皮上色和内部烘透几个阶段。

（1）急胀挺发　制品内部的气体受热膨胀，制品体积随之迅速增大。

（2）成熟定型　由于蛋白质凝固和淀粉糊化，制品结构定型并基本成熟。

（3）表皮上色　由于表面温度较高而形成表皮，同时，由于糖的焦糖化和美拉德反应，表皮色泽逐渐加深，但制品内部可能还较湿，口感发黏。

（4）内部烘透　随着热渗透和水分进一步蒸发，制品内部组织烤至最佳程度，既不黏湿，也不发干，且表皮色泽和硬度适当。

在烘焙的前两个阶段不应打开炉门，以免影响制品的挺发、定型和体积胀大。进入第三阶段后，要注意表皮和底部的色泽，必要时适当调节面火与底火，防止色泽过深，甚至焦煳。

六、隔水加热（Water isolation heating）

隔水加热，就是把搅拌盆浸在热水里，利用间接的方法来加热。与直接加热相比，隔水加热的优点是加热速度缓慢，容易调节温度，且温度不会高于 100℃。对于奶油或巧克力等直接加热会影响风味的食材，隔水加热是最好的加热方式。另外，让放置太久而变硬的蜂蜜或葡萄糖变软，或让已搅开的翻糖能够保持柔软度，都可以采用隔水加热的方式。

隔水加热的注意事项有以下几点。

1. 根据不同的品种和用途选择不同的水温进行操作

如表 4-7 所示，蛋黄与砂糖混合打发时，就要加温到 65℃以上才可以溶解砂糖，加热蛋黄，此时使用 80℃以上的热水最为恰当。

表 4-7　不同品种的加热温度要求

目的	温度	注意事项
打发全蛋	60℃左右	温度高更容易打发
打发蛋黄	80℃左右	加热到 65℃以上，砂糖开始溶化，蛋黄打发变白变黏变稠。但如果温度继续升高，加热过度，蛋黄就会凝固
融化鱼胶片	60 ~ 80℃	鱼胶片在 43 ℃以上就会融化，60 ~ 80℃会完全融化
融化巧克力	50℃左右	巧克力如果用 50℃以上的热水来隔水加热，风味就会变差，所含的脂肪也可能会分离，产生霜斑现象

2. 选择适当的搅拌盆或锅进行操作

隔水加热就是指将搅拌盆搁在水上进行搅拌等动作。如果搅拌盆太小，热水很容易渗入盆中发生事故。因此要选择大一点，放上去后可以卡住且不留缝隙的搅拌盆来使用。

七、室温软化（Room temperature softening）

室温软化一般是指将黄油软化后再使用的过程。黄油必须冷藏或冷冻保存，而刚从冰箱取出的黄油质地很硬，温度也过低，不但不容易和其他材料拌匀，也因为温度过低而使油水兼容更为困难。软化的目的是让它能够和其他材料融合以便操作，也比较容易打发。

（1）软化的程度以用手指稍使力按压，可以轻易被手压出凹陷的程度即可。

（2）软化的方法

①直接放于室温中进行软化：如果要使用的黄油分量很多，慢慢静置等黄油软化的时间将会很长。可以将其分切成小块，这样可以加快软化的速度。

②也可将黄油置放于有温度的烤箱附近，靠热度来加速软化，但必须特别留意切勿让黄油熔化，发生油水分离，这样会影响制品的打发性及风味。

八、其他常用专用术语

（1）化学起泡　以化学膨松剂为原料，使制品体积膨大的一种方法。常用的化学膨松剂有碳酸氢钠、碳酸氢铵、泡打粉等。

（2）生物起泡（Biological foaming）　利用酵母等微生物的作用，使制品体积膨大的一种方法。

（3）机械起泡（Mechanical foaming）　利用机械的快速搅拌，使制品体积膨大的方法。

（4）跑油　多指制作清酥面坯时，面坯中的油脂从水面皮层溢出的现象。

（5）添加（Add）　指将一种原料投放于另外一种原料里的工艺方法。

（6）封住（Coat）　指将原料或制品全面包住。

（7）焦糖（Caramel）　用容器将糖加热，使糖由溶化至变成褐色物质，用于制作焦糖布丁等产品。

（8）搅入（Stir in）　将原料一边加入一边搅拌。

（9）合并（Combine）　将两种以上的原料混合均匀。

（10）薄面　为防止面坯粘连，在面坯表面撒一层面。

（11）搅打（Whip）　用蛋抽、勺子、叉子快速连续搅拌原料，使其充气、体积增大。

（12）刷油（Grease）　将油脂刷在盘里或模具中防止制品粘连。

（13）清打法（Clearing method）　指蛋白与蛋黄分别抽打，待打发后，合为一体的方法。

（14）混打法（Mixing method）　指蛋白、蛋黄与糖一起抽打起发的方法。

（15）混合（Mix）　两种以上的原料放在一起搅拌。

（16）静置（Statics）　把揉好的坯料置于冰箱或常温下，使内部网状结构均匀并充分吸水伸展的过程。

（17）整形　用手把面包或曲奇等的坯料揉成各种形状的过程称为整形。

（18）挂糖衣（Sugar coat）　把蛋白中加入糖粉和柠檬汁制成的糖面糊，放入裱花袋或三角纸袋中，在曲奇上画图案或撒在表面的过程叫挂糖衣。

（19）过滤（Filter） 就是让液体流过孔径细小的网，来去除结块或固体物质。过滤可以去除杂质，让液体的质地变得柔滑。过滤这道工序，通常在制作布丁、卡仕达奶油等液态面糊或奶油时需要用到。如果是香料类或香草荚还留在网上，可以用橡皮刮刀压一压，让风味不至于流失。

课后思考题

过筛、打发、烘烤过程中的注意事项有哪些？

第四节 西点基础酱汁

学习目标

- 了解西点基础酱汁的种类及运用。
- 熟悉卡仕达酱、甘纳许、樱桃酱等的特点及运用。
- 掌握卡仕达酱、甘纳许、樱桃酱等的制作方法及技术要领。

专业西点师的主要技艺，除了制作蛋糕及其他糕点以外，还包括做一些基础的使西点锦上添花的“装饰品”，如西点上的酱汁（topping）、馅料（filling）及沙司（sauce）等。它们本身并不构成西点制品，但却是西点制品中必不可缺的组成部分。例如，英式蛋奶酱（creme anglaise）或蛋黄沙司（custard sauce）不仅可用作甜点的沙司，还可作为巴伐利亚奶油（Bavarian creams）和冰淇淋（ice creams）的基本原料。加入不同调料的饼房奶油（pastry creams）可以作派馅（pie fillings）、布丁（puddings）和舒芙蕾（souffles）等。

一、卡仕达酱（Custard cream）

卡仕达酱也叫作吉士酱，又叫饼房奶油馅，奶香、蛋香非常浓郁，在西点烘焙中极为常见，用途非常广泛，是制作甜品不可缺少的重要原料。卡仕达酱的应用很丰富，除了用作蛋糕表面装饰，还可以夹在面包里，填入派、泡芙里做馅，还可以用来做布丁，可以和奶油一起拌和成饼房奶油（Pastry cream），也可以加入更多的液体，还可以做成卡仕达沙司。法国人喜欢在卡仕达酱中加入香草，香草的香味和卡仕达酱的细腻配合得相得益彰，目前市面上有许多半成品的卡仕达粉，仅需要加水调节就可以直接使用。

（一）原料配方

卡仕达酱的原料配方如表 4–8 所示。

表 4-8　卡仕达酱的配方

部分	配方	用量 /g
1	牛奶	500
2	蛋黄	120
	细砂糖	150
3	低筋面粉	25
	玉米淀粉	25

（二）制作方法

（1）蛋黄里加入细砂糖，用打蛋器高速打发，使蛋黄呈现蓬松、浓稠的状态。

（2）倒入过筛的低筋面粉和玉米淀粉，用打蛋器继续搅拌均匀。

（3）牛奶倒入奶锅，煮开以后，慢慢地倒 1/3 到蛋黄糊里，边倒边搅拌均匀。

（4）搅拌均匀后，将剩下的牛奶也全倒入蛋黄糊里，搅拌均匀。

（5）将搅拌均匀的蛋奶液过筛后倒回奶锅里，重新用小火加热，边加热边不断搅拌，直到蛋奶液变得浓稠细滑，立即离火并将奶锅放入凉水盆里，使它快速冷却。

（三）技术要点

（1）把制成的卡仕达连同锅一起快速冷却。放置时应覆上保鲜膜冷藏保存，避免表皮结块。

（2）制作卡仕达必须要煮沸，淀粉才会熟，吃起来才不会有生淀粉味。

（3）制作蛋乳冻时要严格使用干净消毒的器皿，并遵守食品卫生守则，避免细菌滋生。不要将手指直接放入奶油中，也不要用不清洁的汤匙品尝。

二、英式蛋奶酱（Creme anglaise）

英式蛋奶酱，又叫蛋乳冻，是以较低温度将牛奶、糖及蛋黄烹煮并搅拌，直到有些黏稠，然后加入香草制成。它是相当基础的奶油酱，配方中不会用到淀粉或面粉，制作时不需要煮滚，成品的流动性更强，更像是浓稠的汁而不是酱。可以直接运用为浇汁，也可以用作各种甜点部件（如奶油霜 Butter cream、巴伐利亚 Bavarois、慕斯 Mousse 等）的基底。英式蛋奶酱很大程度上保留了蛋奶的香气，有一定的轻盈度。

（一）原料配方

英式蛋奶酱的原料配方如表 4–9 所示。

表 4-9　英式蛋奶酱配方

部分	配方	用量 /g
1	淡奶油 / 牛奶	150
2	细砂糖	150
	全蛋	75

（二）制作方法

（1）牛奶煮至温热。

（2）蛋黄与糖混合搅打至泛白状。

（3）两者混合，同煮至 83 ~ 85℃，出现浓度后过筛即可使用。

（三）技术要点

（1）同煮时超过 85℃，蛋黄的凝固速度就会加快，容易结块，低于 83℃，蛋黄中的细菌较难消灭。所以，英式蛋奶酱在温度上的把控很重要。

（2）蛋黄可用全蛋来制作，这种方法主要是因为只加蛋黄黏度较大且不够丰盈，加入了蛋白效果会好很多。

（3）英式蛋奶酱煮好的状态为用勺背（木勺、金属勺为佳，硅胶有时候挂不住）沾取蛋奶酱后，蛋奶酱可以停留在勺背上薄薄一层，不流下去，用手指划一道线，蛋奶酱边缘界限清晰，不流动。

（4）使用干净、消毒的器皿，并遵守食品卫生守则。因为多数蛋制品极易滋生细菌，如不注意卫生，食品极易变质，从而导致食品中毒。

三、甘纳许（Ganache）

甘纳许是法语“Ganache”的音译，指的是巧克力与淡奶油的混合物。甘纳许的用途非常广泛。温度不同，用途也不同。可以作为蛋糕的馅料，趁热淋在蛋糕表面作为淋面，或者作为巧克力挞的填馅，等它稍微冷却黏稠后，也能用作蛋糕的抹面装饰，或者杯子蛋糕顶部的裱花装饰。也可以将甘纳许和奶油混合，制作巧克力奶油。

（一）原料配方

甘纳许的原料配方如表 4-10 所示。

表 4-10　甘纳许的配方

部分	配方	用量 /g
1	淡奶油	150
2	黑巧克力	150

（二）设备器具

厚底锅、电磁炉、蛋抽。

（三）制作方法

（1）黑巧克力切碎备用。

（2）淡奶油烧开后离火，加入切碎的巧克力中搅拌融化均匀即可。

（四）技术要点

（1）淡奶油倒入黑巧克力中时，可以静置 1 ~ 2min，再充分搅拌乳化。

（2）成品需贴面覆上保鲜膜，冷藏一下，使内部气泡浮在保鲜膜上，再去除即可。

（3）搅拌时的动作要轻，避免裹入空气，过多的气泡会使口感粗糙变差。

（4）巧克力量的多少决定了甘纳许的软硬度，量越多硬度越大，巧克力风味越浓厚。

（5）甘纳许中巧克力的比例越高，所含的可可微粒就越多，它们会吸收水分，产生粘连并饱涨，进而会分离，所以可可含量高的甘纳许会很不稳定，久置质地会变粗糙。

（6）甘纳许加入果泥、黄油类，可以作为夹心或者酱料。果泥的香气和酒酸性物质遇热很容易挥发，所以注意保存和使用温度不要太高。

四、柠檬酱（Lemon curd）

（一）原料配方

柠檬酱的原料配方如表 4-11 所示。

表 4-11 柠檬酱配方

部分	原材料	用量
1	鸡蛋	5 个
	砂糖	250g
	新鲜柠檬汁	50mL
2	黄油	100g
3	柠檬屑	10g

（二）制作方法

（1）准备所有材料。

（2）将柠檬的黄色外皮用小号擦子擦出柠檬屑，挤出新鲜柠檬汁，黄油室温软化。

（3）在一个大的金属容器里放入鸡蛋（室温）。放入砂糖搅拌均匀。放入新鲜柠檬汁，搅拌均匀。水浴（隔水加热）金属容器，并且用打蛋器不停地搅拌。等酱料变得浓稠，温度到 160℃为止，停止加热，撤离水浴。加入事先准备好的黄油和柠檬屑，搅拌均匀。

（4）将柠檬酱倒入干净的容器，将保鲜膜直接盖在柠檬酱表面，然后让其冷却后冷藏。

（三）技术要点

（1）使用水浴法的时候需要小火加热，搅拌器不停地搅拌，开始的时候泡泡很多，慢慢会变得浓稠，这一步是为了往酱料里多打入一些空气，因此需要不停搅拌。

（2）等所有配料都加入以后，直接倒入干净容器，在还没有降温的时候盖上塑料薄膜，然后可以冷却，如果塑料薄膜没有盖在酱料表面，或者等晾凉再盖，柠檬酱的表面会有一层硬的膜，会影响口感和美感。

五、樱桃酱（Cherry curd）

（一）原料配方

樱桃酱的原料配方如表 4-12 所示。

表 4-12　樱桃酱配方

部分	配方	用量 /g
1	樱桃汁	100
	白糖	30
	柠檬汁	30
2	玉米淀粉	20
3	樱桃肉	100
	樱桃酒	30

（二）制作方法

（1）樱桃罐头开罐后，用过滤器将樱桃汁和樱桃肉分开。樱桃肉剁碎备用。

（2）按照部分 1 中的配方把樱桃汁、糖、柠檬汁一起加入并熬开，玉米淀粉与适量水调成均匀浆状后分次加入，搅拌均匀成糊状。

（3）调小火，加入切碎的樱桃和樱桃酒熬微开即可离火，放凉备用。

（三）技术要点

（1）火力控制好，不宜过猛，否则酱汁会煳掉。

（2）玉米淀粉负责调节酱料的浓稠程度，必须少量多次加入，每次加入时应该搅拌均匀后再继续加入。

课后思考题

1. 常见的西点基础酱汁有哪些？
2. 巧克力酱制作过程中需要注意哪些事项？

第五节　西点基础膏料

学习目标

- 了解西点蛋白霜、奶油膏、黄油奶油等的种类、特点及运用。
- 掌握西点蛋白霜、奶油膏、黄油奶油等的制作工艺、制作方法及技术要领。
- 熟悉西点蛋白霜、奶油膏、黄油奶油的品种变化与创新思路和方法。

一、蛋白霜（Meringue）

蛋白霜（Meringue）又称蛋白糖霜、蛋白膏，是由蛋白和糖（糖浆）一起搅打制成的膏状料。一般来说，糖越多，蛋白膏越浓稠，也越稳定。由于打发的方法不同，蛋白霜的种类也是多种多样，口感也不尽相同，在西点制作中的用途也不一样。常见的蛋白霜有法式蛋白霜、意式蛋白霜、瑞士蛋白霜三种。

1. 蛋白霜制作注意事项

（1）油脂会抑制蛋白形成泡沫状　这一点非常关键，所以要确保所有器皿不要黏附任何油脂。同时，注意蛋白中不能残留有蛋黄，要注意分离彻底。

（2）室温下的蛋白要比经冷藏的蛋白更易发泡　从冰柜中取出的蛋白最好放置 1h 后再搅打。

（3）切忌搅打过度　经正确搅打的蛋白应湿润而富有光泽，搅拌过度的蛋白会又干又硬，很难与其他配料融合，从而降低了使蛋糕和蛋奶酥膨松的程度。

（4）糖具有稳定蛋白泡沫的效果　含糖的蛋白霜要比无糖的蛋白霜浓稠，而且性质更稳定。但是，蛋白吸收糖的能力是有限的。加入糖量过多，则会降低蛋白霜体积的膨松程度。因此，在制作一般蛋白霜时，面点师大多喜欢在搅打蛋白时加入等质量比的糖。如需加入过量糖，则在糖霜制好后搅入。

（5）适度的酸性物质有利于蛋白发泡　为使打出的蛋白具有更强的膨松性和稳定性，可以在蛋白里加入少许的酒石酸（Cream of tartar）或柠檬汁（Lemon juice）。这对于蛋白与其他成分混合时起到松软或膨松作用时尤其有用。

2. 蛋白霜状态的判断方法

其实所谓的湿性、中性、干性的状态是在打蛋白霜过程中发生渐变的，判定它们状态的主要方法就是用打蛋球拉起蛋白，然后观察蛋白在不同阶段的状态。

（1）湿性发泡　提起打蛋头，蛋白霜会垂下来呈一个长约 10cm 的尖，但是不会滴下来。

（2）中性发泡　偏湿：提起打蛋头，蛋白霜会呈现一个短一些的弯弯的尖，此时这个状态比较适合制作轻乳酪蛋糕。偏干：提起打蛋头，蛋白糊的尖更短了，但还是会有微微的下垂，倒扣打蛋盆时蛋白霜不会流动。

（3）干性发泡（硬性发泡）　提起打蛋头，此时蛋白霜有一个坚挺的尖，且不会弯下来，这个状态是制作戚风蛋糕的最佳状态。

（一）法式蛋白霜（Common meringue）

在蛋白中添加砂糖打发的基本制法，其制作方法十分简单，并且因其含糖量高，性质相当稳定。虽然气泡稍粗大，但入口即化的口感却很好。使用频率是三种蛋白霜中居于首位的，多适于与面糊混合后一起烘烤，或者加入巧克力制作慕斯。

1. 基础配方

法式蛋白霜的基础配方如表 4-13 所示。

表 4-13 法式蛋白霜基础配方

配方	用量 /g
蛋白	60
细砂糖	30

2. 制作方法

（1）用电动打蛋器先以中低速至中速开始打发，蛋白开始呈大泡沫状时加入 1/3 细砂糖继续搅打。

（2）中速打发，直到气泡变细腻颜色变白，蛋白变浓稠时，再加入 1/3 的细砂糖。

（3）继续搅打，直到蛋白霜呈现纹路，加入剩下的 1/3 细砂糖。

（4）充分打发至干性发泡，提起打蛋头，至蛋白泡沫稳定坚固，尖锥挺直不会滴下的程度。

3. 技术要点

（1）蛋白搅打时速度宜先慢后快。

（2）糖粉加入拌匀即可，不宜再过度搅拌。

（3）所有的工具和设备应预先洗净，不能有油脂污染。

（二）意式蛋白霜（Italian meringue）

将蛋白约两倍的细砂糖和水煮成糖浆，以边打发蛋白边加入糖浆的方法制成的蛋白霜。由于蛋白被糖浆直接加热，这种蛋白糖霜是三种中性质最稳定的。卫生安全，口感清爽。以这种用煮糖浆打发蛋白制作的蛋白霜做好的慕斯或奶油馅保存时间较长，且泡沫稳定、分量也比较多。常用于马卡龙、提拉米苏等的制作。

1. 基础配方

意式蛋白霜的基础配方如表 4-14 所示。

表 4-14 意式蛋白霜配方

部分	配方	用量 /g
1	蛋白	60
2	细砂糖	120
	水	30

2. 制作方法

（1）用电动打蛋器中速打发蛋白，出现大泡沫转为低速，打发至湿性发泡，然后分次加入 30g 细砂糖继续搅打至立体状的湿性发泡状态。

（2）熬糖 把 30mL 水和 90g 糖混合，小火加热，不要搅动糖水，轻轻晃动，加热到 118℃。

（3）把加热好的糖浆细细地淋入湿性蛋白中，低速打发 1min 左右，能看到明显的光泽和纹路，蛋白变得细腻。继续低速打发，直至结实，直到可以形成立体状的程度，并出现光泽。

3. 技术要点

（1）糖浆温度与浓度是相对应的，温度越高，糖浆浓度越大，因此煮制过程中要注意糖浆温度的控制。

（2）不能先打好蛋白再待糖浆熬煮，以免蛋白放置过程中消泡。

（3）蛋白打泡的程度，可用一只筷子插入泡沫中而不倒来鉴别。蛋白的打泡应与熬好的糖浆的时间一致，即糖浆熬好，蛋泡刚刚打好。

（三）瑞士蛋白霜（Swiss meringue）

在蛋白中添加几乎两倍的砂糖，以边隔水加热边打发的方法制作。由于温度较高，其体积更膨松，性质更稳定，黏性和韧性最强，口感绵密且具光泽。因为打好的蛋白霜气泡结实且稳定，泡沫柔滑细腻，所以，挤出的形状不易在烘烤过程中变形、破裂，所以很适合用于作装饰。多用于蛋糕装饰制作。

1. 基础配方

瑞士蛋白霜的基础配方如表 4-15 所示。

表 4-15　瑞士蛋白霜配方

配方	用量 /g
蛋白	100
糖粉	200

2. 制作方法

（1）用打蛋器低速打发蛋白，其间分三次加入糖粉，等到蛋白和糖粉混合均匀后，隔热水打发（即是利用水温和水蒸气将打发温度控制在 55 ~ 60℃）。

（2）待打发至能形成漂亮的立体状就停止隔水加热，继续打发至完全冷却，蛋白霜会变得结实立体。

3. 技术要点

（1）水浴加热温度不能过高，以免蛋白变性凝固。

（2）通过水浴加热后使蛋白起发性增强。

二、奶油膏

（一）香缇奶油 / 奶油膏（Crème chantilly）

香缇是 Chantilly 的音译，香缇奶油则是来自于法文中的发泡鲜奶油 La chantilly，算是音译加意译的综合。将淡奶油加糖打发就成了香缇奶油，用于甜点夹馅或者蛋糕表面装饰（裱花）。

将淡奶油打发后产生的奶油叫作打发鲜奶油（Crème fouettee），而添加砂糖再打发的奶油就叫作香缇奶油（Crème chantilly）。打发鲜奶油多半需要与其他奶油混合使用，而香缇奶油可以直接用来做夹心、裱花或抹面，用途十分广泛。配方中糖占比在 5% ~ 10% 为宜，砂糖含量的多少会影响到气泡的大小以及奶油坚韧度。砂糖含量高气泡量少但奶油坚韧度强，反之气泡量多坚韧度弱。砂糖含量多少可以根据使用目的来调整。

1. 原料配方

香缇奶油的原料配方如表 4–16 所示。

表 4-16　香缇奶油配方

配方	用量 /g
淡奶油	500
细砂糖	50

2. 制作方法

鲜奶油置搅拌缸中，由慢到快地搅拌，待搅打起发成泡沫膏状时，加入细砂糖，改慢速拌匀即成香缇奶油。打发标准及主要用途：搅拌 2 ~ 3 min，打出浓度，主要用作酱汁；搅拌 5 min，用打蛋器挑起奶油会慢慢滴落，堆积起来，主要用于慕斯等；搅拌 7 min，有黏性，奶油呈块状滴落，主要用于奶油蛋糕上的淋酱；搅拌 8 min，立起柔软的尖角，主要用于裱花装饰；搅拌 10 min，奶油尖角很坚挺，主要用于展现坚固不倒的形状。

3. 技术要点

（1）搅拌器具应清洁卫生。

（2）砂糖应在奶油泡沫有一定塑性后加入，这样搅打出来的香缇奶油体积最大。

（3）加入砂糖后不应再高速搅打，以免搅打过度，造成膏体粗糙。

（4）奶油所展现的不同形态也与其含脂肪量相关。在不同用途时选用不同脂含量的淡奶油。国外有不同的脂含量淡奶油，很多甜品师会根据自己想要的成品的口感等为标准选择淡奶油或者混合多种淡奶油进行制作。相比来说国内的选择就非常少。

（5）不同品种的奶油，打发时间和程度差别很大，一起打发容易引起油水分离，所以建议在低温环境下打发。保守做法是分开打发，再混合，但是这样的口感比混合打发会差些。

（6）淡奶油无糖，可加调味剂进行打发，其中包括砂糖、转化糖、葡萄糖、炼乳等，也可以打发完成之后加入果馅、果汁、抹茶、可可粉、咖啡，其中粉类事先需要用热的液体溶解，冷却后，再和淡奶油混合。固体类物质要和淡奶油一起打发。

（7）香缇奶油中加入不同的坚果、巧克力，可做涂面、刷酱、装饰、夹心等。

（二）植脂奶油膏（Creamy ointment）

植脂奶油膏又称植物鲜奶油，是专门做蛋糕装饰用的商品，通常为 900mL 盒装，市场有售。植物鲜奶油通常是已加糖的，甜度较动物奶油高。植物鲜奶油的熔点高于动物奶油，因其所含油脂成分不同于动物奶油，奶味较淡，塑性好，适合挤注人物、图案等，而且价格与动物奶油相比非常有优势，因此广泛用于生日蛋糕制作。

1. 制作方法

（1）植物鲜奶油在运输和储存过程中必须保持冷冻，冷冻温度为 −18℃或以下，使用前，需提前解冻完全融化至没有残留冰块存在的液体状态。

（2）待完全解冻后，应先摇匀，将解冻后的液体鲜奶油倒入预先冷却过的搅拌缸内，倒入量勿超过搅拌缸容量的20%。理想的搅拌温度为7～10℃。用中速搅拌至液体鲜奶油体积膨胀，有软尖峰形成后转高速搅打，至鲜奶油趋向离开缸壁即可使用。

2. 技术要点

（1）在2～7℃的冰箱冷藏条件下解冻2天以上比解冻1天以内的植物鲜奶油在打发后的稳定性、细腻度、光洁度等方面要好得多。

（2）夏季气温较高，如果搅拌前的植物鲜奶油不按规定的储存温度（2～7℃）储存，加之打发时摩擦生热，搅打过程所带入的高温空气会使产品温度升高，会不同程度地影响产品的稳定性、细腻度、光洁度、打发倍率等。

（3）打发好的植物鲜奶油置于常温25～30℃下1～2h后会有轻微发泡现象，此时，再用筷子或刮刀等工具略微搅拌，气泡便会消失，当将其继续置于常温下，观察便会发现，其再次发泡的速度会大大减缓。

（4）夏季搅打植物鲜奶油时，打发的硬度稍小比打发的硬度稍大更易发泡。所以，搅打时应特别注意膏体硬度，打至产品有开始脱离缸壁的趋向并伴随出现软尖峰即可使用。

（5）由于冰箱具有吸收水分的作用，搅拌后未使用完的植物鲜奶油膏应使用带盖的容器密封储存于冰箱冷藏室内待用。

（6）如果植物鲜奶油本身的温度超过10℃以后再打发，打发后的产品质地会很粗糙，孔隙变大，表面不光亮平滑，打发倍率降低，操作较困难。

（7）如果植物鲜奶油本身的温度超过15℃以后打发，甚至会有无法打发的可能。

三、黄油奶油（Butter cream）

黄油奶油（Butter cream）又称黄油忌廉、装饰奶油、裱花奶油，黄油膏，在西式糕点中大多用于蛋糕表面装饰，如各式裱花蛋糕，也可用于夹馅，如泡芙。黄油膏是制作西式糕点的重要装饰膏料，尤其在欧洲各国的点心制作上占有重要地位。用它制作的各类点心香甜柔软、清润鲜美，深受顾客的欢迎。黄油膏的制作工艺多种多样，但随着技术的发展和工艺水平的提高，加之原料质量的发展，而今最普遍的制作工艺主要有以下几种。

（一）基础黄油膏

在黄油膏基础上，可添加巧克力、咖啡、果汁、调味酒果泥调制成各种风味黄油膏。

1. 原料配方

基础黄油膏的原料配方如表4-17所示。

表4-17　基础黄油膏配方

部分	配方	用量/g
1	黄油	500
2	砂糖	250
	水	1250
	鸡蛋	100

2. 制作方法

（1）将水与砂糖放入锅中加热煮沸数分钟成糖浆。

（2）将鸡蛋搅散，边搅拌边将糖浆缓缓加入蛋液中搅匀，晾至室温。

（3）将在常温下已回软的黄油用打蛋机搅打膨松，缓缓加入糖蛋浆料搅匀，继续打至呈光滑且有一定硬度的膏状。

3. 技术要点

（1）砂糖溶尽后方可冲入搅散的蛋液中。

（2）糖蛋浆料要分次加入打发奶油中，每加一次要使糖蛋浆料与油脂乳化均匀后再加一次。

（二）法式黄油奶油膏

1. 原料配方

法式黄油奶油膏的原料配方如表 4-18 所示。

表 4-18 法式黄油奶油膏配方

部分	配方	用量 /g
1	软化黄油	1250
2	砂糖	1000
	水	250
	蛋黄	375
	香草精	15

2. 制作方法

（1）将砂糖和水放入锅中煮沸，继续加热至糖浆达到 118℃。

（2）蛋黄放入搅拌缸内搅打至浓稠松软，缓缓加入糖浆和香草精搅拌均匀，然后搅打至混合物完全冷却。将软化黄油放入搅拌缸内搅打至发泡，呈乳白色，再分次加入蛋黄糖浆搅拌均匀即可，冷藏备用。

（三）咖啡奶油霜

1. 原料配方

咖啡奶油霜的原料配方如表 4-19 所示。

表 4-19 咖啡奶油霜配方

部分	配方	用量 /g
1	蛋白	150
2	水	80
	白糖	200
3	黄油	450
4	速溶咖啡	16
	热水	适量

2. 制作方法

（1）蛋白打至中性发泡，糖与水用锅放电磁炉上烧到 118℃后趁热慢慢加入蛋白中，边加边搅拌，一直搅拌至蛋白细腻发亮、黏稠，意式蛋白霜搅打好了放凉备用。

（2）黄油软化，分次加入蛋白霜中搅拌均匀、细腻顺滑。

（3）咖啡粉加入热水融化，放凉加入黄油中搅拌均匀即成咖啡黄油奶油。

四、糖粉膏类

（一）翻糖（fondant）

翻糖音译自 fondant，又叫糖粉膏，常用于蛋糕和西点的表面装饰。是用糖粉为主要原料，加入葡萄糖浆、柠檬汁、明胶水、油脂等原料经过搅拌而形成的白色团状物，在西点中属于传统装饰原料。由于自身的食用性、黏性、可塑性和伸展性的特点，主要用于包裹食品、制作花朵或造型风干后当立体支撑物使用，它质感强烈，装饰效果突出，被广泛地使用在各类装饰品中，如婚礼蛋糕、生日蛋糕等制品的装饰品，尤其是圣诞节蛋糕装饰物，更是不可缺少的装饰品。糖粉膏装饰品不仅用途十分广泛，而且坚固结实，不易损坏，色彩丰富，储存时间长，是各类大型、小型蛋糕类装饰的较好装饰物。

1. 基础配方

翻糖的基础配方如表 4-20 所示。

表 4-20 翻糖配方

原材料	用量 /g
糖粉	1000
淀粉	2
明胶片	40
水	80
固体人造黄油	100
葡萄糖稀	100

2. 制作方法

将明胶片放入凉水中泡软，隔水加热使其溶化，将除糖粉之外的其他原料都放在一起，稍微加热后搅拌，制成混合物。在小搅拌器中放入糖粉，加入混合物，用慢速搅拌，最后成团，温度大约在 25℃。

3. 操作要领

（1）从搅拌器中取出后用密封袋或保鲜纸包裹，最好是随调随用，因为冷却以后的糖粉膏比较干脆，不易操作。

（2）制作立体的支撑插件时，在配方中应该去掉糖粉膏中的固体人造黄油脂，这样会增加硬度，能在短时间内实现风干，便于打磨和组合。

（3）调制糖粉膏时，所用的糖粉要过筛，以防糖粉中有异物或杂质，影响操作的连贯性。

（4）在使用糖粉膏的过程中，应用一块湿毛巾盖好盛装糖粉膏的容器，以防水分蒸发，糖粉膏变干。制好的糖粉膏制品，应放在干燥通风的环境下，经过 24 h 的干燥后方可使用。

（5）每一种糖粉膏装饰品的制作方法不同，所要求的糖粉膏的软硬度也不相同，例如盖面的糖粉膏和捏塑的糖粉膏软硬不相同。因此，在调制时，要充分了解糖粉膏所用的目的、性质和要求。

4. 常见翻粉装饰品的制作方法

用糖粉膏或糖粉可以制作装饰制品，这类装饰制品的种类很多，其中有的种类是一种或几种相互关联、相互使用而组成的一套完整的工艺制品。

糖粉膏可用来制作装饰类制品，在工作中的使用与杏仁膏有相同之处，它也可利用糖粉膏的粘连性和可塑性，捏制出漂亮的花朵、人物及动物造型等，用途很广，其制品具有非常强烈的装饰效果。

5. 糖粉膏的储存方法

将不用的或剩下的糖粉膏密封后，放在冰箱或凉爽的地方。下次使用前重新搅拌，使糖粉膏受到搅拌过程中摩擦产生的热量再次软化，以供继续使用。

（二）塑型糖膏（Modeling paste）

塑型糖膏又称造型翻糖、札干，其质地结实，稍微有弹性，干燥后的成品非常坚硬牢固，常用来制作各种小动物、人物、器具的造型。塑型糖膏放入开水中搅拌成浓稠液体后也可以作翻糖黏合剂使用。

1. 基础配方

塑型糖膏的基础配方如表 4-21 所示。

表 4-21 塑型糖膏配方

配方	用量 /g
糖粉	1000
粟粉	300
蛋白	50
醋精	少许
明胶片	50
水	适量

2. 制作方法

（1）明胶片放入水中，充分浸泡。

（2）将浸泡软后的明胶片捞出放入碗中，上笼蒸至熔化。

（3）将糖粉、粟粉、蛋白、醋精拌合均匀，再将制好的明胶水加入其中调制成团，反复揉匀。

（4）用保鲜膜将糖膏包裹起来备用。

（三）糖粉膏（Royal icings）

糖粉膏又名白帽糖膏、糖粉蛋白膏，它是用糖粉和蛋白混合而成具有可塑性的糖膏，也是西点中最经常使用的一种糖膏。此糖膏的可塑性强，可拉制成精细花纹、裱制立体花、制作饰板等，一般用于翻糖蛋糕表面装饰的细节部分和大型礼点、橱窗样品。

1. 基础配方

糖粉膏的基础配方如表 4-22 所示。

表 4-22　糖粉膏配方

配方	用量 /g
糖粉	500
蛋白	20 ~ 30
柠檬酸	少许

2. 制作方法

糖粉过筛，将筛好的糖粉放于干净的盛器内，分次加入鲜蛋白，用打蛋器反复搅打至糖膏发松，挺而不塌，糖粉与蛋白完全溶为一体。糖膏搅打至不垮塌，即加入柠檬酸。膏料中加入适量的柠檬酸等酸性物质，是为了促使浓稠。如想加入色素，可将色素用一点清水化开，加入拌匀即可。

3. 操作要领

（1）在调制糖粉时，应掌握好糖粉的软硬度。太软，挤出的制品易摊开，造型不好；太硬，不易操作，挤出的制品粗糙，没有光泽。在实际操作中，要注意这一点。

（2）制作花朵时，可使用不同的裱花嘴，挤出不同形状的花朵。无论是挤人物、花草，还是各种卡通动物，都要挤在油纸或铝箔纸上，这样制品干燥后，取下来方便。

（3）用糖粉膏装饰制品的质量好坏，与糖粉的搅拌有很大关系，调制时，搅拌的时间不宜过长，否则蛋白打发过大，糖粉膏极易发泡，使制品缺少光泽，没有流动性。

（4）调制软质糖粉膏时，柠檬汁的加入量应适量。因为加入柠檬汁过少，制品不易干燥定型，挤出的制品缺少立体感；加入柠檬汁的量过多，糖粉膏易打发，质地变得粗糙，制品失去光亮，韧性和硬度也降低。

4. 糖粉膏的用途

（1）大型蛋糕的挂边、抹面　大型蛋糕的挂边、抹面也是糖粉用于装饰的重要一类。在一些大型的装饰蛋糕、大型婚礼蛋糕中，这类糖粉装饰物占有重要的地位。调制糖粉膏的工艺方法和前面提到的相同，但用于不同部位所要求的糖粉膏的软硬是不一样的。一般来讲，如果用于制品抹面，糖粉膏可以调制得软一点、稀一点，这样有利于操作，有利于制品表面的平整、均匀、光滑。如果用于制品边缘的拉线装饰、拉网装饰等，就要将糖粉膏调制得硬一点、稠一点，这样挤出的糖粉膏韧性大，制作的糖粉膏接线细而不断、不裂。使制品保持良好的造型。

（2）圣诞节点心的装饰　西方圣诞节甜点有许许多多的东西在制作成熟后，都需要用糖粉或糖粉膏加以装饰。使用此糖霜的圣诞甜品很多，如圣诞桂皮饼干、圣诞水果蛋糕、圣诞水果面包等。有些圣诞制品烘烤成熟后再加糖霜装饰，也有些制品烘烤前加糖霜装饰后入炉烘烤的，如圣诞桂皮饼干、茴香饼干等。

（四）白马糖膏

白马糖膏又名白马糖、风糖、粉糖、白马子、半转化糖。白马糖膏晶粒细小，有轻微光泽，常用于蛋糕、面包、泡芙等产品的淋面、挂霜等表面装饰，也可作为饼干、马卡龙等小干点的夹心所用，既可增加甜度，又可作装饰。

1. 基础配方

白马糖膏的基础配方如表 4-23 所示。

表 4-23 白马糖膏配方

配方	用量 /g
清水	175
砂糖	500
葡萄糖浆	50

2. 制作方法

（1）熬制糖浆　将砂糖与水倒入锅内置于炉上，加热熬至 110℃时，加入葡萄糖浆搅匀，继续加热至 115 ~ 118℃左右，至糖浆浓缩起泡时，端离炉火冷却。此时蘸取少许糖液滴入冷水中，两手指可捏住水中的糖滴，两手轻搓可形成一个软球。

（2）搅拌拉白　当糖浆温度降至 45 ~ 50℃时（手试感温热），将其倒入搅拌机中搅拌至糖膏组织浓稠，色泽呈乳白色时即可。

3. 技术要点

（1）熬糖时，不可将砂糖粘于锅边，以免影响糖浆转化程度。

（2）制成的白马糖应及时放入铜锅中，盖上湿布。让其自然回软成糖膏，防止干燥。

（3）使用时，取适量白马糖膏放入盆中，置于火炉上，或采用温水座浴法，边加热边不停地搅拌。若嫌过于稠厚，可在熔化时加入适量温水，待其稠密度适宜化匀即可。

课后思考题

1. 什么是黄油奶油？常用的黄油奶油有哪些？

2. 黄油膏与鲜奶油膏的性质是否相同？为什么？

第五章

西点制作工艺与制作实例

第一节　蛋糕的制作工艺与制作实例

项目一　乳沫类蛋糕

学习目标

- ◆ 学习和了解蛋糕的分类。
- ◆ 熟悉乳沫类蛋糕的概念。
- ◆ 熟悉乳沫类蛋糕的制作工艺。
- ◆ 掌握乳沫类蛋糕的制作方法。
- ◆ 掌握各类蛋糕的装饰及造型方法。
- ◆ 熟悉乳沫类蛋糕品种变化与创新思路和方法。
- ◆ 掌握各类蛋糕制作的烘烤温度和时间控制。
- ◆ 能独立进行乳沫类蛋糕品种制作。

乳沫类蛋糕又叫海绵蛋糕、泡沫蛋糕，因其结构类似于海绵而得名。是以全蛋、白砂糖、低筋面粉为主要原料，不加油脂或加入少量的油脂，充分利用全蛋的起泡性使蛋糕体积膨大的一类蛋糕。制品具有突出的、致密的起泡结构，质地松软而富有弹性，其组织像海绵一样，所以叫海绵蛋糕。

在乳沫类蛋糕的配方中，在一定的范围内，蛋的比例越高，糕体越膨松质量越好。中高档乳沫蛋糕几乎全靠蛋的发泡使制品膨松，制品气孔细密、口感风味良好。低档乳沫蛋糕由于减少了蛋的用量，较多地依靠泡打粉、发泡剂及其他化学原料使制品膨松，因而制品气孔较大，质地粗糙、口感与风味较差。目前市面上比较常见的是乳化类乳沫蛋糕，通过添加乳化剂降低制作难度，同时能使制品融入更多的水、油脂，使制品不易老化，吃起来口感更加滋润，更适应批量生产。

一、乳沫类蛋糕制作原理

乳沫类蛋糕的膨发途径主要是靠蛋的拌打过程中与空气的融合，进而在炉内产生蒸汽压力而使蛋糕体积起发膨胀。蛋、糖、面粉是制作乳沫蛋糕的三种基本材料。搅拌蛋和糖提供蛋糕主要的膨胀力量，加上淀粉的糊化和蛋白质的膨化形成蛋糕的组织。蛋是乳沫蛋糕膨大和获得水分的主要材料，搅拌时利用蛋白中的球蛋白降低蛋的表面张力，增加蛋的黏度，使打入的空气形成泡沫，再利用黏蛋白经机械搅拌而变性，在泡沫表面凝固成薄膜。机械不断地搅拌，球蛋白不断地增加泡沫，黏蛋白产生强韧的薄膜，气泡内的空气就不会外泄，再加入其他材料经烤焙而膨大，就形成蛋糕的体积及组织。全蛋搅拌时，如果蛋白和蛋黄的比例超过原来的2 ∶ 1时，就很难搅拌起泡，因为蛋黄的油脂会影响蛋白的胶黏性，且蛋黄少，卵磷脂不够，便无法与蛋白及拌入的空气达到乳化的状态，以致无法打发。蛋黄用量太多时，固形物相对增加，乳化作用也增加，形成的乳化液就会过于黏稠，而影响蛋糕的体积。因此在搅拌前先将蛋加温，可减少蛋黄的黏稠度，加速乳化液的形成，使蛋容易起泡膨胀。

二、乳沫类蛋糕原材料选用原则

1. 鸡蛋

鸡蛋最好选用新鲜的，不能选用陈鸡蛋。在制作全蛋式海绵蛋糕时，因为全蛋在38℃左右时可打出最浓稠稳定的泡沫，如果鸡蛋是从冰箱中取出，需要置于室温下回温，在搅拌打发时还可以置于温水中隔水加热。

2. 面粉

大部分宜用低筋面粉，不能选高筋面粉。高筋面粉遇水会产生大量面筋，从而形成面筋网络，影响蛋糕的发泡。但一些特色品种，如长崎蛋糕则选择高筋面粉。

3. 糖

宜选用细粒（或中粒）白砂糖，更容易融化。

4. 油脂

宜选用流质油，如色拉油等。这是因为油脂是在蛋黄与白砂糖搅打均匀后才加的，若使用固体油脂则不易搅打均匀，从而影响蛋糕的质量。

5. 添加剂

海绵蛋糕最经常使用的添加剂为蛋糕乳化剂，乳化剂能够使制品泡沫、油、水分散体系稳定，是对传统海绵蛋糕制作工艺的改进，降低了制作难度，乳化剂使用时一定要注意比例，不宜添加过度，否则会影响蛋糕的品质。此外，使用时，应注意其保质期和是否受潮。若使用了失效的添加剂，则会影响蛋糕的膨胀。

三、乳沫类蛋糕的工艺流程

乳沫类蛋糕的一般工艺流程如下：

原料称量→面糊搅拌→装盘（装模）→烘烤→冷却→装饰→成品

四、乳沫类蛋糕的制作工艺

（一）面糊搅拌

乳沫类蛋糕的搅拌方法常见为糖蛋拌和法和蛋糕油拌和法。

1. 糖蛋拌和法

这是乳沫类蛋糕最主要使用的方法，主要起发途径是靠蛋液的起泡。其搅拌步骤为：先将全部的糖、蛋放于洁净的搅拌缸内，先以慢速打均匀，然后用高速将蛋液搅拌至乳黄色即用手勾起蛋液时，蛋液尖峰向下弯，呈“鸡公尾状”时，转用中速搅 1 ~ 2min，加入过筛的面粉（或发粉），慢速拌匀。最后把液态油或熔化的黄油加入拌匀即可。

2. 蛋糕油拌和法

常用的是一步拌和法。就是配方内的所有原料（油除外），一步放入搅拌缸内，一次搅拌完毕。使用该法时必须是使用低筋面粉、细砂糖，且蛋糕油的用量必须大于 4% 以上。所得到的蛋糕成品内部组织细腻，表面平滑光泽，但体积稍小一些，具体做法是：把除油之外的所有原料一起投入搅拌缸内，使用网状拌打器搅打，先慢速搅拌 1 ~ 2min，待面粉全部拌和均匀后再用高速搅拌 5min。然后慢速拌和 1 ~ 2min，同时慢慢加入油，拌匀即可。

（二）装盘（装模）

蛋糊搅拌好后，必须装于烤盘内。但是，每种烤盘都须经过预处理才能装载面糊。

1. 烤盘的种类及预处理

用于盛装面糊的烤盘（或烤模）有多种，如高身平烤盘、吐司烤盘、空心烤盘、生日蛋糕圈、梅花盏、西洋蛋糕杯、布林盏等。在使用前，它们均需经过如下的预处理。

（1）刷油　烤盘内壁刷上一层薄薄的油层。

（2）垫纸或撒粉　在涂过油的烤盘上垫上烘焙油纸，或撒上面粉（也可用生粉），以便于出炉后脱模。

2. 面糊的装载

蛋糕面糊的装载量，应与蛋糕烤盘大小相一致。过多或过少都会影响蛋糕的品质，同样的面糊使用不同比例的烤盘所做出来的蛋糕体积、颗粒都不相同，而且增加蛋糕的焙烤损耗。

蛋糕面糊因种类不同、配方不同、搅拌方法不同，所以面糊装盘的数量也不相同，最标准的装盘数量要经多次的烘焙试验，使用同一个标准的面糊及数个同样大小的烤盘分装不同重量的面糊，以比较各盘所烤的蛋糕、组织和颗粒，看哪一个重量所做的蛋糕品质最为优良，即以此糊的重量作为该蛋糕装载的标准。

（三）烘烤

1. 烘焙温度

根据乳沫类蛋糕面糊厚度和制品品种的不同，选择不同的炉温进行烘烤。如烘焙温度太低，热量在制品中的渗透缓慢，面糊被热搅动的时间过长，这将导致面糊的过度扩展和气泡的过度膨胀，使成品的籽粒和气孔粗大、质地不佳，同时在较长时间的烘烤中，制品会因水分挥发过多而发干。

烘焙温度的选择需要考虑下列因素：

（1）大小和厚度　制品烘烤时，热量经制品传递的主要方向是垂直的而不是水平的。因此，决定烘焙温度所考虑的主要因素是制品的厚度。较厚的制品如烘焙温度太高，表皮形成太快，阻止了热量的渗透，容易造成烘焙不足，因此要适当降低炉温。总的来说，大而厚的制品比小而薄的制品所选择的炉温应低一些。

（2）蒸汽烤炉中如有较多蒸汽存在，则可以容许制品在高一些的炉温下烘烤，因为蒸汽能够推迟表皮的形成，减少表面色泽。烤炉中装载的制品越多，产生的蒸汽也越多，在这种情况下，制品可以在较高的温度下烘烤。

必须指出的是，烘焙温度和时间是推荐仅供参考的数据，不能完全照搬。由于不同烤炉的传热性能不同，对一定的烤炉，制作者需要通过实践摸索出相应制品品种所需的确切炉温和烘烤时间。

2. 烘焙时间与制品成熟的鉴别

制品烘焙所需要的时间与烘焙温度及制品的厚度、大小有关。一般而言，烘焙温度越高，所需时间越短；制品越厚，配料越多，所需时间越长。烘焙时间也与焙烤容器的材料性能有关。色深或无光泽的焙烤容器对辐射热的吸收和发散性能较好，可以使烘焙时间缩短，烤出的成品体积大、气孔小。相反，光亮的焙烤容器能反射辐射热，从而减慢了烘焙速度。然而，烤速太快的焙烤容器也有缺点，可能导致制品顶部突起、色泽太深且不均匀，这对容易上色的制品不一定合适。

在经验不足的情况下，操作者往往不易把握蛋糕正确的烘焙程度。判断乳沫类、戚风类、面糊类蛋糕是否成熟的方法，常见的有两种（前提是烘烤时间足够的情况下）。

（1）用指尖触压蛋糕表面中心处。如此处不能抵抗指尖的压力，有顺势下塌的趋势，则表明制品还未成熟；反之，如能抵抗指尖的压力，即有一定弹性，则表明制品已经成熟。

（2）用一根细竹签从表皮中心插进制品内部，如取出的竹签上未粘有任何湿面糊，则表明制品已成熟。

（四）冷却

乳沫类蛋糕从烤箱中取出后，应置于烤盘架上，上下离火冷却后方从烤盘中取出。蛋糕刚离开烤箱，内部温度还很高，结构是相当脆弱的，当淀粉分子开始回凝，形成彼此紧密相连的有序形态，这时质地就会变得坚实。如不及时散热，水蒸气回凝，蛋糕容易塌陷。

蛋糕在室温下可以摆放好几天，也可以冷藏或冷冻保存。蛋糕的老化速度比面包慢，这要归功于蛋糕含乳化剂，还有高比例的水分、脂肪以及能保存湿气的糖分。

实例一 传统海绵蛋糕（Sponge cake）

【品种介绍】

传统海绵蛋糕是最基础的蛋糕坯，制品利用全蛋的起泡性使体积膨大，无添加。具有浓郁蛋香味，组织膨松多孔，质地松软而富有弹性，口感香甜绵密，用途非常广泛，可当早餐、零食，也可作为生日蛋糕坯、慕斯底坯等。

【制品配方】

面糊：全蛋3个、白砂糖60g、玉米淀粉10g、低筋面粉60g、牛奶10g、色拉油10g。

制品分量：6寸。

【设备器具】

烤箱、搅拌机、6 寸模具圈、电子秤、橡皮刮刀、量杯、烤盘等。

【制作方法】

（1）准备工作　称量原料，低筋面粉和玉米淀粉过筛备用。预热烤箱，温度为上火 180℃，下火 160℃。

（2）面糊制作　全蛋和白砂糖混合，用高速一起搅打成完全起泡状。过筛的低筋面粉和玉米淀粉加入打发的蛋液中，采用切拌法搅拌均匀，呈无颗粒状。加入牛奶、色拉油一起拌匀即成面糊。

（3）装模　烤盘铺油纸或不粘烤布，上面放 6 寸蛋糕圈，把面糊倒入模具中铺平。

（4）烘烤　面糊放入预热的烤箱中烘烤 25 ~ 30min 出炉。

（5）冷却、脱模、切配。

【制品图解】

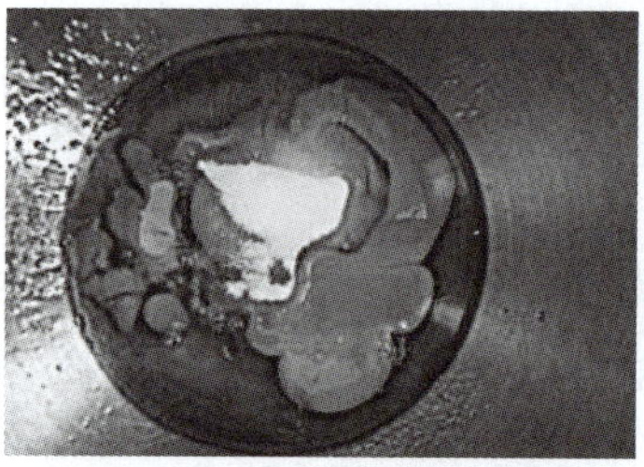

1. 全蛋和白砂糖混合

2. 打发蛋液

3. 烘烤

4. 冷却

【技术要点】

（1）打全蛋的容器必须清洗干净、干燥，否则会影响鸡蛋的打发。

（2）粉料要过筛，去除杂质、充入空气，使蛋糕组织更均匀、蓬松、细腻。

（3）切拌法操作手法轻柔，不可过度搅拌，以免造成消泡现象，影响成品质量。

（4）面糊拌好后要尽快入炉烘烤，不可在空气中放置过久，以免消泡，影响成品质量。

（5）蛋糕坯未成熟前，不可打开炉门，以免蛋糕塌陷。

（6）蛋糕体完全冷却后脱模。

课后思考题

1. 传统蛋糕坯的起泡原理什么？
2. 传统蛋糕坯制作需注意哪些事项？

实例二 乳化海绵蛋糕坯（Emulsified sponge cake）

【制品配方】

面糊：全蛋 25 个、白砂糖 500g、低筋面粉 550g、SP 蛋糕油 46g、泡打粉 7g、盐 2g、牛奶或水 160g、熔化黄油 160g。

制品分量：8 寸 5 个。

【设备器具】

烤箱、搅拌机、8 寸蛋糕模具、烤盘、电子秤、橡皮刮刀、量杯、面刮、油刷、油纸等。

【制作方法】

（1）准备工作 称量原料，低筋面粉过筛。预热烤箱，温度为上火 180℃，下火 160℃。

（2）面糊制作 全蛋和白砂糖一起用中速或慢速搅打 3min 左右，低筋面粉过筛，泡打粉、SP 蛋糕油、盐一起加入蛋液中，先慢速搅拌均匀，然后快速搅打 8 ~ 10min，呈黏稠面糊状，继续高速搅打，慢慢加入牛奶或水，搅拌均匀。加入油，慢速搅拌均匀，面糊即完成。

（3）入模 面糊倒入 8 寸蛋糕模具当中，7 ~ 8 分满即可。

（4）烘烤 烘烤时间为 45 ~ 50min。

（5）冷却、脱模、切配。

【制品图解】

1. 面糊状态

2. 装模

3. 烘烤

【技术要点】

（1）原材料称量准确，投料顺序要正确。

（2）粉料要过筛去除杂质、充入空气，使蛋糕组织更均匀、蓬松。

（3）油脂是消泡剂，一定要最后加，并且慢加慢搅。

（4）烤箱提前升温预热到所需要温度。

（5）面糊入炉前要抖动几次，消除大气泡，使蛋糕体组织更均匀。

（6）蛋糕出炉要抖动几次，减少蛋糕塌陷，蛋糕体完全冷却后脱模、切配。

课后思考题

1. 乳化海绵蛋糕坯的起泡原理是什么？
2. 粉料为什么要过筛？
3. 乳化海绵蛋糕坯制作需注意哪些事项？
4. 根据乳化海绵蛋糕制作方法，如何进行口味及形状的变化制作？

实例三 瑞士卷（Swiss roll）

【品种介绍】

瑞士卷最先由瑞士传入美国，后来，“美国小麦协会”为了推行美国的面粉，大力推行此类糕点到台湾地区。由于推行已久，所以在台湾地区是很普及的糕点，是每间西点面包店必备的常青商品。因为最初发现它的地点在瑞士，因此命名“瑞士卷”。在烤炉中将面糊烤成薄薄的蛋糕片，加上果酱、奶油、奶油霜等，卷成卷状，形成松软的海绵质感的卷蛋糕。

【制品配方】

面糊：全蛋 500g、白砂糖 225g、低筋面粉 225g、SP 蛋糕油 18g、泡打粉 4g、盐 1g、牛奶或水 75g、色拉油 100g。

制品分量：烤盘一板。

【设备器具】

烤箱、搅拌机、烤盘、电子秤、橡皮刮刀、量杯、油刷、烘烤油纸、擀面棍、抹刀等。

【制作方法】

（1）准备工作　称量原料，低筋面粉过筛。预热烤箱，温度为上火 210℃，下火 190℃。

（2）面糊制作　全蛋和白砂糖用中速或慢速一起搅打 3 ~ 5min，使白砂糖慢慢溶解。低筋面粉过筛、泡打粉、SP 蛋糕油、盐一起加入蛋液中，慢速搅拌均匀后，再快速搅打 8 ~ 10min，呈黏稠面糊状即可。继续高速搅打，慢慢加入牛奶或水搅拌均匀。慢速加入油并搅拌均匀，面糊即完成。

（3）入模　烤盘底部及四周刷油，垫烘烤油纸，将面糊倒入烤盘中铺平。

（4）烘烤　时间为 12 ~ 15min。

（5）冷却、脱模、夹馅、卷制成形、切配　案板上垫纸，将蛋糕翻转倒在纸上，底部抹上奶油，用擀面棍卷至成卷，切片或整条装饰即可。

【制品图解】

1. 抹匀奶油

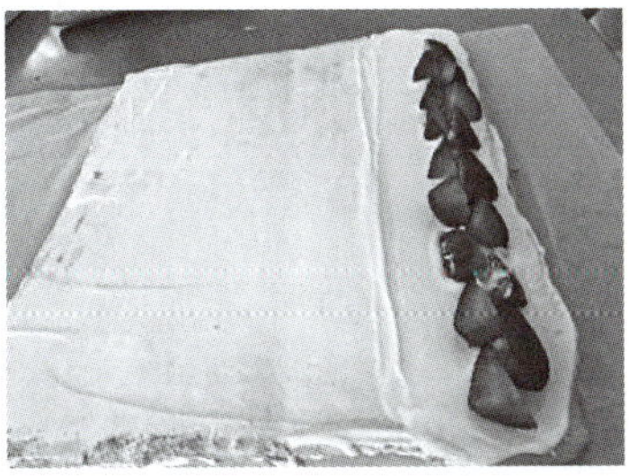

2. 夹馅

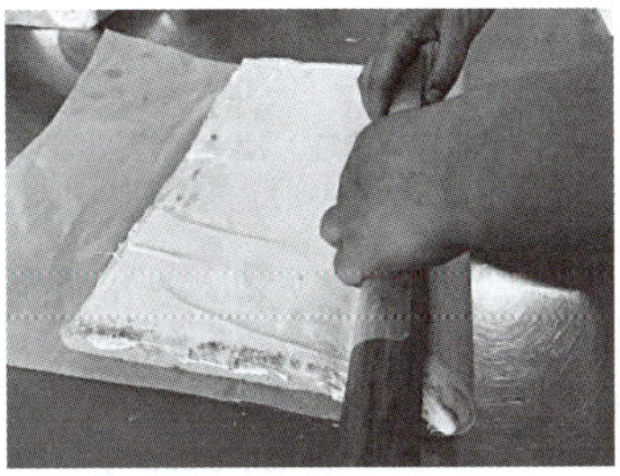

3. 卷制

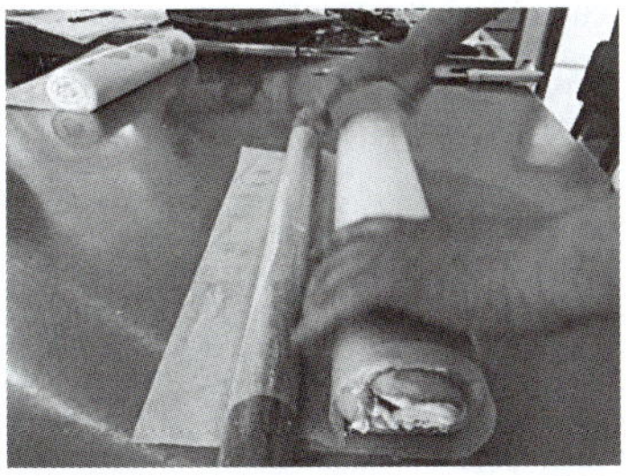

4. 成形

5. 切配

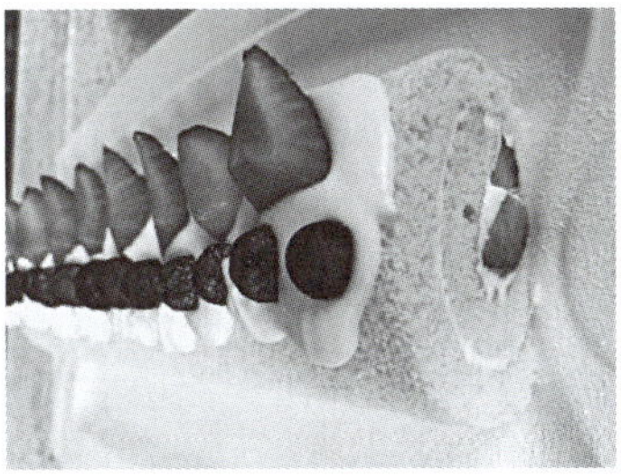

6. 成品

【技术要点】

（1）原材料称量准确，投料顺序要正确。

（2）粉料要过筛去除杂质，充入空气，使蛋糕组织更均匀、蓬松。

（3）油脂是消泡剂，一定要最后加，并且慢加慢搅。

（4）烤箱提前升温预热到所需温度。

（5）面糊入炉前要抖动几次，消除大气泡。

（6）蛋糕体完全冷却后脱模、夹馅，卷制成形。

课后思考题

1. 什么是瑞士卷？
2. 瑞士卷的卷制手法要领是什么？
3. 瑞士卷的制作可有哪些变化？

项目二　戚风类蛋糕

学习目标

- ◆ 熟悉戚风类蛋糕的概念。
- ◆ 熟悉戚风类蛋糕的制作工艺原理。
- ◆ 熟悉戚风类蛋糕品种变化与创新思路和方法。
- ◆ 能独立进行戚风类蛋糕的制作，掌握制作方法及技巧。
- ◆ 掌握戚风类蛋糕的装饰及造型方法。
- ◆ 掌握戚风类蛋糕制作的烘烤温度和时间控制。

戚风蛋糕是英文 chiffon 的音译，意思像绸子一样轻软。戚风蛋糕综合了油脂类蛋糕和乳沫类蛋糕的优点。其产品非常蓬松绵软有弹性，组织细腻紧韧，口味清淡滋润，水分含量充足，在低温下不会失去原有制品的品质，特别适合做高档蛋糕卷、奶油装饰蛋糕的蛋糕坯。

一、戚风类蛋糕制作原理

制作戚风蛋糕面糊是将蛋白与蛋黄分开，分别搅拌成蛋白泡沫糊和蛋黄面糊，再混合而成戚风蛋糕糊。蛋黄面糊性质类似油脂面糊，蛋黄良好的乳化作用可促进面糊中油水混合，因而戚风蛋糕较之普通海绵蛋糕，其配方中可添加更多的水和油脂。而蛋白泡沫赋予戚风蛋糕充足的膨胀性和柔韧性。通过蛋黄面糊和蛋白泡沫糊两种性质面糊的混合，达到改善蛋糕的组织和颗粒状态，使蛋糕质地非常松软，柔韧性好。

戚风蛋糕是以蛋白作为其基本膨大原料，蛋白的搅拌程度对产品组织、体积及口感有着相当大的影响。蛋白发泡过程根据搅拌速度与时间长短可分为四个阶段，即粗泡期、湿性发泡期、干性发泡期和棉花期，如图 5-1 至图 5-4 所示。

1. 粗泡期

蛋白用球状搅拌桨以快速搅拌后呈泡沫液体状态，表面有许多不规则的气泡，气泡较大。

2. 湿性发泡期

蛋白渐渐凝固起来，表面不规则的小气泡消失，变为均匀的细小气泡，洁白而有光泽，以手指勾起呈细长尖峰，且峰尖呈弯曲状，故又称鸡尾状或软尖峰状。

3. 干性发泡期

蛋白泡沫逐渐变得无法看出气泡组织，颜色洁白但无光泽，以手指勾起呈坚硬尖峰，峰尖不弯曲或仅有微微的弯曲。

4. 棉花期

蛋白泡沫变成一块块球状凝固体，泡沫总体积已缩小，以手指勾起泡沫无法形成尖峰状，形态似棉花，故称棉花期。此时表示蛋白搅拌过度，无法用于蛋糕制作。

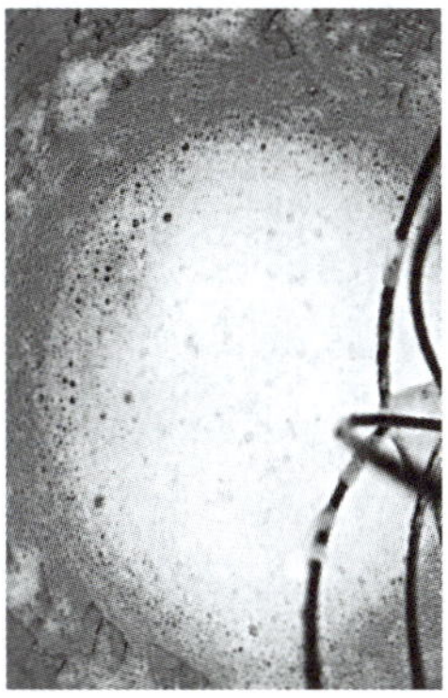
图 5-1　粗泡期

图 5-2　湿性发泡期

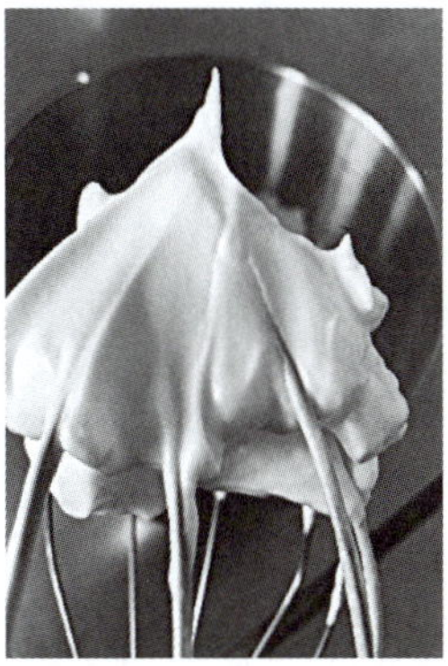
图 5-3　干性发泡期

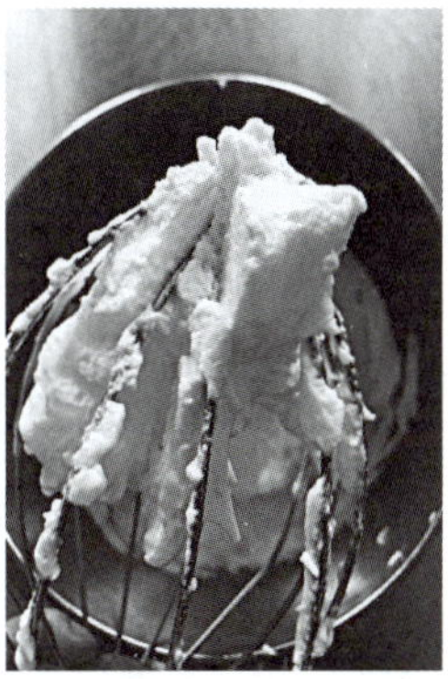
图 5-4　棉花期

二、戚风类蛋糕原材料选用原则

1. 鸡蛋

鸡蛋最好选用冰蛋，其次为新鲜鸡蛋，不能选用陈鸡蛋。这是因为冰蛋的蛋白和蛋黄比新鲜鸡蛋更容易分开。蛋白最适合起泡的温度是 17 ~ 22℃，在这个温度所打出来的泡沫体积最大且稳定。

2. 面粉

戚风类蛋糕一般使用低筋面粉。

3. 糖

宜选用细砂糖或糖粉，因为这在蛋黄糊和蛋白膏中更容易溶化。

4. 油脂

在制作戚风类蛋糕的时候宜选用流质油，如色拉油等。这是因为油脂是在蛋黄与白砂糖搅打均匀后才加的，若使用固体油脂则不易搅打均匀，从而影响蛋糕的质量。

5. 添加剂

使用泡打粉和塔塔粉时，应注意其保质期和是否受潮。若使用了失效的泡打粉和塔塔粉，则会影响蛋糕的膨胀。

三、戚风类蛋糕的工艺流程

戚风类蛋糕的一般工艺流程如下：

原料称量→蛋白面糊搅拌→蛋黄面糊搅拌→混合→装盘（装模）→烘烤→冷却→装饰→成品

四、戚风类蛋糕的制作工艺

1. 面糊搅拌

蛋黄、糖、奶水及色拉油置钢盆中，用打蛋器充分搅拌至糖溶化。低筋面粉与发粉过筛后加入。面糊准备完成后，先静置，待蛋白打发后再一起拌匀。取 1/3 已打发的蛋白（拌打至接近干性发泡期时即可）加入面糊中，用橡皮刮刀或手轻轻拌匀。再将剩余的2/3蛋白加入继续拌均匀。

2. 装盘（装模）

蛋糊搅拌好后，必须装于烤盘内。戚风蛋糕模具不刷油，不垫纸，因为戚风蛋糕的面糊必须借助黏附模具壁的力量往上膨胀，有油脂就失去了黏附力。

3. 烘烤

戚风蛋糕面糊为泡沫体系，烘烤时热量容易渗透，易于成熟，要求温度高一些，时间短一些。戚风蛋糕在烘烤时应选用活动模具，因为戚风蛋糕太松软，取出时容易碎烂，用活动模具可轻松取出。

烘烤温度也是制作蛋糕的关键。烘烤前必须让烤箱预热。此外蛋糕坯的厚薄大小，也会对烘烤温度和时间有要求。蛋糕坯厚且大者，烘烤温度应相应降低，时间相应延长，蛋糕坯薄且小者，烘烤温度则需相应升高，时间相对缩短。一般来说，厚坯的炉温为上火180℃、下火150℃，烘烤时间以35 ~ 45min为宜；薄坯的炉温应为上火200℃、下火为170℃，烘烤时间以10 ~ 15min为宜。

4. 冷却

戚风蛋糕一般可使用中空烤盘，出炉后连烤盘倒扣，重力能让蛋糕构造伸展到最大体积，同时气穴壁面凝结并出现裂缝，使气穴内外气压达到平衡，防止蛋糕塌陷。等完全冷却后脱模即可。

实例一 香草戚风坯（Vanilla chiffon cake）

【制品配方】

蛋白部分：蛋白10个、白砂糖160g、塔塔粉2g、盐2g。

蛋黄部分：蛋黄10个、白砂糖60g、水80g、油100g、低筋面粉170g、玉米淀粉10g、香草粉2g。

【设备器具】

打蛋器、橡皮刮刀、6寸或8寸蛋糕活动模具、烤盘、电子秤、烤箱、粉筛。

【制作方法】

（1）准备工作　称量原料，低筋面粉过筛。预热烤箱，温度为上火170℃，下火140℃。

（2）蛋黄部分　将蛋黄、白砂糖、水、色拉油用打蛋器搅拌均匀，然后加入过筛的粉料搅拌均匀，呈面糊状。

（3）蛋白部分　蛋白中加盐、塔塔粉搅拌成鱼嘴泡状，分三次加入白砂糖搅拌成中性发泡，即呈鸡尾状。把打好的蛋白分三次加入蛋黄面糊中搅拌均匀。

（4）把面糊装入模具中，6 ~ 7 分满即可，入炉烘烤，时间为 40 ~ 50min。

（5）烘烤出炉趁热倒扣，冷却后脱模。

【制品图解】

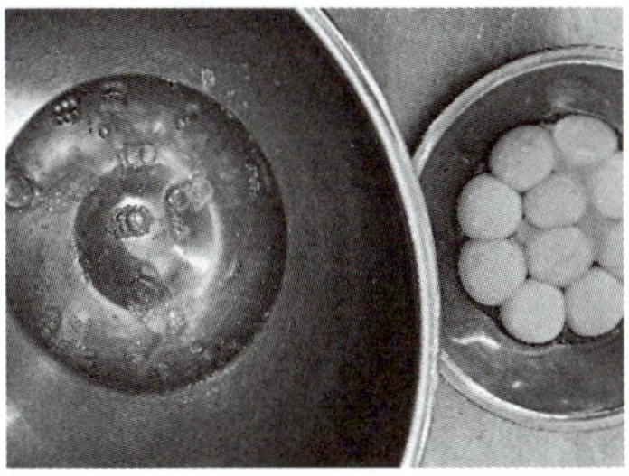
1. 分蛋

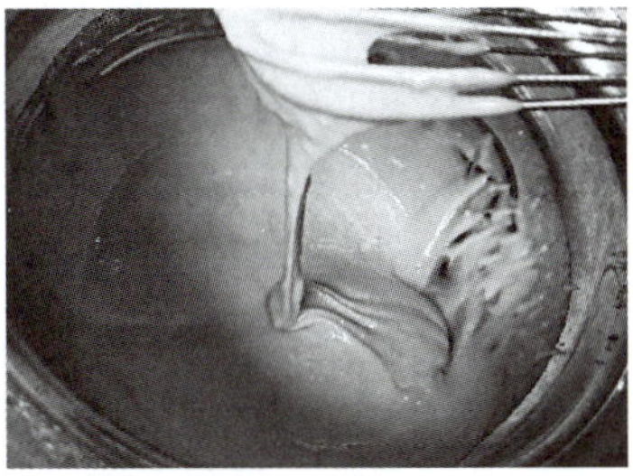
2. 调制蛋黄面糊

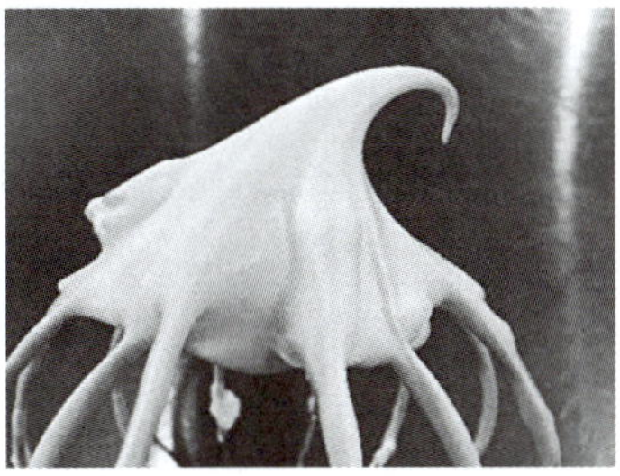
3. 蛋白搅拌

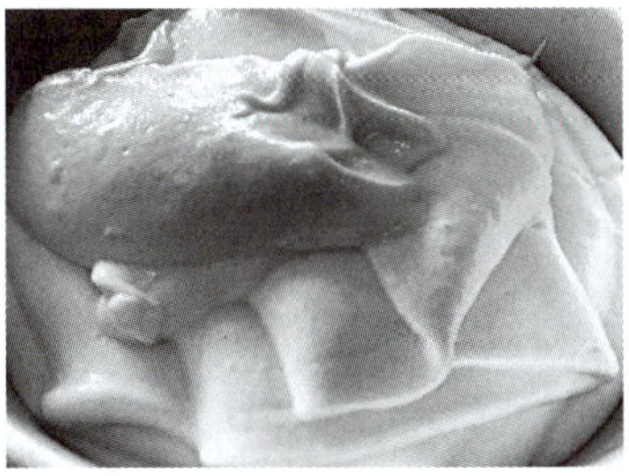
4. 混合均匀

5. 装模

6. 冷却脱模

【技术要点】

（1）鸡蛋选用冰鲜鸡蛋，这样的鸡蛋起泡性能最佳，保气能力最强，有利于蛋糕的起发与蓬松。

（2）分蛋黄及蛋白时，蛋白当中不能有蛋黄，并且装蛋白的器皿要干净、干燥、无油无水。

（3）面粉要过筛，这样既能去除杂质，也能让面粉充入空气，打出的制品组织细腻、均匀。

（4）采用切拌的方式搅拌，动作要轻柔，不可过度搅拌。

（5）和好的面糊不可在空气当中放置过久，以免造成消泡现象，和好应立刻装模烘烤。

（6）烘烤中途切不可开炉门，以免影响蛋糕成形状态。

（7）蛋糕烤好后趁热倒扣在网架上，完全冷却再脱模。

课后思考题

1. 什么是戚风蛋糕？
2. 制作戚风蛋糕的原料及要领有哪些？
3. 烘烤戚风蛋糕需注意哪些细节要领？
4. 根据方法如何进行口味上的变化制作？

实例二 红丝绒戚风蛋糕（Red velvet cake）

【品种介绍】

红丝绒蛋糕一款纯正的美式甜点，一般是在圣诞节或情人节食用，因其独特的颜色和质感而得名，全世界最为出名的是纽约的Waldorf-Astoria酒店的红丝绒蛋糕。近年来复古风兴起，红丝绒蛋糕大行其道，成为最受追捧的甜点之一。蛋糕成品美观、色泽诱人、组织蓬松、细腻紧韧，口味清淡滋润，具有红丝绒的独特风味。

【制品配方】

蛋白部分：蛋白10个、白砂糖160g、盐2g、塔塔粉2g。

蛋黄部分：蛋黄10个、白砂糖60g、水80g、色拉油100g、低筋面粉170g、玉米淀粉10g、红丝绒液35g。

装饰材料：奶油、水果、薄荷叶。

【设备器具】

打蛋器、橡皮刮刀、油纸、烤盘、电子秤、烤箱、粉筛。

【制作方法】

（1）准备工作　称量原料，低筋面粉过筛。预热烤箱，温度为上火190℃，下火170℃。

（2）蛋黄部分　将蛋黄、白砂糖、水、色拉油、红丝绒液用打蛋器搅拌均匀，然后加入过筛的粉料搅拌均匀，呈面糊状。

（3）蛋白部分　蛋白中加盐、塔塔粉，搅拌成鱼嘴泡状，分三次加入白砂糖搅拌至中性发泡，即呈鸡尾状。把打好的蛋白分三次加入蛋黄中搅拌均匀。

（4）烘烤　把面糊铺入烤盘中入炉烘烤，时间为10～14min。

（5）冷却、装饰　蛋糕冷却后，用模型压出形状，挤上奶油并装饰水果或薄荷叶等。

【制品图解】

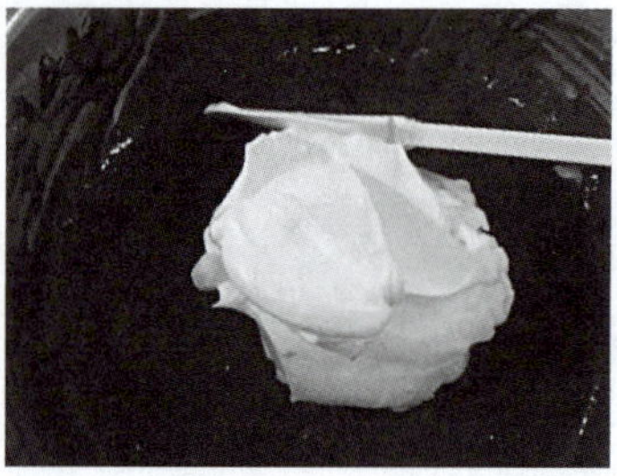

1. 面糊制备

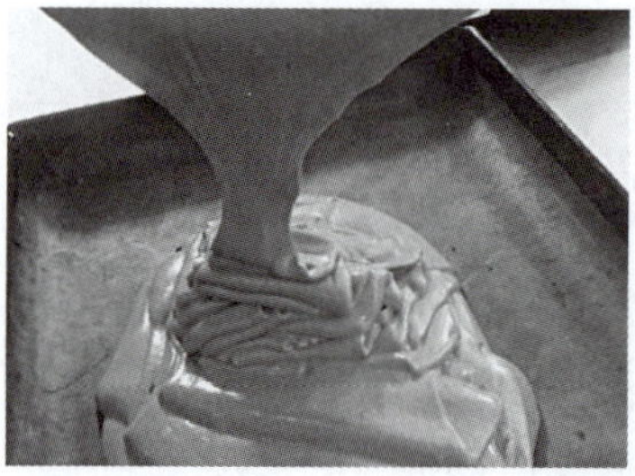

2. 倒入烤盘

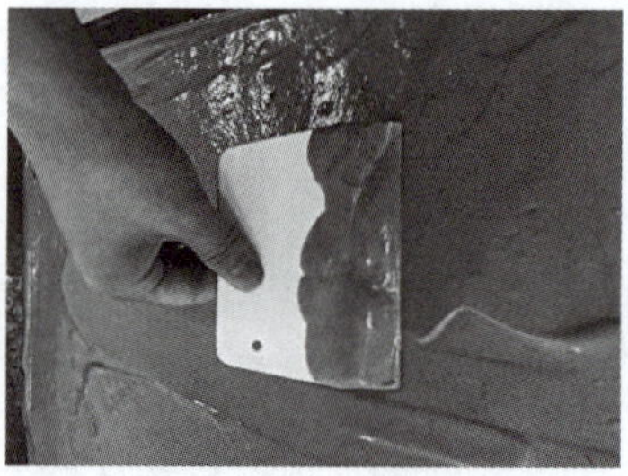

3. 抹平

4. 切割成形

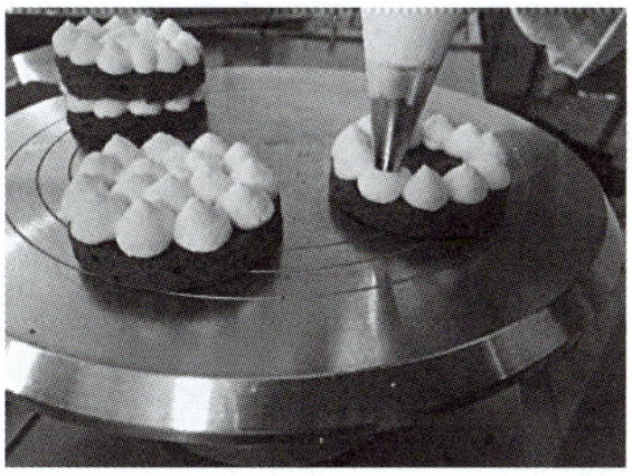

5. 装饰

6. 成品

【技术要点】

（1）鸡蛋选用冰鲜鸡蛋，这样的鸡蛋起泡性能最佳，保气能力最强，有利于蛋糕的起发与蓬松。

（2）分蛋黄及蛋白时，蛋白当中不能有蛋黄，并且装蛋白的器皿要干净、干燥、无油无水。

（3）面粉要过筛，这样既能去除杂质，也能让面粉充入空气，打出的制品组织细腻。

（4）采用切拌的方式搅拌蛋白，动作轻柔，不可过度搅拌。

（5）和好的面糊不可在空气中放置过久，以免造成消泡。面糊和好应尽快装模烘烤。

（6）烤箱需要提前进行预热，方可使用。

（7）蛋糕冷却后再切割成形。

课后思考题

1. 什么是红丝绒蛋糕？

2. 红丝绒蛋糕的制作要点有哪些？

实例三　双色卷（Two-tone roll）

【制品配方】

蛋白部分：蛋白 10 个、白砂糖 160g、盐 2g、塔塔粉 2g。

蛋黄部分：蛋黄 10 个、白砂糖 60g、水 80g、色拉油 100g、低筋面粉 170g、玉米淀粉 10g、红丝绒液 20g。

装饰材料：奶油。

【设备器具】

打蛋器、橡皮刮刀、油纸、烤盘、电子秤、烤箱、粉筛、擀面棍、裱花嘴、裱花袋等。

【制作方法】

（1）准备工作　称量原料，低筋面粉过筛。预热烤箱，温度为上火190℃，下火170℃。

（2）蛋黄部分　将蛋黄、白砂糖、水、色拉油用打蛋器搅拌均匀，然后加入过筛的粉料搅拌均匀，呈面糊状。

（3）蛋白部分　蛋白中加盐、塔塔粉，搅拌成鱼嘴泡状，分三次加入白砂糖搅拌至中性发泡，即呈鸡尾状。把打好的蛋白分三次加入蛋黄中搅拌均匀。

（4）把面糊分成两部分，一部分加入红丝绒调成红色，把面糊装裱花袋中，两种颜色间隔挤成均匀的条状。放入烤箱烘烤10～14min。

（5）冷却，抹馅，卷制成形，切配。

【制品图解】

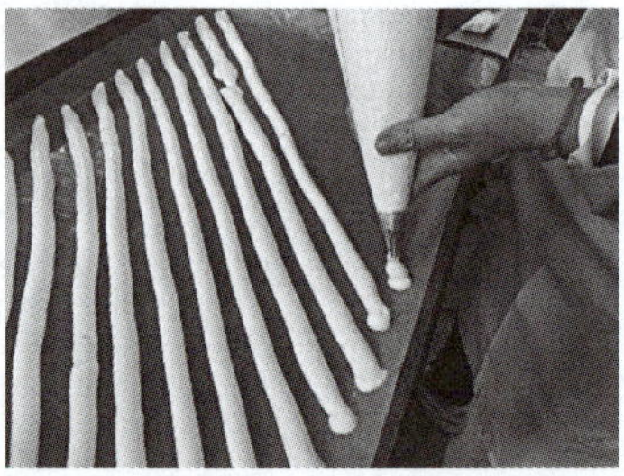
1. 挤面糊（第一层面糊）

2. 挤面糊（第二层面糊）

3. 面糊坯

4. 卷制成形

5. 烘烤

6. 成品

【技术要点】

（1）鸡蛋选用冰鲜鸡蛋，这样鸡蛋的起泡性能最佳，保气能力最强，有利于蛋糕的起发与蓬松。

（2）分蛋黄及蛋白时，蛋白当中不能有蛋黄，并且装蛋白的器皿要干净、干燥、无油无水。

（3）面粉要过筛，这样既能去除杂质，也能让面粉充入空气，打出的制品组织细腻。

（4）采用切拌的方式搅拌，动作要轻柔，不可过度搅拌。

（5）和好的面糊不可在空气中放置过久，以免造成消泡，要现做现装模烘烤。

（6）烤箱需要提前进行预热，方可使用。

（7）卷制成形，形态要好。

课后思考题

双色卷还可如何创新制作？

项目三　面糊类蛋糕

学习目标

- ◆ 熟悉面糊类蛋糕的概念。
- ◆ 熟悉面糊类蛋糕的制作工艺原理。
- ◆ 熟悉面糊类蛋糕品种变化与创新思路和方法。
- ◆ 能独立进行面糊类蛋糕的制作，掌握制作方法及技巧。
- ◆ 掌握面糊类蛋糕的装饰及造型方法。
- ◆ 掌握面糊类蛋糕制作的烘烤温度和时间控制。

面糊类蛋糕是重油蛋糕，也叫奶油蛋糕、油脂蛋糕，是一类在配方中加入较多固体油脂，利用油脂的充气性膨松的蛋糕。其弹性和柔软性不如海绵蛋糕，但质地酥散、滋润，带有油脂特别是奶油的香味，具有较长的保质期。因为其质地紧密，常用作翻糖蛋糕坯。

重油蛋糕是利用配方中的固体油脂在搅拌时拌入空气，面糊于烤炉内受热膨胀成蛋糕。主要原料是蛋、糖、面粉和黄油。产品特点是油香浓郁、口感深香有回味，结构相对紧密，有一定的弹性。

一、面糊类蛋糕制作原理

油脂的目的为润滑面糊以产生柔软的组织，并有助于在搅拌过程中拌入大量的空气而产生膨大作用；油脂在搅拌作用下，空气进入油脂形成气泡，使油脂膨松、体积增大。油脂膨松越好，蛋糕质地越疏松。此外，细粒砂糖有助于油脂的膨松与蛋液的乳化，当蛋液加入到打发的油脂中时，蛋液中的水分与油脂即在搅拌下发生乳化，乳化对油脂蛋糕的品质有重要影响，乳化越充分，制品的组织越均匀，口感也越好。

二、面糊类蛋糕原材料选用原则

1. 鸡蛋

最好选用冰蛋，其次为新鲜鸡蛋，不能选用陈鸡蛋。这是因为冰蛋的蛋白和蛋黄比新鲜鸡蛋更容易分开。另外，若是单独将鲜鸡蛋白放入冰箱中贮存 1 ~ 2 天后，再取出搅打，会比新鲜蛋白更容易起泡，这种起泡能力的改变，其实是因蛋白的 pH 从 8.9 降低到 6.0 所致。

2. 面粉

大部分宜用低筋面粉，不能选高筋面粉。高筋面粉遇水会产生大量面筋，从而形成面筋网络，影响蛋糕的发泡。但一些特色品种如长崎蛋糕则选择高筋面粉。

3. 糖

宜选用细粒（或中粒）白砂糖，因为这在糖油搅拌中更容易溶化。

4. 油脂

制作面糊类蛋糕时宜选用固态油脂，利用油脂的起酥性、乳化性和可塑性让蛋糕产生膨松滋润的口感，奶油香味浓郁。

5. 添加剂

面糊类蛋糕可以使用乳化剂和膨松剂，如 SP 蛋糕油、泡打粉等。使用时，应注意其保质期和是否受潮。若使用了失效的泡打粉，则会影响蛋糕的膨胀。

三、面糊类蛋糕的工艺流程

面糊类蛋糕的一般工艺流程如下：

原料称量→面糊搅拌→装盘（装模）→烘烤→冷却→装饰→成品

四、面糊类蛋糕的制作工艺

（一）面糊搅拌

不同的搅拌器具与搅拌速度，与面糊的比重有着密不可分的关系。一般面糊类蛋糕有五种不同的搅拌方法，但最常见的仍为粉油拌和法及糖油拌和法两种。

1. 粉油拌和法

粉油拌和法适用于油脂成分较高的面糊类蛋糕，尤其适用于低熔点的油脂。制作前可先将面粉置于冷藏库，降低温度，以利于打发的效果，使用此法时，需注意配方中的油用量必须在 60% 以上，以防面粉出筋，造成产品收缩而得到相反效果。

而其搅拌方法也比糖油拌和法更为简便且不易失败，且其所得的面糊光滑，蛋糕组织绵密而松软，质地也较为细致、湿润。制作程序为：将油脂置于搅拌缸内，用桨状拌打器以中速将油脂拌打至软，再置入过筛的面粉与发粉，改以低速搅拌数下（1 ~ 2min），再用高速拌打至呈松发状，此阶段需 8 ~ 10min（过程中应停机刮缸，使所有材料充分混合均匀）。糖与盐加入已打发的粉油中，以中速拌打 3min，并于过程中停机刮缸，使缸内所有材料充分混合均匀。蛋分 2 ~ 3 次加入，继续以中速拌匀（每次加蛋时，应停机刮缸），此阶段约需 5min。最后再将配方中的奶水以低速拌匀，面糊取出缸后，需再用橡皮刮刀，或手彻底搅拌均匀即成。

2. 糖油拌和法

糖油拌和法又称传统乳化法，这是搅拌面糊类蛋糕的常用方法，此类拌和法可加入更多的糖和水，至今仍用于各式面糊类蛋糕，其常被使用的因素主要是烤出来的蛋糕体积较大，其次则是习惯性。一般的点心制作，如凤梨酥、丹麦菊花酥、小西饼、菠萝皮……皆使用糖油拌和法。制作程序为：将奶油或其他油脂（最佳温度为21℃）置于搅拌缸中，用桨状搅拌器以低速将油脂慢慢搅拌至呈柔软的状态。加入糖、盐及调味料，并以中速搅拌至松软且呈绒毛状，8～10min后将蛋液分次加入，并以中速搅拌；每次加入蛋时，需先将蛋搅拌至完全被吸收才加入下一批蛋液。刮下缸边的材料继续搅拌，以确保缸内及周围的材料均匀混合。过筛的面粉材料与液体材料交替加入（交替加入的原因是面糊不能吸收所有的液体，除非适量的面粉加入以帮助吸收）。

（二）装盘（装模）

面糊类蛋糕搅拌好后，多装于模具和纸杯中进行烘烤。模具预处理是在内壁刷上一层薄薄的油，再垫上烘焙油纸，以便于出炉后脱模。纸杯可以直接使用，不需要预处理。

面糊的装载量，应为七八分满。过多，烘烤过程中面糊容易从模具中溢出，过少，烘烤后蛋糕分量不够，看上去不够饱满，影响成品效果。

（三）烘烤

在相同的烘烤条件下，油脂蛋糕比海绵蛋糕烘烤的炉温低、时间长。因为油脂蛋糕中油脂用量大，配料中干性原料所占比例大，水分较少，面糊较干稠，如果烘烤温炉温高、时间短，易发生外焦内生现象。烘烤时间应随烘烤模具的变化做出相应的改变，且应观察其色泽变化，以其色泽变为金黄色为准。

烘烤时间应依据制品的大小和厚薄来进行决定，同时可依据配方中糖的含量灵活进行调节。含糖量高，温度稍低，时间长；含糖量低，温度则稍高，时间长。

（四）冷却

面糊类蛋糕质地比较结实，这种构造主要来自糊化定型的淀粉，只要过10～20min从烤盘取下即可。蛋糕在室温下可以摆放好几天，也可以冷藏或冷冻保存。

（五）装饰

面糊类蛋糕的可以不装饰或简单装饰，形状较大的蛋糕直接切块摆盘后食用，也可以撒一层糖粉作为装饰。纸杯蛋糕的装饰略复杂一点，可以用打发的奶油或蛋白膏挤上各种花纹，再搭配相应的水果和装饰叶进行装饰。

实例一　黄油蛋糕 / 磅蛋糕（Butter cake）

【品种介绍】

磅蛋糕是西点中一种传统的基础油脂蛋糕，也称为重奶油蛋糕或布丁蛋糕。磅蛋糕内部组织扎实细腻，浓郁奶香，口感润泽。欧美人士最早烘烤蛋糕时制定了材料用量的标准，即一份全蛋可以加一份糖和一份面粉，但做出来的蛋糕韧性很大，为了解决这个问题，他们又想出在配方中加一份黄油，黄油属于柔性原料，用它做出来的蛋糕松软可口。因此，在制作黄油蛋糕时使用的原料为面粉一磅、砂糖一磅、黄油一磅、全蛋一磅，这些原料搅拌成面糊状装盘的重量也是一磅，所以称作磅蛋糕。磅蛋糕油香浓郁，口感滋润，结构相对紧密，有一定的弹性。

【制品配方】

面糊：黄油 500g、白砂糖 500g、全蛋 500g、低筋面粉 500g、盐 2g、香草粉 2g。

【设备器具】

搅拌机、橡皮刮刀、量杯、长方形模具、油纸、烤盘、电子秤、烤箱、粉筛。

【制作方法】

（1）准备工作　称量原料，低筋面粉和香草粉、盐过筛。预热烤箱，温度为上火 180℃，下火 155℃。取 2 个长方形模具，将模具底部及内侧四周均匀抹上一层油，垫一张长方形烘焙油纸后贴实底部和四周备用。

（2）面糊制作　黄油解冻软化加白砂糖先慢速搅匀，再高速打至微发，在打制过程中，停机并不断用橡皮刮刀刮边沿及底部的油脂，使之充分搅拌均匀，颜色变为浅黄色，体积增大。分次加入鸡蛋，每次加入后搅拌均匀，才能加下一次，让油脂和鸡蛋充分乳化和融合。把过筛的面粉一起加入黄油中，慢速搅拌均匀即可，不能过度搅拌，以免产生面筋，影响制品品质。

（3）烘烤　把面糊倒入模具，5 分满即可。放入烤箱烤制成熟，时间 50 ~ 60min，呈金黄色成熟即可出炉。

（4）趁热脱模，冷却后切配。

【制品图解】

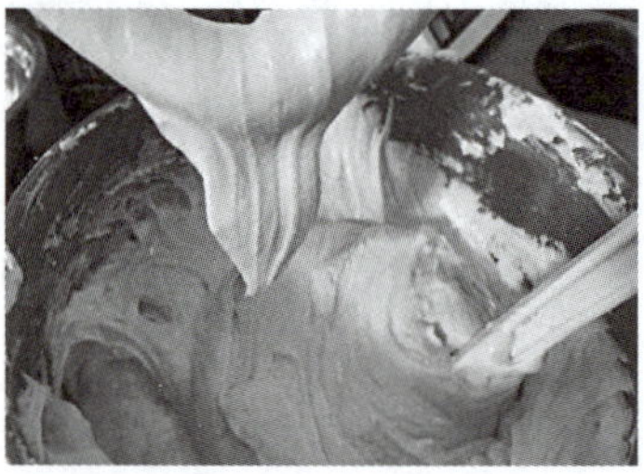
1. 面糊制备完成状态

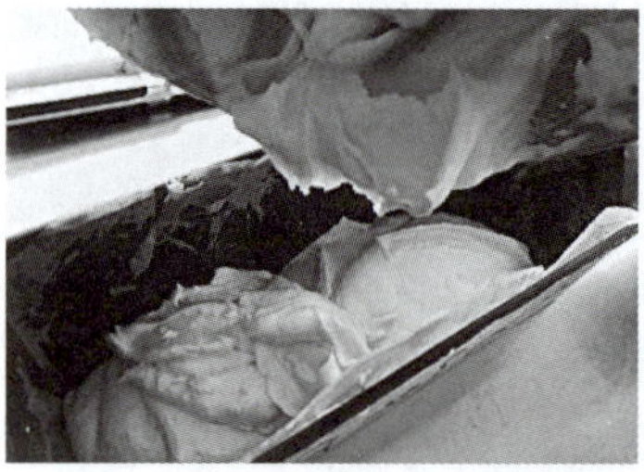
2. 装入模具

3. 抹平

4. 烘烤成形

5. 成品

6. 成品变化

【技术要点】

（1）黄油解冻一定要合适，可根据天气及室温适量作调整。冬天解冻较软，夏天解冻稍硬一些使用。

（2）搅拌过程中要多次停机用橡皮刮刀刮制周边及底部，让黄油及白砂糖充分搅拌均匀，以利于黄油乳化及糖的溶解。

（3）加全蛋的过程一定要分次加，少量多次，切不可一次性加入，否则容易造成乳化不彻底，出现油水分离现象，影响制品品质。

（4）粉料一定要过筛，让其充入空气并去除杂质，这样制出的蛋糕更膨松，组织也更细腻均匀，加入粉料后用中慢速拌匀即可，不可过度搅拌，以免产生面筋，影响成品质量。

（5）烤箱提前预热，在烘烤过程中不可开炉门，以免影响成品成熟及质量。

（6）根据配方可调整做成巧克力黄油蛋糕、抹茶黄油蛋糕及大理石蛋糕，表面也可撒坚果进行烘烤。

课后思考题

1. 什么是重油蛋糕？它的原理是什么？
2. 磅蛋糕的由来是什么？
3. 制作黄油蛋糕的原料及要领有哪些？
4. 如何根据制作方法及原理进行创新制作？

实例二　英式松饼 / 马芬（Muffin）

【品种介绍】

马芬蛋糕（Muffin cake）是西式松饼面包（Quick bread）的一种，制作原料主要有低筋面粉、油、泡打粉、糖等，通常是以泡打粉（Baking powder）或小苏打粉（Baking soda）使制品膨松，口感较油脂蛋糕柔软。马芬蛋糕油香浓郁，口感丰富、滋润，美味适口。也可作为纸杯蛋糕的底坯。

【制品配方】

面糊：黄油 480g、白砂糖 400g、全蛋 500g、低筋面粉 500g、泡打粉 8g、苏打粉 5g、奶粉 60g。

添加料：杂果脯 100g、提子干 150g、白兰地 100g。

【设备器具】

搅拌机、橡皮刮刀、量杯、纸杯、烤盘、电子秤、烤箱、粉筛、裱花袋。

【制作方法】

（1）准备工作　称量原料，低筋面粉过筛，杂果脯、提子干用白兰地酒浸泡后备用。预热烤箱，温度为上火 180℃，下火 160℃。

（2）面糊制作　黄油解冻，软化后加白砂糖先慢速搅匀，再高速搅打至微发，在打制过程中，停机不断用橡皮刮刀刮边沿及底部的油脂，使之搅拌均匀，颜色变为浅黄色，体积增大。

（3）分次加入全蛋，让油脂和全蛋充分乳化和融合。把过筛的粉料一起加入黄油中，慢速搅拌均匀即可，不能过度搅拌，否则容易产生面筋，影响制品品质。最后加入用酒泡制过的果脯和匀即可。

（4）烘烤　将纸杯整齐放入烤盘，把面糊装入裱花袋中并挤入纸杯，7 分满后入炉烘烤，时间 25 ~ 35min，呈金黄色成熟即可出炉。

【制品图解】

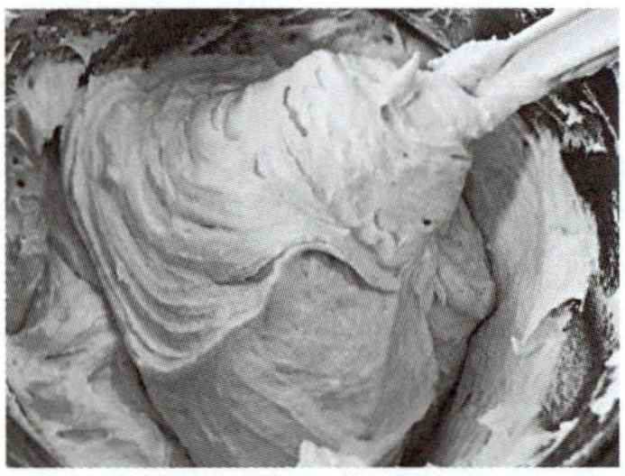

1. 面糊制备

2. 加入酒渍果脯

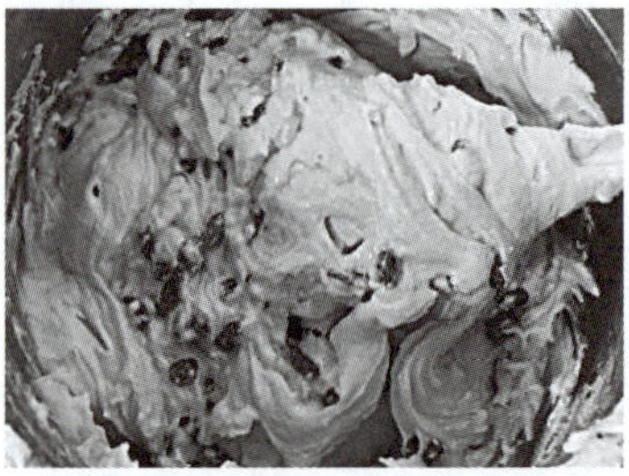

3. 搅拌均匀

4. 挤入纸杯模具

5. 烘烤

6. 成品

【技术要点】

（1）粉料一定要过筛，让其充入空气并去除杂质，这样制出的蛋糕更膨松，组织也更细腻。加入粉料后用中慢速拌匀即可，不可过度搅拌，以免影响成品质量。

（2）烤箱提前预热，在烘烤过程中不可开炉门，以免影响制品成熟及质量。

（3）果脯提前 12h 浸泡更入味，制品风味更佳。

课后思考题

1. 简要描述马芬蛋糕的历史。
2. 制作马芬蛋糕的原料及要领有哪些？
3. 如何根据制作方法及原理进行变化制作？

项目四　传统及特色蛋糕

学习目标

- ◆ 学习及了解每款传统及特色蛋糕的由来和特点。
- ◆ 熟悉每款传统及特色蛋糕的制作工艺。
- ◆ 掌握每款传统及特色蛋糕的制作方法，能独立进行操作。
- ◆ 熟悉每款传统及特色蛋糕的基本技巧及品种变化。

欧美国家对蛋糕充满热爱，因此蛋糕在其发展过程中，逐渐形成了一些传统和特色的品种，由于这些品种的口感和口味能够被大众接受，因此很快在全世界风靡起来。

实例一　布朗尼蛋糕（Brownie）

【品种介绍】

布朗尼蛋糕是一种切块蛋糕，又称为巧克力布朗尼、核桃布朗尼或波士顿布朗尼，因为其华贵的咖啡色（brown）而得名布朗尼（brownie）。布朗尼的由来有个很有趣的故事，据说有个胖胖的黑人嬷嬷系着围裙，在厨房烘烤着松软可口的巧克力蛋糕，结果居然忘了将奶油先打发，而意外做出的失败作品，这块原本要丢掉的蛋糕，老嬷嬷一尝，居然十分美味，布朗尼蛋糕这个“可爱的错误”就这么成为美国家庭中最具代表性的蛋糕。布朗尼口感绵密、层次丰富，因其中加入大量的黑巧克力烘焙而成，具有浓郁的巧克力香味及微微的可可苦味及核桃仁的香脆，非常美味适口。

【制品配方】

面糊：黄油 350g、白砂糖 350g、全蛋 400g、低筋面粉 100g。

添加料：黑巧克力 400g、核桃仁 200g。

装饰料：草莓、杏仁片、巧克力。

【设备器具】

搅拌机、橡皮刮刀、量杯、6 寸方形模具、烤盘、电子秤、烤箱、粉筛。

【制作方法】

（1）准备工作　称量原料，低筋面粉过筛，2/3 的巧克力隔水融化，1/3 巧克力用刀切成小粒状备用，核桃切碎备用。预热烤箱，温度为上火 180℃，下火 160℃。

（2）黄油解冻，软化后加白砂糖慢速搅匀，再高速搅打至微发，在打制过程中，停机不断用橡皮刮刀刮边沿及底部的油脂，使之搅拌均匀，颜色变浅，体积增大。分次加入全蛋，让油脂和全蛋充分乳化和融合，把过筛的粉料一起加入黄油中，慢速搅拌均匀，将融化好的巧克力、核桃碎加入面糊中和匀即可。

（3）入模　模具用铝箔纸包裹住，底部及四周涂抹一层黄油，把面糊装入模具，7 分满即可，上面撒巧克力碎。

（4）烘烤　时间 40 ~ 50min，成熟即可出炉。

（5）装饰　冷却后的蛋糕放冷冻冰箱，冻好后脱模切配，最后进行装饰。

【制品图解】

1. 融化巧克力

2. 巧克力碎

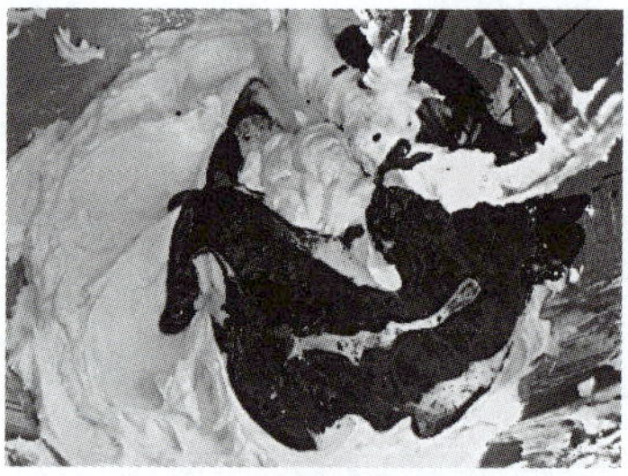

3. 面糊制作

4. 面糊装模，上面撒巧克力碎

5. 烘烤成形，冷冻好脱模

6. 装饰成品

【技术要点】

（1）黄油解冻一定要合适，可根据天气及室温适量作调整。冬天解冻较软，夏天解冻稍硬一些使用。

（2）巧克力融化后，温度为 40℃以下才可加入面糊中，不可温度过高。烤箱提前预热，在烘烤过程中不可开炉门，以免影响制品成熟及质量。

（3）冷冻成形后方可脱模、切配成形及装饰。

课后思考题

1. 布朗尼的由来是什么？其口感如何？
2. 制作布朗尼蛋糕蛋糕的原料及要领有哪些？
3. 布朗尼的装饰、搭配技巧有哪些？

实例二 黑森林蛋糕（Black forest cake）

【品种介绍】

黑森林蛋糕是德国著名甜点，最早出现于南部黑森林地区。相传，每当樱桃丰收时，农妇们除了将过剩的樱桃制成果酱外，在做蛋糕时，也会大方地将樱桃一颗颗塞在蛋糕的夹层里，或是作为装饰，细心地点缀在蛋糕的表面。而在打制蛋糕的鲜奶油时，更会加入大量樱桃汁。制作蛋糕坯时，面糊中也加入樱桃汁和樱桃酒。这种以樱桃与鲜奶油为主的蛋糕从黑森林传到外地后，也就变成所谓的“黑森林蛋糕”了。它的口感融合了樱桃的酸、奶油的甜、巧克力的苦、樱桃酒的醇香，完美的黑森林蛋糕经得起各种口味的考验。黑森林蛋糕被称作黑森林的特产之一，德文原意为“黑森林樱桃奶油蛋糕”。

【制品配方】

巧克力海绵蛋糕坯：全蛋 500g、白砂糖 250g、低筋面粉 200g、可可粉 35g、SP 蛋糕油 18g、泡打粉 4g、盐 1g、牛奶或水 80g、色拉油 90g。

夹馅及装饰料：樱桃馅、淡奶油、糖粉、巧克力碎、车厘子（草莓）。

【设备器具】

搅拌机、烤箱、不粘烤布、抹刀、烤盘、橡皮刮刀、面刮、糖粉筛、厚底锅、电磁炉、打蛋器、裱花袋等。

【制作方法】

（1）准备工作 称量原料，低筋面粉、可可粉过筛，预热烤箱，温度为上火 200℃，下火 190℃。把樱桃馅装入裱花袋中备用，奶油打发，放入冰箱冷藏备用。

（2）制巧克力海绵坯 采用海绵蛋糕打法制作面糊，面糊倒入烤盘中铺平。烘烤 12 ~ 15min 后取出。冷却、脱模，刻三片圆形坯备用。

（3）组装 一层蛋糕坯，挤三圈奶油，每圈奶油之间有一定间隔，在间隔部分挤上樱桃馅并填满，上面盖一层蛋糕坯，以此类推，三层坯，两层馅料。

（4）装饰 把加好馅的蛋糕坯表面四周抹上一层奶油后，周边粘上巧克力碎，表面挤奶油花，用整颗黑车厘子或草莓装饰，最后筛上一层防潮糖霜即可。

【制品图解】

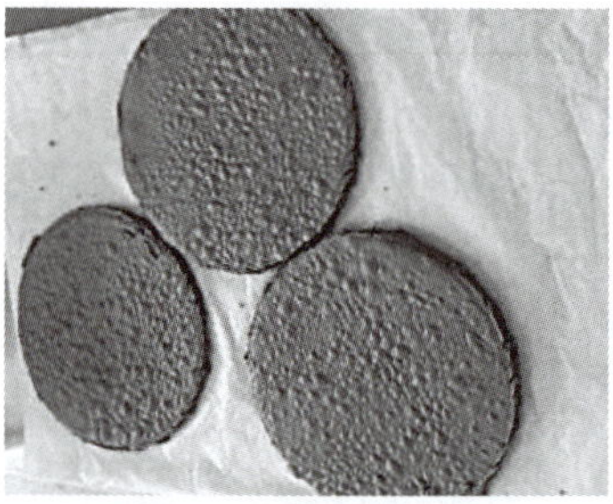
1. 切蛋糕坯

2. 制作樱桃馅

3. 加馅及奶油

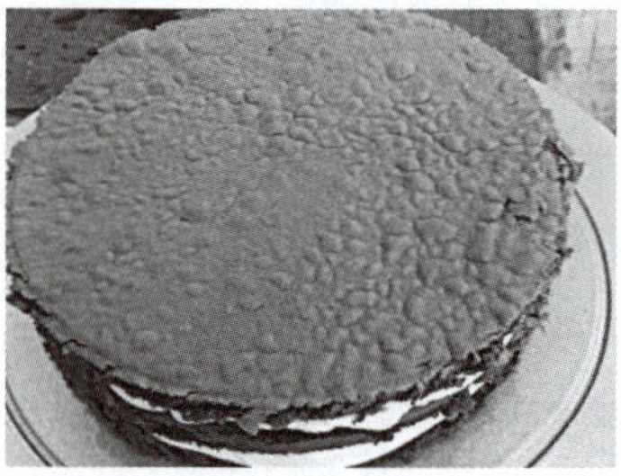
4. 组装

5. 碎巧克力

6. 成品

【技术要点】

（1）樱桃馅要完全冷却才能使用。

（2）保证奶油在低温下操作，不然容易变软，奶油也可以用饼房奶油替代。

（3）组装时注意蛋糕坯之间的距离并对齐。

课后思考题

1. 黑森林蛋糕的口感特色是什么？
2. 黑森林蛋糕的由来是什么？
3. 黑森林蛋糕的原料构成及选用要求是什么？

实例三 歌剧院蛋糕／欧普拉（Opera）

【品种介绍】

歌剧院蛋糕又叫欧普拉蛋糕，是一款传统的欧式蛋糕，20 世纪 60 年代由一位著名的法国糕饼师发明。每块蛋糕都由巧克力、奶油、意式浓咖啡、蛋糕坯等原料层层累积而成。蛋糕包含浓郁的巧克力与咖啡味的幼滑奶油、绵软的杏仁蛋糕体，各种丰富的口感层次分明，萦绕在舌尖。表面会用巧克力奶油写上“OPERA”，也会在铺了巧克力淋面的蛋糕面上画音乐符号。无论是哪一款设计，都充满了歌剧院的色彩。

【制品配方】

杏仁蛋糕坯：蛋白60g、白砂糖10g、黄油10g、全蛋175g、杏仁粉70g、糖粉70g、低筋面粉20g。

咖啡糖水：白砂糖100g、水300g、速溶咖啡30g、咖啡力娇酒50g。

装饰料：咖啡黄油奶油、甘纳许。

【设备器具】

搅拌机、烤箱、不粘烤布、抹刀、烤盘、橡皮刮刀、面刮、糖粉筛、厚底锅、电磁炉、打蛋器、裱花袋、剪刀等。

【制作方法】

（1）调制咖啡糖水　白砂糖、水、速溶咖啡一起搅拌均匀，融化后在电磁炉加热烧开，放凉后加咖啡力娇酒和匀备用。

（2）制作杏仁蛋糕坯　面粉和糖粉过筛，与杏仁粉拌匀后加入全蛋，搅拌均匀后备用。蛋白加白砂糖搅打至干性发泡。把打好的蛋白分次加入面糊中，拌匀后加入粉料，再次拌匀，最后加入融化的黄油拌匀即可。烤盘铺不粘烤布，把和好的面糊铺入烤盘中抹平，表面筛一层糖粉。烤箱提前预热至200℃，面糊入炉烘烤10min至金黄色即可出炉，放凉备用。

（3）成品组装　将海绵杏仁蛋糕切割成等大的4片长方形块。先取一片放烤盘上，刷上咖啡糖水，抹上一层咖啡奶油，盖上第二层杏仁蛋糕坯，再刷上糖水，在上面涂抹上一层咖啡味奶油后入冰箱冻冻。把冻好的蛋糕取出，淋上一层甘纳许，盖上第三层海绵蛋糕，刷上糖水，涂抹上一层咖啡奶油，用抹刀将顶部整平后再盖上第四层蛋糕坯，再次刷糖水，涂抹一层咖啡奶油后，抹平放冰箱至定型。

（4）淋面　最后把蛋糕放在烤盘中的线架上，将融化并凉至室温的巧克力甘纳许倒在蛋糕上，用抹刀将蛋糕顶部抹平，轻敲蛋糕层以使甘纳许均匀分布在蛋糕表面，放入冰箱里冷藏备用。

（5）装饰　冷却至定型后，将蛋糕从线架上取下来，用热刀将蛋糕边缘修整好，切成需要的大小，用甘纳许在蛋糕中央写出“Opera”字样即可。

【制品图解】

1. 蛋糕坯分 4 份

2. 咖啡奶油

3. 刷咖啡糖水

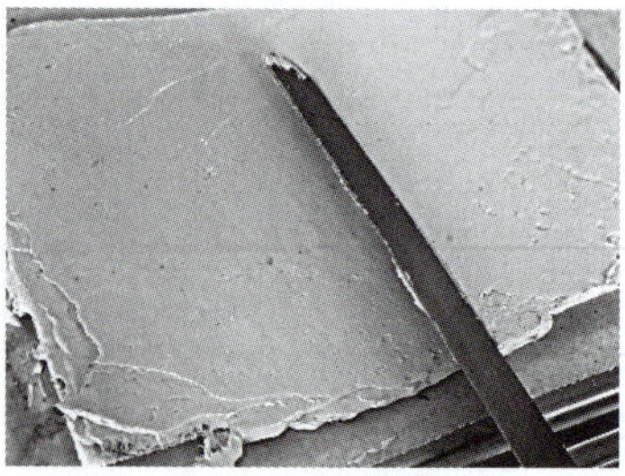

4. 抹咖啡奶油

5. 淋面

6. 装饰成品

【技术要点】

（1）最底层蛋糕坯的咖啡糖水不可刷太多太湿，以免无法支撑蛋糕体及完整取下。

（2）抹咖啡奶油要把握好涂抹的厚度，不可太厚，太厚容易使蛋糕高度增加，影响美观。

（3）巧克力甘纳许的温度一定要合适才能淋面。

（4）蛋糕必须要冻硬后才能用热刀切割，否则会影响制品成形效果。

课后思考题

1. 歌剧院蛋糕的由来是什么？
2. 制作歌剧院蛋糕的基本步骤有哪些？
3. 制作歌剧院蛋糕的要点有哪些？

实例四　重芝士蛋糕（Baking cheese cake）

【品种介绍】

芝士蛋糕，又名起司蛋糕、干酪蛋糕，是西方传统甜点的一种，在节日或庆典时都少不了芝士蛋糕。芝士蛋糕通常都以饼干作为底层，也有不使用底层的。有固定的几种口味，如原味芝士、香草芝士、巧克力芝士等，表层装饰水果，也有不装饰的。此类蛋糕在结构上较一般蛋糕扎实，但质地却比一般蛋糕要绵软，芝士风味浓郁，口感绵软、湿润。

【制品配方】

蛋糕底：饼干碎 250g、融化黄油 50g。

芝士面糊：奶油芝士 500g、白砂糖 180g、鸡蛋 120g、玉米淀粉 30g、牛奶 75g、融化黄油 40g。

装饰料：果膏、杏仁片、黄桃。

制品分量：8 寸一个。

【设备器具】

搅拌机、橡皮刮刀、量杯、8 寸模具、搅拌盆、烤盘、电子秤。

【制作方法】

（1）准备工作　称量原料，奶油芝士取出解冻。预热烤箱，温度为上下火 160℃。

（2）蛋糕底制作　取一个 8 寸活动模具，将模具底部及内侧四周均匀抹上一层黄油，饼底部分中饼干打碎后加入融化黄油，拌匀倒入模具底部，用小勺压平整，放冰箱冷冻备用。

（3）芝士面糊制作　将解冻软的奶油芝士与白砂糖搅拌均匀，打至柔软均匀无颗粒状。全蛋分次加入芝士当中，中速搅打均匀。牛奶与玉米淀粉调匀成浆状，加入芝士料中搅打均匀。最后加入融化的黄油拌匀即可。

（4）烘烤　搅打好的芝士面糊倒入模具中入炉烘烤，烘烤 60min 左右，至表面上色即可出炉。

（5）冷却后脱模，刷果膏增亮，入冰箱冷藏后装饰杏仁片、黄桃。

【制品图解】

1. 饼干底坯

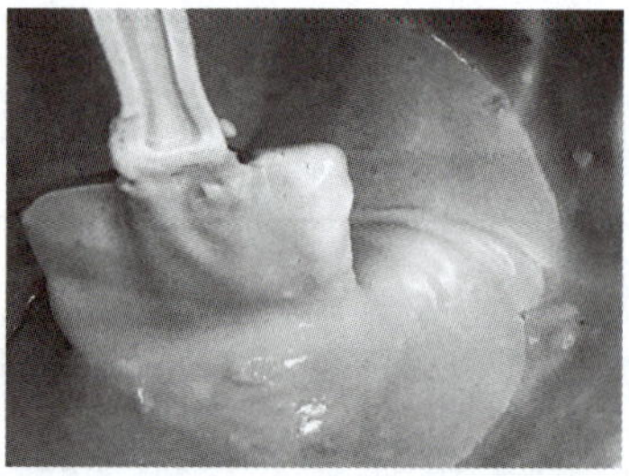

2. 面糊状态

3. 装模

4. 烘烤成品

5. 蛋糕切面

6. 装饰成品

【技术要点】

（1）饼干底坯用模具冻定型后再使用。

（2）奶油芝士要解冻至软后使用，在搅打过程中需不断用橡皮刮刀刮四周及底部浆料，使搅拌更均匀。

（3）搅打芝士不可用高速搅打，以防空气拌入过多，造成烘烤表面开裂。

（4）玉米淀粉和牛奶调匀后加入，不可直接加入搅打，否则容易造成搅拌不匀，有颗粒状，影响口感。

（5）蛋糕冷却后再脱模。

课后思考题

1. 重芝士蛋糕的由来及特色是什么？
2. 重芝士蛋糕的原料构成及选用要求是什么？
3. 重芝士蛋糕制作需注意哪些事项？

实例五　日式轻乳酪蛋糕（Japanese style cheese cake）

【品种介绍】

轻乳酪蛋糕是相对于重乳酪蛋糕而言，乳酪（芝士）的比例相对较低，蛋糕坯采用戚风蛋糕打法，蛋黄和蛋白分开搅打，乳酪味清爽、口感绵密、细腻湿润。

【制品配方】

蛋糕底：戚风蛋糕坯 4 片。

蛋黄部分：奶油芝士 400g、牛奶 125g、黄油 100g、蛋黄 150g、玉米淀粉 25g、低筋面粉 50g。

蛋白部分：蛋白 200g、白砂糖 100g。

制品分量：6 寸两个。

【设备器具】

搅拌机、橡皮刮刀、量杯、6 寸模具、搅拌盆、打蛋器、烤盘、电子秤、铝箔纸。

【制作方法】

（1）准备工作　取 2 个 6 寸模具，将模具底部及内侧四周均匀抹上一层黄油，模具底部用铝箔纸包起一定深度，放上一片蛋糕坯备用。烤箱预热，温度为上火 170℃，下火 150℃。

（2）蛋黄部分　将解冻软的奶油芝士与黄油、牛奶一起隔水加热，用打蛋器搅拌均匀，呈细腻无颗粒状。蛋黄加入芝士当中，用打蛋器搅拌均匀。把玉米淀粉及低筋面粉过筛后加入芝士料中，搅拌均匀备用。

（3）蛋白部分　把白砂糖粉三次加入蛋白中，用高速搅打成中性发泡，分三次把打好的蛋白与芝士蛋黄部分拌匀。

（4）烘烤　拌好的芝士面糊倒入模具中 7 分满，入炉烘烤，隔水烘烤 60min 左右，至表面金黄色成熟即可出炉，趁热脱模。

【制品图解】

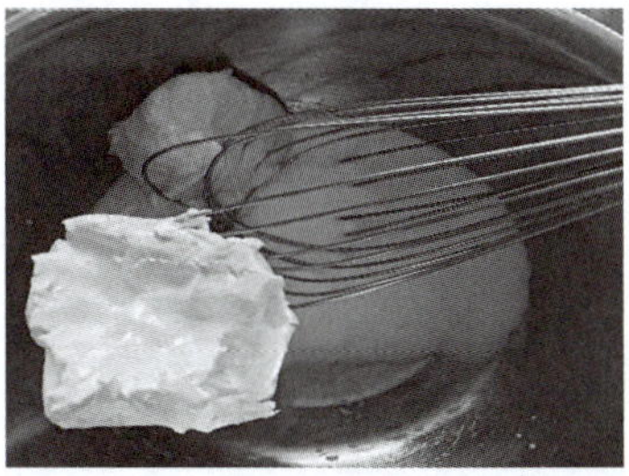

1. 搅拌

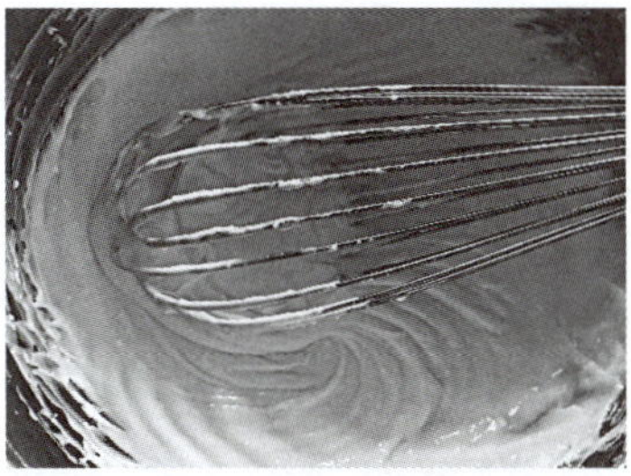

2. 蛋黄芝士面糊

3. 蛋白打发程度

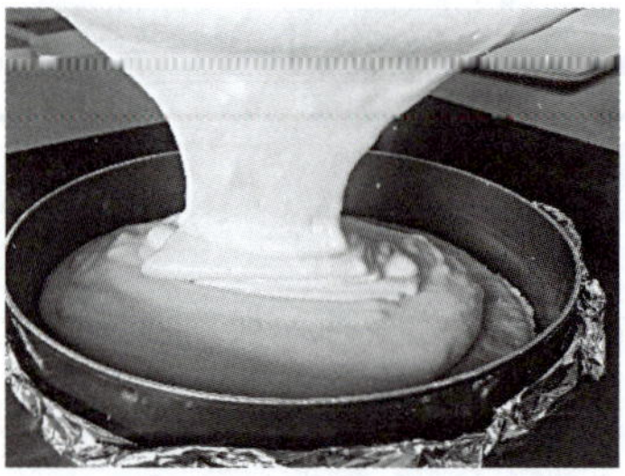

4. 装模

5. 隔水烘烤

6. 成品

【技术要点】

（1）奶油芝士要解冻回软后使用，在搅拌过程中顺着一个方向搅拌均匀。

（2）芝士部分隔水搅拌，水温不要超过60℃。

（3）盛蛋白器皿干净干燥、无油无水，蛋白搅打不可过度，不然会造成塌陷及组织不细腻均匀。

（4）切拌法操作动作要轻柔，以免造成消泡过多，影响制品品质。

（5）面糊搅拌好后，立刻装模烘烤，不可在空气中放置过久，以免造成消泡。

（6）蛋糕烘烤需隔水烤，中途不可开炉门。

（7）蛋糕出炉后趁热脱模。

课后思考题

1. 轻乳酪蛋糕特色是什么？
2. 日式轻乳酪蛋糕的原料构成及选用要求是什么？
3. 日式轻乳酪蛋糕制作需注意哪些事项？

第二节　点心的制作工艺与制作实例

项目一　起酥点心类

学习目标

◆ 了解起酥点心类品种产品特点。

◆ 熟悉起酥点心类品种的用料构成及要求。

◆ 熟悉起酥点心类品种的制作工艺。

◆ 掌握起酥点心类品种的制作方法。
◆ 熟悉起酥点心类品种变化与创新思路和方法。
◆ 掌握起酥点心类的造型方法。
◆ 掌握起酥点心类制作的温度和时间控制。
◆ 能独立进行起酥点心类品种制作。

起酥类点心，又称清酥制品、丹麦酥，是传统西式点心。这类点心以独特的酥层结构在西点中别具一格。起酥面团是由水油面团（或水调面团）包裹油脂，再经反复擀制折叠，形成一层面与一层油交替排列的多层结构，最多可达 1000 多层。其成品体轻、层次清晰、入口香酥脆而爽口。

一、起酥类点心分层原理

起酥点心的分层原理是，由于面层中的水分在烘烤中因受热而产生蒸汽，这种水蒸气滚动形成的压力使各层开始膨胀，即下层面皮所产生的水蒸气压力胀起上层面皮，依此一层一层逐渐胀大。随着温度升高，时间加长，水面中的水分不断蒸发并逐渐形成一层层“炭化”变脆的面坯结构。油面层受热溶化渗入面皮中，高温的油脂也作为传热介质烹制了面层并使其酥脆。由于面筋质的存在，面坯仍然保持了原有片状的层次结构。

二、起酥面团基本配方

起酥面团的制作配方较多，各种产品的不同，其配方也有所不同，但原材料的应用原理大致相同。起酥点心的配方主要涉及面粉和油脂量。按油脂总量（包括皮面油脂和油层油脂）与面粉量的比例，起酥面团可分为三种。全起酥面团：油脂量与面粉量相等。3/4 起酥面团：油脂量为面粉量的 3/4。半起酥面团：油脂量为面粉量的一半。其中，3/4 起酥面团较为常用。此外，皮面中油脂的加入量约为面粉量的 12%，加水量为面粉量的 44% ~ 56%。

部分	原材料	用量 /g
1. 皮面团	中筋粉	750
	黄油	50
	鸡蛋	100
	食盐	10
	清水	300
2. 油层	片状起酥油	500

三、起酥类点心原料选用原则

1. 面粉

起酥点心宜采用蛋白质含量为 10% ~ 12% 的中筋面粉。因为筋力较强的面团不仅能经受住擀制中的反复拉伸，而且其中的蛋白质具有较高的水合能力，吸水后的蛋白质在烘烤时能产生足够的蒸汽，从而有利于分层。此外，呈扩展状态的面筋网络是起酥点心多层薄层结构的基础。筋力太强的面粉可能导致面层碎裂，制品回缩变形。如无合适的中筋面粉，可在高筋面粉中加入部分低筋面粉，以达到制品对面粉筋度的要求。

2. 油脂

油脂在皮面团和油面团中均添加。皮面团中加入适量油脂可以改善面团的操作性能及增加成品的酥性。皮面团中油脂可用黄油、麦淇淋、起酥油等固态油脂。油层油脂则要求既有一定硬度，又有一定可塑性，熔点不能太低。这样，油脂在操作中才能反复擀制折叠，又不至于融化。传统起酥点心使用的油层油脂是黄油。黄油制作出的成品口感香浓，品质好，但其可塑性和熔点较低，操作不易掌握，特别是操作时室温高，油脂熔化容易产生“走油”现象。现在制作起酥类制品时常采用专用的“片状起酥油”，它具有良好的加工性能，给起酥类点心的制作带来了极大的方便。高档次的星级酒店和西饼店仍然使用黄油加工酥皮。

四、起酥类点心工艺流程

原料准备→调制面团→包油→擀开、折叠→擀开折叠（反复多次）→成形（造型）→烘烤→装饰→成品。

五、起酥类点心制作工艺

（一）皮面面团调制

调制方法同其他水调面团基本相同。

1. 手工操作

先将配方中的面粉倒在案台上，将黄油（切成小颗粒状）放入面粉内并拌和均匀，然后将配方中的清水加入混合并揉成面团即可。需注意面团的软硬度要与所要包裹的片状起酥油的软硬度保持一致，软硬度用清水来调节。

2. 机器操作

将面粉、黄油、清水一起到入搅拌机内搅拌成面团即可。需注意面团的软硬度也要与所要包裹的片状起酥油的软硬度保持一致，软硬度用清水来调节。

（二）包油

包油的方法有三种，即制法一（法式包油法）、制法二（英式包油法、对折法）和制法三（英式包油法、三折法）。

1. 制法一（法式包油法）

先将调制好的皮面面团稍稍擀成正方形，四个角擀薄一些。再将片状起酥油擀成比皮面面团稍小的正方形，对角线与皮面面团正方形相等。然后将片状起酥放在皮面面团上，四个顶点正好位于皮面面团的四个边上，再将皮面面团的四个角往中心折拢，并完全包住油脂，最后形成两层面一层油的三层结构。如图 5-5 所示。

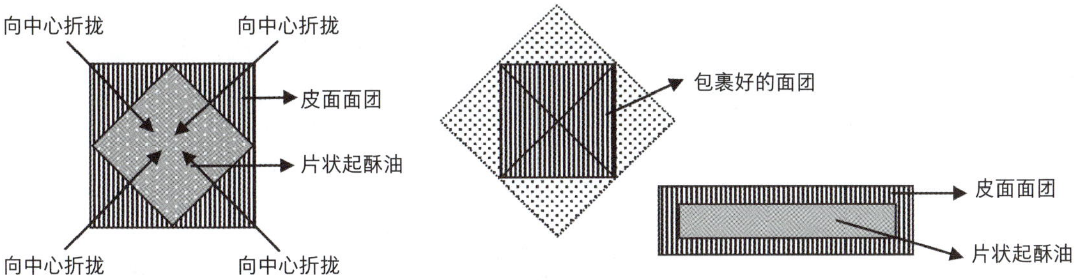

图 5-5　法式包油法

2. 制法二（英式包油法、对折法）

先将皮面面团擀成长方形，经擀制或整形的片状起酥油大小约为皮面面团的一半，然后将片状起酥油放在皮面面团上面的一半位置上，再像包饺子一样，皮面面团以对折的方式把片状起酥油完全包住，最后将边缘捏拢即可。如图 5-6 所示。

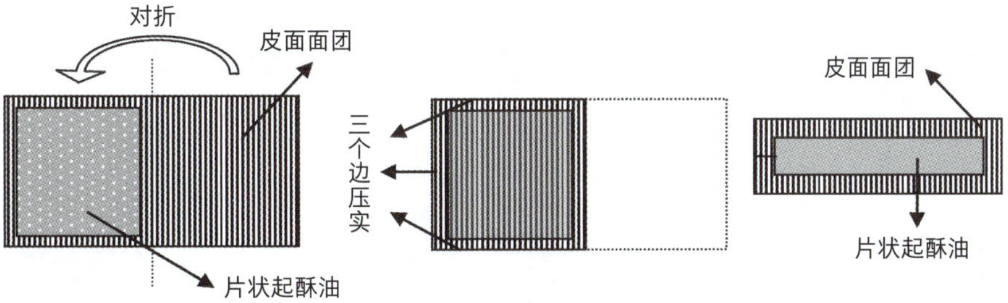

图 5-6　英式包油法 1

3. 制法三（英式包油法、三折法）

先将皮面面团擀成长方形，经擀制或整形的片状起酥油大小约为皮面面团的 2/3，然后将片状起酥油放在皮面面团上面的 2/3 位置上，先将一端没有油层的皮面向中间折叠，然后将另一端有油层的皮面再向中间折叠，使之形成三层的结构方式把片状起酥油完全包住，最后将边缘捏拢即可。如图 5-7 所示。

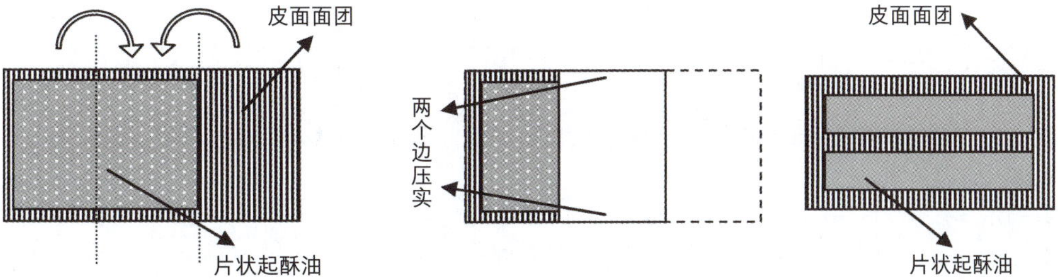

图 5-7　英式包油法 2

（三）折叠开酥

皮面面团包好油脂后，将其擀成长方形，再进行折叠。折叠的方式又有两种。

1. 制法一（半折法、三折法）

半折法实际是一种三折法。其折叠的方法类似于英式包油法，即将长方形面团沿长边方向分为三等份，两端的两部分分别先后往中间折叠，折成为小长方形的方形面团，其宽度为原来的 1/3，呈三折状。如图 5-8 所示。

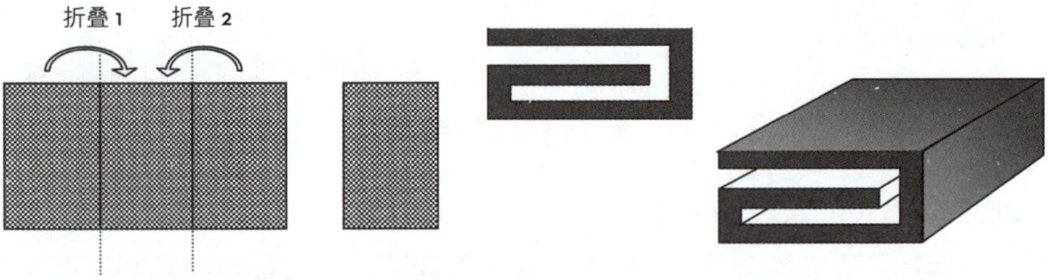

图 5-8 半折法、三折法

2. 制法二（书折法、四折法）

书折法也被称为四折法。其折叠的方法类似于叠被子，即将长方形面团沿长边方向分为四等份，两端的两部分均往中间折叠，折至中线外，再沿中线折叠一次，最后折成为小长方形面团，其宽度为原来的 1/4，呈四折状。如图 5-9 所示。

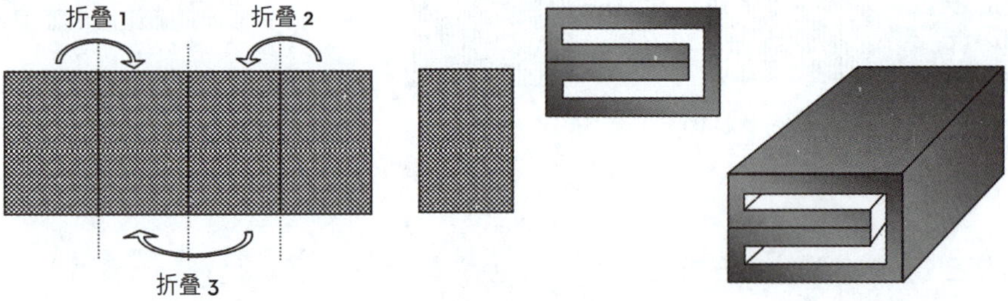

图 5-9 书折法、四折法

以上两种方法均是将包好油脂的面团擀开后再折叠，作为第一轮（次）；然后沿长边方向擀开、折叠，则为第二轮（次）。依次类推，一般共需要经过三至五轮（次）的折叠、擀制，最后才擀开成形（造型）。起酥折叠方法与折叠次数所得层数参考表如表 5-1 所示。

表 5-1 起酥折叠方法与折叠次数所得层数参考表

折法 / 次计数算	二折法			三折法			四折法			适用范围
	折叠次数简称	油层	面层	折叠次数简称	油层	面层	折叠次数简称	油层	面层	
面团包油		1	2		1	2		1	2	折叠不足不适用
折叠第一次	2×1	2	3	3×1	3	4	4×1	4	5	
折叠第二次	2×2	2	3	3×2	9	10	4×2	16	17	折叠适中适用
折叠第三次	2×3	8	9	3×3	27	28	4×3	64	65	
折叠第四次	2×4	16	17	3×4	81	82	4×4	256	257	折叠过度不适用
折叠第五次	2×5	32	33	3×5	243	244	4×5	1024	1025	
折叠第六次	2×6	64	65	3×6	729	730	4×6	4096	4097	

面团在折叠开酥过程中要注意以下几点。

（1）油层油脂的硬度与皮面面团的硬度应尽量一致。如果面硬油软，油可能被挤出，反之亦然，最终均会影响到制品的分层。

（2）面团在每两次擀制折叠之间应停放（静置）20min，以利于面层在拉伸后的放松，防止制品最后收缩变形，并保持层与层之间的分离。

（3）每次在擀开面团时，不要擀得太薄（厚度不低于5mm），以防止层与层之间粘连。

（4）擀制、折叠好的面团在休息（静置）或过夜保存时应放入塑料袋中，以防止表皮发干。

（四）冷藏处理

起酥面团中含油量较高，当油脂裹入面团后，要经过反复多次折叠加工，而反复的折叠促使面团温度上升，油脂的可塑性和涂抹性也随之下降，且由于面团温度的逐步升高，面团会变软，不利于面团的折叠操作。因此，降低面团的温度，提高面团和油脂的可塑性，使面团和油脂的硬度趋于一致是十分必要的。行之有效的方法就是采用低温冷藏手段，即面团每经过一次折叠处理后，将其放入1 ~ 3℃的冷藏室中一段时间（20 ~ 40min）。随着面团温度降低，面团中的油脂微粒之间会重新发生凝聚作用，从而使其可塑性提高，有利于面团的折叠操作。酥皮面团折叠次数和温度的关系如表5-2所示。

表5-2 折叠次数与温度的关系

环境温度/℃	折叠次数	面团温度/℃
15 ~ 18	3×3×4	23 ~ 24
20 ~ 25	3×4	20 ~ 22
26 ~ 28	3×3×3	15 ~ 18
29 ~ 35	3×3	0 ~ 5

（五）整形操作

酥皮制作完成后，根据不同产品的要求，将酥皮擀成一般厚度为0.3 ~ 0.5mm的薄片，然后用轮刀或切模加工成一定形状的面坯，如正方形、长方形、三角形、圆形等，直接或夹馅后塑造成一定形状。面团在整形时有以下几点要求。

（1）整形的面团不可冰冻得太坚硬，如太硬应放在操作台上使其恢复适当的软度，以方便操作。

（2）整形后的面皮厚薄要一致，被切割的每一块小面皮的大小应一致。

（3）整形操作的工作室温度要适宜，尽可能避免高温。

（4）整形操作时动作要快而利索，从擀面皮到分割、夹馅，整形要一气呵成。

（5）切割使用的刀具应锋利，这样每一个被分割的小面皮及四边的面皮与油层间隔分明。

（6）整形后的生坯放在烤盘内须留够间隔距离，平烤盘涂油不宜多，以免其滑动。

（六）烘烤

起酥点心的烘烤宜采用较高的炉温（220 ~ 230℃）。高温下面层能很快产生足够的蒸汽，有利于酥层的形成和制品的涨发。烘焙前，制品表面可用蛋液涂刷，使其烘烤后光亮上色。

（七）装饰（图5-10）

起酥类点心品种依据产品品种和特点不同，其装饰性的原料也不尽相同，产品表面上以及馅料的装饰也是多样化的。根据品种的需要，经常用果酱、糖粉、水果等进行装饰。糖粉装饰应该在产品完全冷却后进行，避免糖粉受热融化。

果酱装饰

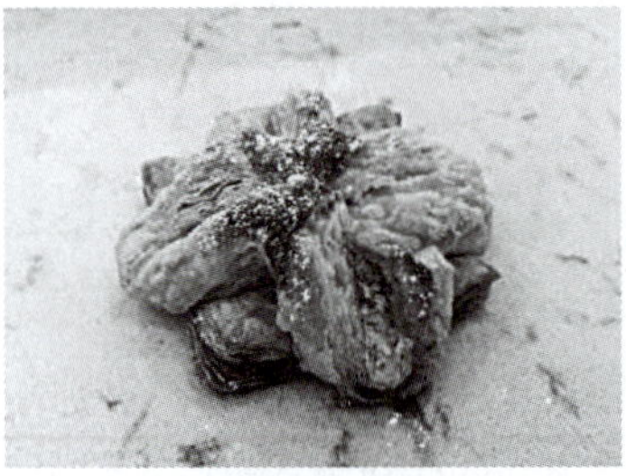

糖粉装饰

水果装饰

图5-10 起酥点心装饰

实例一 蝴蝶酥（Palmier）

【品种介绍】

蝴蝶酥因其形状似蝴蝶而得名，其结构层次分明、口感松脆香酥，香甜可口。

【制品配方】

皮面团：中筋面粉750g、黄油50g、全蛋100g、食盐5g、白砂糖20g、清水300g。

酥心：片状起酥油500g。

添加料：肉桂粉、鸡蛋液、白砂糖。

【设备器具】

和面机、开酥机、擀面滚筒、滚刀、滚针、网刀、米尺、擀面棍、蛋刷、菜刀、刮板、量尺、刷子、烤箱、烤盘纸。

【制作方法】

（1）准备工作 片状起酥油从冰箱中取出，用擀面棍敲柔韧，敲打成正方形。烤箱预热，温度为上火210℃，下火200℃。

（2）制作酥皮 将中筋面粉和其他原料一起加水和成面团后，放入冰箱至少冷藏1h醒面。将面团擀成可以包裹住起酥油的大小，将起酥油放入面团中，把四角折叠，刚好可以包裹住面团，放入冰箱至少冷藏1h。冷藏后的面团拿出按照酥皮的制作方法制成酥皮，用擀面棍擀成厚3mm的面皮。切成10cm×60cm见方大小。

（3）成品制作　将切好的千层酥皮横放，均匀打孔、均匀涂上蛋液，撒上白砂糖和肉桂粉。将长边两端向中央卷制，卷的过程中用手掌向下压，使各层紧密贴合。中缝处刷上蛋液粘连在一起后放入冰箱冷冻成形。

（4）烘烤　从冰箱取出，用快刀切成6mm厚度的片，切面向上摆放在烤盘上。烤制10 ~ 15min。

【制品图解】

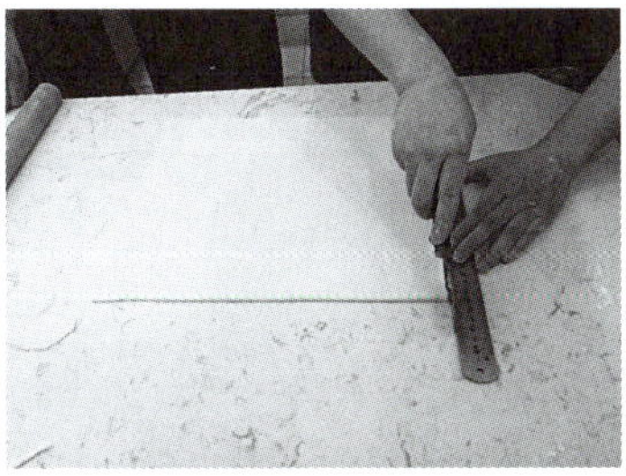

1. 面皮切割

2. 打孔、刷蛋液

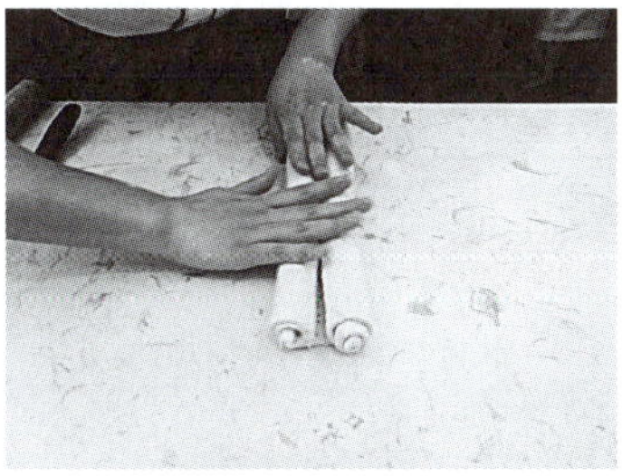

3. 卷制面皮

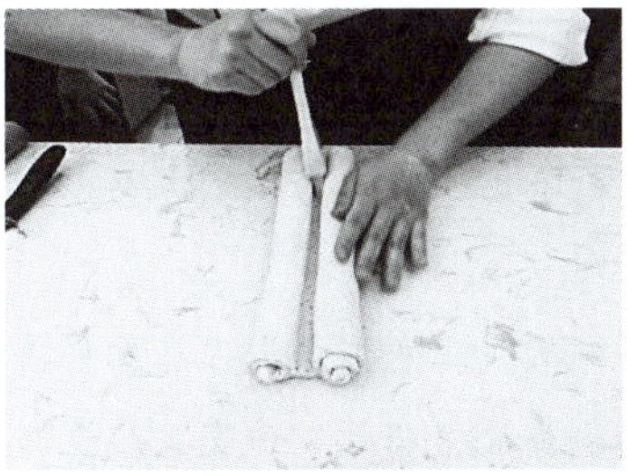

4. 卷制完成时再刷蛋液

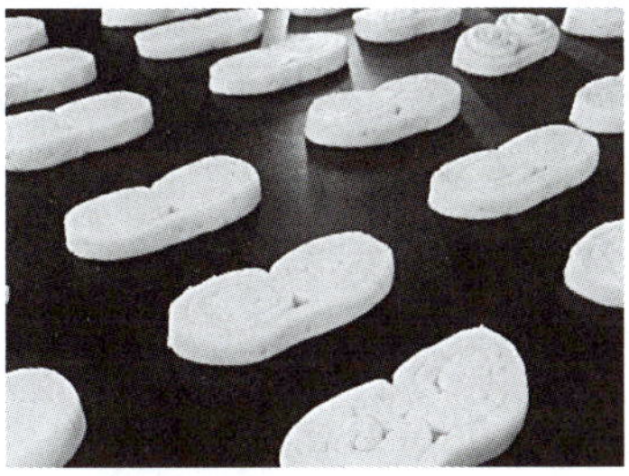

5. 切制后放入烤盘

6. 烘烤成形

【操作要领】

（1）擀面的时候，双手用力要均匀，折叠的时候面皮与片状酥油的分布要均匀，而且层次要分明。

（2）蝴蝶酥卷制时一定要卷紧，否则烘烤后制品形状不美观。

课后思考题

1. 蝴蝶酥和其他起酥点心的相同点和不同点是什么？
2. 盐在酥皮面团和制作过程中的主要作用是什么？

实例二 造型酥类

【品种介绍】

将酥皮面团制作成各种各样的形状，并添加不同的馅料和装饰料。制品造型逼真、奶香味浓，层次分明，口感膨松酥脆。

【制品配方】

皮面团：中筋面粉750g、黄油50g、全蛋100g、食盐5g、白砂糖20g、清水300g。

酥心：片状起酥油500g。

装饰料：糖粉、果酱、卡仕挞馅、水果。

【设备器具】

滚刀、网刀、切模、米尺、擀面棍、蛋刷、塑料布（袋）、小刀、刮板、量尺、刷子、烤箱、烤盘纸。

【制作方法】

（1）制作酥皮（见前面详细操作步骤） 将酥皮用切割刀切成10cm×10cm的正方形。

（2）花形酥成形 将制作好的酥皮切成正方形，再在正方形四个角内切（平行于正方形四个角）四个角，然后四个角向中间对齐合拢，整形成花形。

（3）果酱酥成形 将松弛好的酥皮擀成片，取一个正方形面坯对折成三角形，用刀在面坯直角边各切一刀，离尖端约1.5cm处保持相连，然后翻开三角形，表面刷蛋液，将切割边交叉拉至对角边，中间挤上果酱，稍微松弛，表面刷蛋液。

（4）咖喱酥角成形 将制作好的酥皮切成正方形，在面皮中心放上馅料，双手将面皮对折叠成三角形，将边缘捏紧即得到咖喱酥角。

（5）风车酥成形 切成正方形后在四角划四刀。刷蛋液后整形成风车形。整形后撒上芝麻，表面刷鸡蛋液。

（6）烘烤 酥类制品放入烤箱，温度为上火220℃，下火180℃，约20min后出炉，装饰即可。

【制品图解】

1. 花形酥

1. 将面皮切成正方形

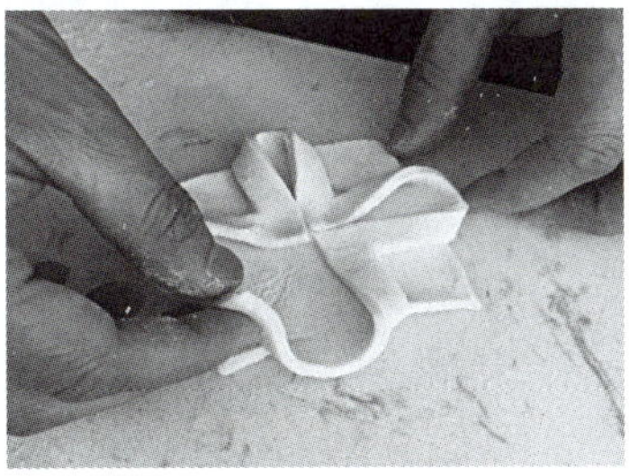
2. 四个角向中间对齐合拢

3. 整形成花形

2. 果酱酥

1. 划刀

2. 整形成中间有凹窝

3. 涂上果酱

3. 咖喱酥角

1. 在正方形面皮上加入馅料

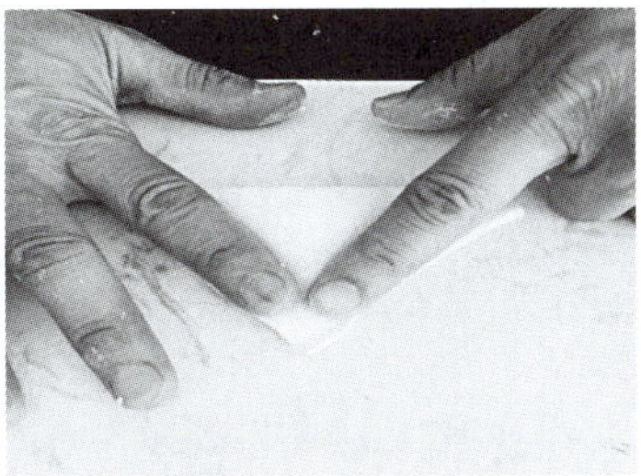
2. 双手将面皮对折

3. 将边缘捏紧、整形

4. 风车酥

1. 在正方形四个角划四刀

2. 正中央刷蛋液

3. 四角向中间折叠，整形成风车

5. 起酥成品图

1. 花形酥

2. 咖喱酥角

3. 果酱酥、风车酥

【操作要领】

（1）擀面团时一定要在底面和表面撒粉，并时刻注意撒粉是否足够。擀制、折叠好的面团在休息（静置）或过夜保存时应放入塑料袋中，以防止表皮发干。

（2）卷制结合处一定要紧密贴合，否则烤制的时候折叠部分裂开会影响形状的美观。

（3）刷蛋液时，注意侧面的切口处不要刷，以免烘焙时粘在一起，影响美观。折叠风车前要在其中间刷蛋清液或水，增加黏性。

（4）刷蛋液时不宜将蛋液流在面坯的侧面。

课后思考题

1. 造型酥在制作过程中有哪些注意事项？
2. 蛋液刷到面坯侧面会造成什么结果？

实例三 芝士酥条（Cheese cake）

【制品配方】

皮面团：中筋面粉750g、黄油50g、全蛋100g、食盐5g、白砂糖20g、清水300g。

酥心：片状起酥油500g。

装饰料：巴马芝士粉1瓶、全蛋2个。

【设备器具】

擀面棍、滚刀、滚针、网刀、切模、米尺、长擀棒、蛋刷、塑料布（袋）、小刀、刮板、量尺、刷子、烤箱、烤盘纸。

【制作方法】

（1）准备工作　片状起酥油从冰箱中取出，用擀面棍敲柔韧，敲打成正方形。烤箱预热，温度为上火210℃，下火200℃。

（2）酥皮制作　皮面团搅拌成团后放入冰箱中冷藏。面团包裹起酥油，按照折三折→折四折→折三折的顺序，擀成约3mm厚的面皮，放入冰箱中冷藏一晚。

（3）成品制作　酥皮取出后用滚针打孔，切成1cm宽的长条状。表面刷全蛋液后，撒上芝士粉，拿起切好的长条，两端往相反的方向扭，然后放置在烤盘上，两端用力按压在烤盘上。

（4）烘烤　将芝士条生坯放入烤箱中烘烤10～15min，至金黄色后取出。

【制品图解】

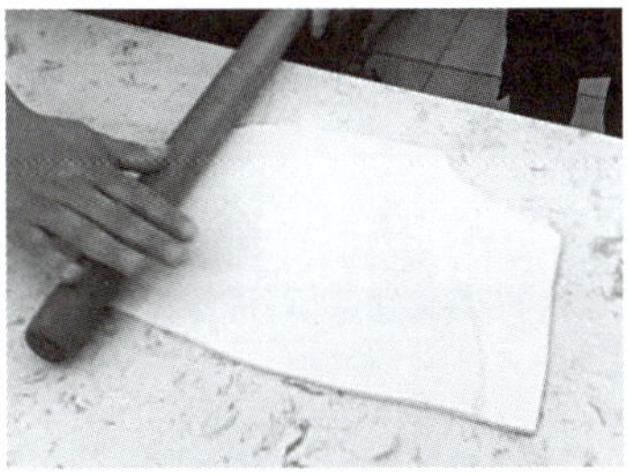
1. 擀薄

2. 打孔

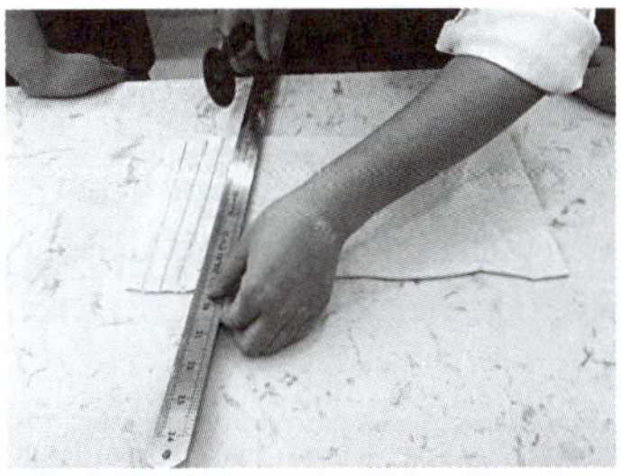
3. 切成长条

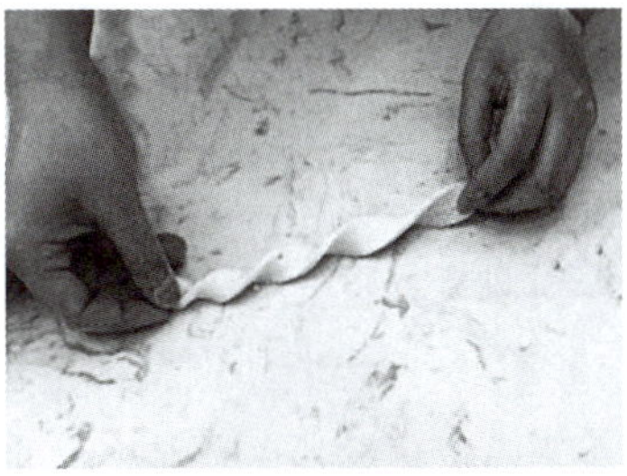
4. 双手扭制成形

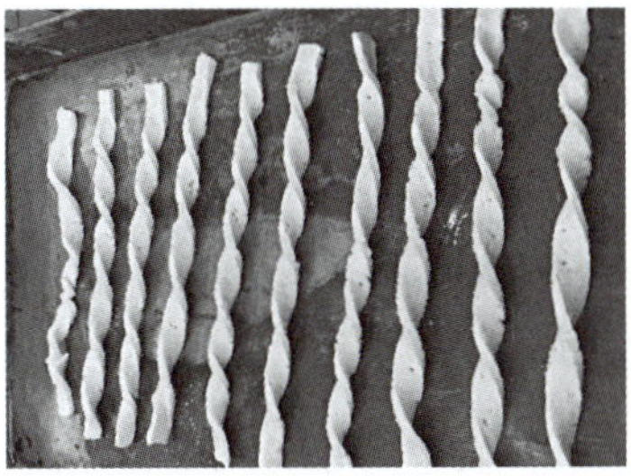
5. 放入烤盘烘烤

6. 成品

【操作要领】

（1）每次在擀开面团时，不要擀得太薄（厚度不低于5mm），以防止层与层之间粘连。成形时，面团最后擀制成的厚度以3mm左右为宜。

（2）酥条不宜太宽，否则烘烤过程中容易受热变形。

课后思考题

芝士酥条可以怎样变化？

实例四 拿破仑酥（Napoleon pastries）

【品种介绍】

拿破仑酥法文为“Mille-feuille”，即有一百万层酥皮的意思，所以又被称为千层酥，由三层的千层酥皮，夹两层的饼房奶油－卡仕达酱（Custard）制成。做拿破仑酥的重点和难点便是制千层酥皮，于面团中裹入油脂，经过反复折叠，形成数百层面皮—黄油—面皮的分层。在烘焙时，面皮中的水分受高温气化，面皮在水蒸气的冲击作用下膨胀开来，形成层次分明又香酥可口的酥皮。

【制品配方】

皮面团：高筋面粉 375g、低筋面粉 125g、黄油 60g、全蛋 40g、水 260g、食盐 5g。

酥心：酥片黄油 500g。

蛋白夹心饼：蛋白 1000g、砂糖 700g、淀粉 250g、核桃碎 500g。

装饰料：法式奶油膏、糖粉、水果。

【设备器具】

擀面棍、搅拌缸、手动打蛋器、走槌、冰柜、烤盘、叉子、烤箱、平底锅、裱花袋以及裱花嘴、小刀。

【制作方法】

（1）准备工作　片状起酥油从冰箱中取出，用擀面棍敲柔韧，敲打成正方形。烤箱预热，温度为上火 210℃，下火 180℃。

（2）酥皮制作　将除水以外的所有皮面团原料放入搅拌机中，加水后慢速搅拌成光滑的面团即可，然后将面团搓圆，盖上保鲜膜松弛 20min。折叠开酥，三折三次。将千层酥面团用开酥机擀成厚度为 2 ~ 3mm 的薄片，用轮刀将面皮切成烤盘大小，用针车轮打出小孔，松弛 10min。入烤箱烘烤成熟。

（3）烘烤　上火 220℃，下火 180℃，时间约为 20min。

（4）制作蛋白夹心饼　将蛋白、砂糖放入搅拌机中高速搅打至蛋白湿性发泡，加入淀粉拌匀，再加入核桃碎拌匀。装入烤盘抹平，烤箱上火 150℃，下火 150℃，烘烤 40min。

（5）组合装饰　一张酥皮上均匀抹上法式奶油膏，放一层夹心饼，抹上软化黄油后再加入第二层酥皮。第二层酥皮上均匀抹上软化黄油，放一层蛋白夹心饼，抹上软化黄油后再放第三层酥皮，然后在第三层酥皮表面撒一层酥皮碎，最后在表面盖一张不粘布，压上重物放入冰箱冷冻 2 ~ 3h 后切割成形，并用糖粉和水果进行装饰。

【制品图解】

1. 准备蛋白饼原料

2. 抹平装盘

3. 烘烤

4. 制作酥皮

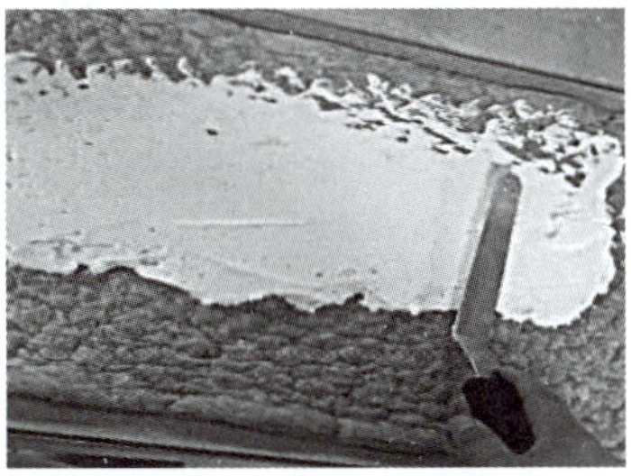

5. 夹馅组装

6. 成品

【技术要点】

（1）温度过高时，制作面皮时用冰水。

（2）面皮装盘后一定要松弛再进行烘烤，不然饼坯易收缩变形。面皮烘烤前一定要打孔。

（3）蛋白夹心饼要烤香烤脆。

（4）酥皮夹馅后要稍微压一压，使饼坯粘紧。

（5）撒糖粉时最好将糖粉放在筛子里，筛在表面上，使糖粉分布均匀。

课后思考题

1. 拿破仑酥的由来和特点是什么？
2. 制作拿破仑酥所需要的技巧和注意事项是什么？
3. 拿破仑酥对原料的要求和起酥工艺的要求是怎样的？

项目二　派、挞类

学习目标

- ◆ 了解派、挞品种产品特点。
- ◆ 熟悉派、挞类品种的用料构成及要求。
- ◆ 熟悉派、挞类品种的制作工艺。
- ◆ 掌握派、挞类品种的制作方法。
- ◆ 熟悉派、挞类品种变化与创新思路和方法。
- ◆ 掌握派、挞的造型方法。
- ◆ 掌握派、挞类制作的温度和时间控制。
- ◆ 能独立进行派、挞类品种制作。

派（Pie），俗称馅饼，是西方油酥类点心的代表，是西餐宴会、自助餐、零点餐厅和欧美人家庭中的常用甜点。它是以面粉、奶油、糖等为主要原料调制面团，经擀制、成形、填馅、成熟、装饰等工艺制成的一类酥松而有层次的点心。一般每只可供 8 人或 10 人食用。挞（Tart）也称塔，属于派类，有一种误解认为塔是一种典型的欧洲派，比较两个名称和用途，可以发现，挞比派的模具小而深。派的含义多用于双皮派，并且是切成块状的；挞多用于单皮的馅饼，或比较薄的双皮圆馅饼，或整只小圆形及其他形状（如椭圆形、船形、带圆角的长方形等）。两者都是由皮和馅两部分组成。派与塔的品种风味，很大程度上是通过馅心来变化的。常用的馅料有各种水果馅、果仁馅、卡仕达馅、蛋糕面糊馅、蛋白膏、奶油霜、慕斯等。

一、派、挞的分类

派、挞的分类方法很多。按口味来分可把派分为甜和咸两种。甜的作为点心，而咸的多作为菜肴食用。甜的大多选用各种水果、巧克力、椰子、蛋黄忌廉、打起的鲜奶油、蛋黄糖等作为馅心和配料。咸的则用猪肉、火腿、家禽肉、鸡肝泥、海鲜类、奶酪以及蔬菜等作为馅心。按形状分可把派分为单皮派和双皮派。单皮派由派皮与派馅两部分组成。双皮派以水果派为主，往往在馅料上面加盖一层派皮，或者使用格子网状派皮。按烘烤方法将派分为烘烤派类和非烘烤派类。烘烤派是将生派皮填入馅料后烘烤而成的派，非烘烤派的派皮是事先烤好的，把馅料填入事先烘烤好的派皮中，经冷藏后，馅料变成固态装饰后供食用。

另外，派还有酥皮派等。酥皮派有几种，最简单的是直接用酥皮作为派皮，中间放入馅料烘烤后食用，也有做成长条形的派，用酥皮做成长方形，两边用长条酥皮刷上蛋液贴上，进烤炉烘熟、焗黄，中间配上蛋黄忌廉、鲜奶油等作为馅心，表面用水果作装饰，常用水果有菠萝、橘子、黄桃等，水果要求排列整齐，刷上吉利冻，开刀切成长方块，裱上鲜奶油花，点上樱桃即可。

二、派、挞原料选用原则

1. 面粉

用于制作派皮的面粉通常选用低筋面粉，含干面筋质7.5%左右，面粉是主料，它能将水、油等其他配料混为一体，并且提供面筋质。而在派皮制作中，为了保证派皮酥松的口感，应该选择含面筋质较低的面粉。面粉的筋力越低，制作出的派皮出现失误的可能性也就越低，派皮的酥松感才会强。但制作酥皮时采用一部分高筋面粉，目的是为了开酥的时候，面团的延展性更好。

2. 油脂

脂肪的作用在于有起酥能力，能够使制出的派皮有特殊的味道和松软度，其松软度对派皮的成败起关键作用。用于制作派皮的油脂可以用任何一种固体脂肪，常用的有猪油、黄油、人造黄油和氢化油等。可以根据成本要求，选择不同的油脂。在西式传统派的制作上，一般选择无盐黄油，制品口味香浓，烘焙效果好，但胆固醇含量高，现在经常用植物性黄油或人造黄油（麦淇淋）来代替。

3. 水

水是派皮的重要配料，水的作用在于使面粉中的谷蛋白与水分结合而粘连成团，派皮基本配方中的用水量不固定。随着起酥油所用的比例成分、面粉及蛋白质的含量以及调配方法而有所变化，水太少派皮松散、易碎，不易成形，操作起来较有难度；水太多则会产生过多的面筋，使派皮发硬，烘烤后容易收缩。也可以用牛奶或鸡蛋代替水，除使得派皮更为酥松外，还能够改善派的口感。

4. 糖

糖赋予派皮甜味，加强了派皮的风味。制作派皮时，通常用糖粉和细砂糖制作，不用砂糖，因为糖粉和细砂糖很容易被溶化，而砂糖则不易被溶化，没有融化的砂糖混合在派皮里面，烘烤出来的成品有白色的斑点，影响制品的美观。

三、派、挞工艺流程

（一）烘烤派

烘烤派的一般工艺流程如下：

原料称量→混合成团→冷藏→擀皮→放入派盘→装馅（盖皮）→烘烤→冷却→装饰。

（二）非烘烤派

非烘烤派的一般工艺流程如下：

原料称量→混合成团→冷藏→擀皮→放入派盘→烘烤→冷却→装馅→冷藏→装饰。

四、派、挞类的制作工艺

（一）面团调制工艺

1. 咸派皮

将低筋面粉过筛，冷藏黄油切成小块，加入粉料中，在黄油的表面均匀粘裹一层面粉，将冰水与盐徐徐加入粉料中，用橡皮刮刀搅拌均匀，直到成团。面团装入塑料袋中用擀面棍轻轻拍打成四方形，放入冰箱冷藏 40min 后取出，将面团放在撒好面粉的工作台上，擀成 7 ~ 8mm 的厚度，将派皮折成三等份，回冰箱冷藏 15min，重复操作 3 次后冷藏备用。派皮酥松的秘诀就是要保持面团的温度够低，奶油颗粒的大小要合适。面团温度太高，奶油会融化而被粉类吸收，而致使层次不够，也可能变成饼干状。和面一定要用冰水，擀平面团，折三折后要放回冰箱冷藏一下，派皮才会酥松有层次。

2. 甜派皮

（1）油、面粉搓入法　将面粉和糖粉筛匀，放于案板上，黄油放在面粉上，用面刀将黄油切碎，用手将黄油搓入面粉中呈细沙状，放入鸡蛋，用堆叠法按成面团，混合均匀即可入冰箱冷藏。面团不能过多揉搓，揉搓容易产生面筋，会使派皮在烘烤过程中收缩，影响美观，而且烘烤后的派皮口感发硬，不够酥松。

（2）油、糖搅拌法　黄油加糖粉拌和均匀呈乳白色油膏状，加入蛋黄一起混合均匀。低筋面粉过筛，加入油膏中轻轻拌和成团，用保鲜膜包好，冷藏备用。此法多用于大量生产，面团存于冰箱，需要用时取出。

（二）整形操作

1. 擀皮操作

首先取出放入冰箱的面团，数量只取够一个派皮用的面团。揉成一个圆团，撒少许面粉放在面板上，在擀之前，最好在擀面杖上撒少许面粉，以防与面团粘连，也可以用保鲜膜将面团包起来后制作。开始擀时必须用力均匀，从面团内擀向四周各个方向，使面团成圆形。如果重复擀面团的某一部位，会使派皮发黏。因此，应避免翻转派皮。将派皮擀到适当厚度，一定要擀均匀。擀面杖一定要光滑。

2. 装盘操作（图 5-11）

用擀面杖卷起皮，放入派盆中，轻轻挤出盘底的空气，用刮板去掉多余的派皮，用手或者花夹子做出需要的花边，用叉子或刀扎几下派底，目的是使派皮和模具之间的空气得以释放，以免烘焙时凸起。松弛 15min 后冷藏备用。

图 5-11　派皮装盘

3. 双皮派的装盘操作

（1）普通表皮　底层按单皮派的要求做好以后，装外馅，再盖上一层派皮，用叉子扎几下，使空气得以释放，去掉边缘，用花夹子夹成花边即可。厨师可以根据自己的创意，在表皮上做出各种花形，或者用模具压出各种形状，摆于表面进行装饰。最后表面刷上鸡蛋液。

（2）网纹表皮　将派面团擀成适当的厚度，切成约 1cm 宽的长条。将一条派皮放在馅上，将另一条派皮斜向盖在第一条上，间隔 1 ~ 1.5cm，依次交叉，一上一下交错编织成网纹，边缘处沾上蛋黄液，稍压派模边的派皮，将多余的派皮去掉。最后表面刷上鸡蛋液。

（三）烘烤

1. 单皮派的烘烤要求

将擀好的派皮放入刷上油的派盘里，要求派皮放入派盘要宽松。如果派皮在盘底拉伸过紧，烤后派皮收缩大，使得派底皮太小，而且派皮可能会没有边缘，不能保持其形状，影响成品的质量。派皮的烘烤温度一般在 210℃左右，烤 15 ~ 18min 即可。派皮的颜色应呈浅棕色，派皮不能过厚，厚度应为 3mm。温度过高派皮上色很快，颜色达到要求而派皮没有熟，补救的办法是在派盘底垫上一只烤盘，上面用牛皮纸盖好，烤至成熟为止。若温度过低，烘烤时间势必要长一些，而且不容易上色，低温烤出的派皮僵硬而表皮不酥脆。单独烘烤派皮的时候常用绿豆等垫着铝箔放入烤箱中烤是为了靠绿豆的重力使派皮的表面平整，烤的过程中不会鼓起来，等其定型，将其拿掉，再将皮烤至熟。

另外，派皮和稀的馅心一起烘烤时，若将炉温调至烤稀的馅心，使牛奶、蛋类糊凝固的温度，派皮烤的很慢，吸收注入体而变得湿润。反之，若温度高到足以刚好烘烤派皮时，就会使稀的馅心变黏而水分溢出。为了解决这一问题，一种方法是在倒稀馅心之前把派皮放在温度为 230℃烤炉中烤 10min，然后再在 160℃温度下烤至熟透为止；另一种方法是用同一尺寸的烤盘，先把派皮放在派盘的外面，放入烤箱烤熟烤黄，然后把稀的馅心放在派盘的里面，烤熟烤凝固，最后把凝固的馅心轻轻地从烤盘移至烤好的派皮中即可。

2. 双皮派的烘烤要求

双皮派的馅心大都是水果，因为水果的水分多，而且含糖量高，双皮派的烘烤要求与单皮派的烘烤基本相同，不同的是双皮派要放入高温烤箱（220℃）中，大约烤 10min 左右，以使派皮在来不及吸入水分变湿以前就烤好底部派皮，然后在 120℃烤箱中烤熟，使水果有足够的时间来软化。另外，水果馅心往往会使面团中层层散布的起酥油融化，被面团吸收，这种情况会使派皮呈粉状而不是呈片状，热的馅也可使饼皮变得湿润，如用冷馅，烘烤时间要长，结果易导致外派皮已烤至焦黄里派皮还未烤好，因此，馅心一定要晾凉后使用。

双皮派制作比较困难，经常会出现果馅的沸溢，防止果馅流出的方法是避免用过低的炉温长时间烘烤。果馅溢出的原因主要有糖或水果形成的固形物含量不足，馅可能在烤好之前溢出；另一种原因是增稠物料用量不足，馅心中糖大多可使淀粉凝胶体分解而使稀馅流出，为了避免这种情况发生应减少用于派的糖量；还有一种原因是操作面团时手法不对，如果将面皮在派盘底上拉扯，则烤时派收缩，于是馅就会流出来。为了防止这种情况发生，应当用足够量的面团作底部派皮，可超出烤盘边一些，多出来的部分翻到上面派皮处，将两面捏合，防止果汁溢出。

（四）装饰

派的装饰非常重要，是制作派的最后一道工序。一般派都是作为西餐最后一道菜点，因此，派的装饰新奇美观会给顾客留下很深的印象。

双皮派的装饰特别简单，除了派皮表面用刀叉等工具做一些花纹，边缘捏一些花边等，装盘时用奶油花或樱桃作装饰，也可以撒一层糖粉作为装饰，还可以用少司的颜色来装饰。

单层派的装饰比较多，表面可以用水果装饰，水果的颜色本来非常鲜艳，在水果表面刷一层吉利冻，会使水果的颜色更加鲜艳具有光泽，而且使水果粘接在一起，非常诱人。也可以用打发的鲜奶油或蛋白糖抹成各种花纹，再配相应的水果和装饰叶进行装饰等。

实例一 苹果派（Apple pie）

【品种介绍】

苹果派最早起源于欧洲东部，是美国人生活中常见的一种甜点，算得上是美国点心的一个代表。苹果派有着各式不同的形状、大小和口味。形状包括自由式、标准两层式等。口味包括焦糖苹果派、法国苹果派、面包屑苹果派、酸奶油苹果派等。欧美地区，许多家庭都把它当作主食。

【制品配方】

派底：甜派皮 1 块。

苹果馅：苹果 400g、细砂糖 90g、黄油 40g、水 40mL、玉米淀粉 20g、肉桂粉 10g。

装饰料：糖粉、杏仁片、果膏。

【设备器具】

派盘、刮片、冰箱、擀面棍、盘、小刀、烤箱。

【制品图解】

1. 制馅

2. 擀薄片，按匀去边

3. 加馅

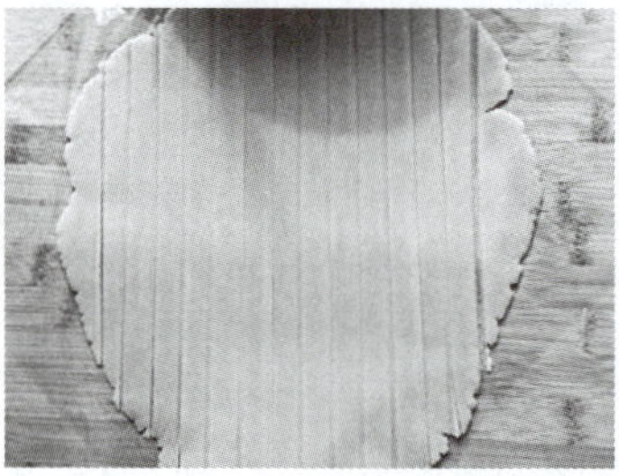
4. 切长条

5. 编成网格状

6. 成品

【制作方法】

（1）制苹果馅　苹果去皮切成小丁，黄油放锅中加热融化，加入一半糖炒至糖融化后放入苹果及剩余的糖、肉桂粉，炒至苹果软化。玉米粉和水拌匀，加至苹果馅中，中火慢慢炒至黏糊状，水气收干后冷却备用。

（2）成品制作 将派皮擀成0.3cm厚的皮，将苹果馅倒入铺好派皮的派盘中，压紧，将剩余的咸派皮擀成面皮，并切成1cm宽的长条，将派条排成网状，盖在苹果馅上，去掉边角料，边缘用鸡蛋液粘好，送入200℃烤箱烘烤约20min即可。

（3）装饰 冷却后表面撒防潮糖粉装饰，或刷镜面果胶，用杏仁片装饰。

【技术要点】

（1）切好的苹果放入加了柠檬汁的水中浸泡，可以防止其氧化变黑。

（2）炒馅时火不能太大，一定要不断翻炒，防止糖和苹果变焦。

（3）苹果一定要炒软，馅的浓稠度可以通过玉米粉来调节。

（4）苹果派冷却后食用风味更佳。

（5）表面的派皮可以用擀薄的派皮直接盖上去，也可以将派皮搓成小颗粒后盖于表面。

课后思考题

1. 苹果派对原料的要求以及对工艺上的要求是什么？
2. 苹果派的由来和特色是什么？
3. 制作苹果派的注意事项是什么？

实例二 卡仕达水果挞（Cardtart pudding fruit pie）

【品种介绍】

法国人最经常享用的点心就是水果挞。选用甜派皮制皮，中间填上卡仕达奶油馅或果酱，不同的地区将当地特产的水果或当季食材摆放在挞上享用。诺曼底地区是摆放苹果，亚尔萨斯则是放上樱桃或蓝莓等。

【制品配方】

挞皮：面粉250g、黄油150g、蛋黄1个、水50g、细砂糖50g。

卡仕达馅：蛋黄6个、细砂糖100g、低筋面粉60g、牛奶500g、淡奶油200g。

装饰料：白巧克力、新鲜水果、光亮膏。

【设备器具】

面盆、刮板、冷藏柜、擀面棍、挞模、小刀、锅、烤箱、滚针、裱花袋、刷子。

【制作方法】

（1）制挞皮 面粉加入黄油，用手轻轻搓至雪花片状。蛋黄、水、糖、盐，搅散加到面粉中，抓匀，揉成团。用保鲜膜或保鲜袋包住面团，放冰箱冷藏半小时。半小时后取出面团，轻轻擀薄成比挞盘大的圆形。盘内抹油，盖上挞皮，捏实按平，用叉子扎孔，挞皮上铺一层油纸，中间放入米或豆子之类的重物，防止挞皮在烤制过程中凸起，烤箱预热190℃，烤制10～15min。

（2）制卡仕达奶油酱 蛋黄加入砂糖和低筋面粉拌匀，牛奶煮沸，加到蛋黄糊中拌匀，盆子装上淡奶油，中速打发。打发的奶油加入冷却后的蛋黄酱中，拌匀，即成卡仕达奶油酱。

（3）装饰 草莓、芒果、蓝莓切成需要的形状备用，取出烤好的挞放凉后，把米粒和油纸拿掉，抹上融化的白巧克力至凝固。倒入卡仕达奶油酱约九成满，抹平后放上水果进行装饰，最后抹上光亮膏即可。

【制品图解】

1. 抹巧克力

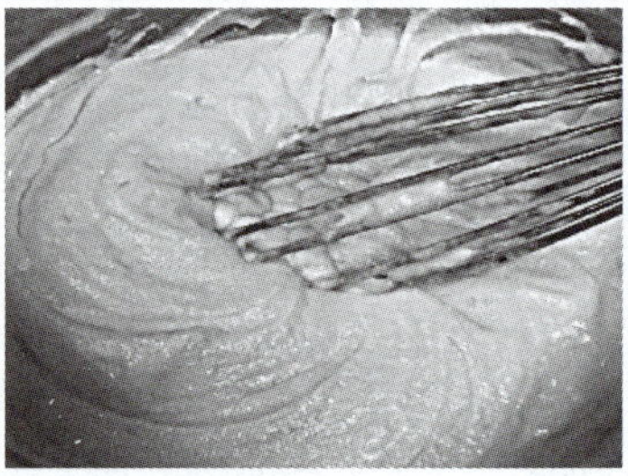
2. 调馅

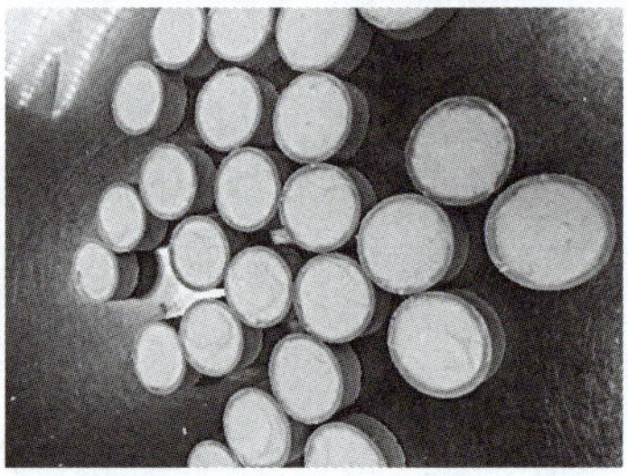
3. 填馅

4. 水果切配

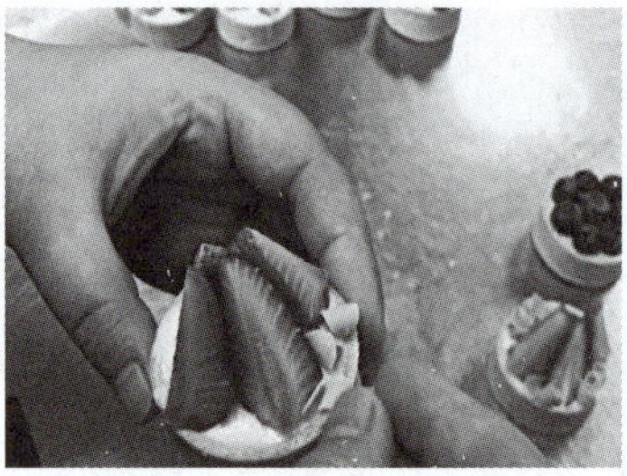
5. 装饰

6. 成品

【技术要点】

（1）调制面团时，要将黄油混入面粉中再切粒，可避免油脂粘连，使之更容易分散在面团中，宜用冰水，保持面团较低温度，避免油脂软化。

（2）调制好的面团一定要在低温环境下松弛足够时间，避免烘烤时收缩变形。

（3）装模时要将挞皮擀至均匀的厚度，擀制过程中要撒面粉。制作挞时要先将底部与模具完美贴合，再用大拇指指腹压侧面，将多余的面皮再削去。挞盘内要涂抹黄油以防烤好后粘连，难以脱模。

（4）制作好后要在挞底部用牙签戳洞，防止烘烤的时候起泡变形。

课后思考题

1. 制作卡仕达水果挞的注意事项是什么?
2. 为什么最后要在挞底部刷巧克力?
3. 如何使挞底不起泡?

实例三 蛋挞(Egg tart)

【品种介绍】

传统蛋挞是一种以甜派皮制皮，用蛋浆做成馅料的传统点心，而目前最受大众欢迎的蛋挞是葡式蛋挞。葡式蛋挞采用酥皮制皮，皮酥馅嫩，入口软滑，挞馅和传统蛋挞有些区别。据说最早的葡式蛋挞来自英国人 Andrew Stow，他在葡萄牙吃到里斯本附近城市 Belem 的传统点心 Pasteis de Nata 后，在传统食谱上加进自己的创意，并于 1989 年在澳门路环岛开设安德鲁饼店，创作出葡式蛋挞。葡式蛋挞是澳门小吃中最有名的，特别讲究烘焙技巧。葡式蛋挞皮制作对温度和工艺的要求较高，目前手工操作少，工业化成品工艺成熟，一般都购买现成的挞皮使用。

【制品配方】

挞皮：低筋面粉 300g、糖粉 110g、黄油 150g、奶粉 50g、鸡蛋 50g。

蛋挞馅：细砂糖 65g、热水 175g、全蛋 150g、蛋黄 50g、牛奶 150g、炼乳 15g。

葡式蛋挞馅：淡奶油 500g、牛奶 500g、全蛋 7 个、蛋黄 3 个、白砂糖 200g。

蛋挞液：淡奶油 500g、牛奶 75g、蛋黄 3 个、全蛋 3 个、砂糖 100g。

【设备器具】

冰箱、打蛋器、面盆、筛网、烤箱。

【制作方法】

(1)准备工作　称量原料，预热烤箱，温度为上火 240℃，下火 210℃。

(2)制蛋挞水　全蛋、蛋黄、白砂糖一起搅拌均匀后过滤备用。

(3)烘烤　将成品蛋挞皮取出放入烤盘，排列整齐。将蛋挞水去除浮沫，倒入蛋挞皮中约八分满，烘烤 20 ~ 25min 即可。

【成品特点】

皮软馅嫩，入口软滑。

【制品图解】

1. 制模

2. 烘烤

3. 成品

【技术要点】

（1）挞皮需要冷冻，不能提前取出，否则会影响成品口感和造成漏液。

（2）蛋挞水搅拌产生的泡沫可用纸轻轻抹掉，否则会影响烘焙效果。

（3）烘烤 20min 左右，轻轻敲击烤盘，蛋挞水不流动即成熟。

课后思考题

1. 蛋挞水为什么只能装八分满？
2. 烘烤温度对蛋挞有什么影响？

实例四 椰子挞（Coconut tart）

【品种介绍】

椰子挞以椰蓉为原料，是一款传统的挞类。它保留了浓郁的甜味和酥软，再配上椰蓉的清香、牛奶的香浓，味道较清新。

【制品配方】

挞皮：低筋面粉 500g、糖粉 110g、黄油 150g、奶粉 50g、鸡蛋 50g。

椰蓉馅：细砂糖 100g、黄油 100g、奶粉 50g、椰蓉 300g、全蛋 4 个（200g）。

装饰料：红车厘子 4 个。

【设备器具】

冰箱、打蛋器、面盆、挞模、叉子、烤箱。

【制作方法】

（1）制挞皮　按照油、糖搅拌法将挞皮混合成团，冷藏后取出擀成0.3cm厚的片，用模具压成小份放入挞模中，用手指捏成一个个挞皮后松弛，入冰箱冷藏备用，底部用叉子叉几个小孔。

（2）制椰蓉馅　黄油软化后，白砂糖一起打发至发白的油膏状，分次加入鸡蛋混合均匀，最后加入椰蓉、奶粉拌匀即可。

（3）成品制作　馅料装入已经捏好的挞皮中，垒成小山状，表面修饰平整，挞顶放八分之一颗红车厘子装饰。放入上下火200℃的烤箱中，烤10min左右，表面金黄色取出即可。

【制品图解】

1. 软化黄油

2. 揉成面团

3. 馅心（一）

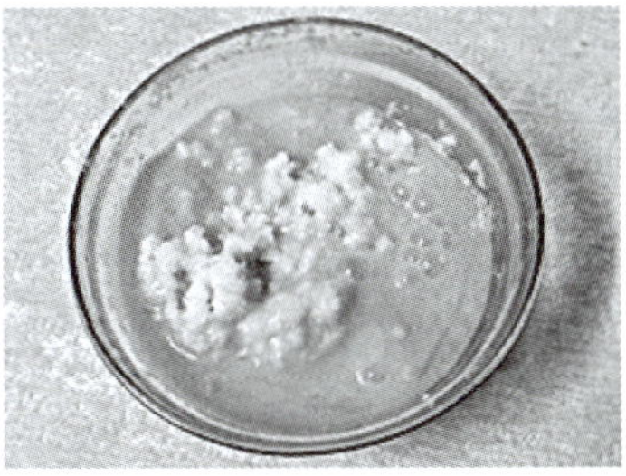
4. 馅心（二）

5. 挞底叉孔

6. 出炉

【技术要点】

（1）挞皮面团可以用鸡蛋调节软硬度，不可和得太硬，太硬则面筋太强，会引起制作过程中挞皮回缩。太软则不利于操作，烘烤后制品不易脱模。

（2）黄油和糖一定要充分打发后，分次加入鸡蛋，否则蛋油就会分离，影响口感。也可在椰蓉馅中加入少量泡打粉，使馅心更为膨松。

课后思考题

1. 制作椰子挞皮有什么注意事项？
2. 制作挞皮时为什么不选用白砂糖而选用糖粉？

实例五 核桃挞（Walnut tart）

【制品配方】

挞皮：黄油 500g、细砂糖 250g、鸡蛋 2 个、水 65g、低筋面粉 800g。

核桃馅：转化糖浆 375g、黄油 24g、核桃碎 175g、蛋黄 4 个。

装饰料：光亮膏、杏仁片、糖粉、焦糖插件。

【设备器具】

冰箱、擀面棍、打蛋器、面盆、挞模、叉子、烤箱。

【制作方法】

（1）制挞皮 准备好所有需要的材料，把黄油切成小块；面粉过筛备用；将过筛好的低筋粉放在案板上，倒入黄油块与粉拌匀，然后再用手搓揉均匀，这时将搓揉好的面粉铺平，在中间打入蛋，再慢慢加入冰水，将全部材料揉搓成面团状；用保鲜膜将面团包好，放入冰箱冷藏松弛 30min 以上；将面团擀成 3mm 薄片，压入挞壳中，用叉子叉小洞备用。

（2）制核桃馅 核桃切碎，将转化糖浆和黄油放入锅中，加热煮制黄油融化后离火。取出加入蛋黄搅拌均匀，加入核桃碎，趁热拌匀后将核桃馅倒入挞皮中，将表面整形，入炉。

（3）烘烤 烤箱温度为上火 200℃，下火 200℃，烘烤 20 ~ 25min 即可。

（4）装饰 出炉后刷光亮膏，并用烘烤后的杏仁片、糖粉、焦糖插件装饰。

【制品图解】

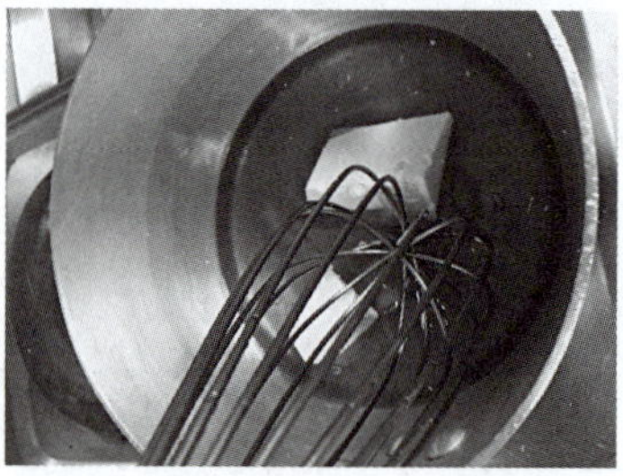
1. 融化黄油

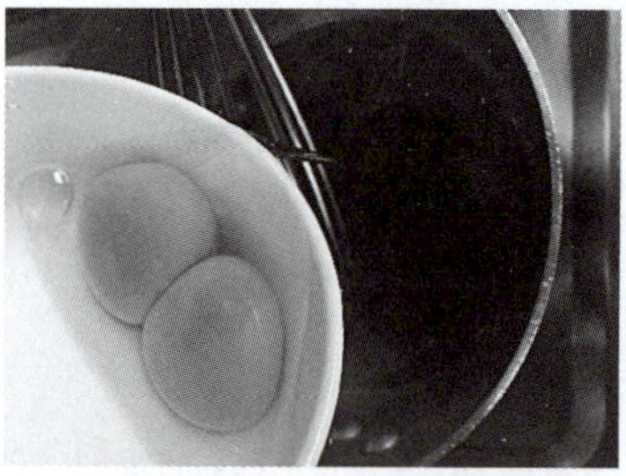
2. 加入蛋黄

3. 加入核桃

4. 加馅

5. 烘烤

6. 成品

【技术要点】

（1）注意挞皮的厚度，不宜过厚或过薄。为防止脱模困难，模具里可先刷一层薄黄油再撒上面粉。

（2）加热转化糖浆的时候要注意温度，避免糖浆被煮焦。

（3）变化品种：可以选择其他坚果（杏仁、开心果、腰果等），制作坚果挞。

课后思考题

1. 制作核桃挞有什么注意事项？
2. 核桃挞对原料有什么要求？怎样选择合格的原材料进行产品制作？

项目三 曲奇饼干类

学习目标

- 了解曲奇饼干品种产品特点。
- 熟悉曲奇饼干品种的用料构成及要求。
- 熟悉曲奇饼干品种的制作工艺。
- 掌握曲奇饼干品种的制作方法。
- 能够进行曲奇饼干品种变化与创新思路和方法。
- 掌握曲奇饼干类制作的温度和时间控制。
- 能独立进行曲奇、饼干类品种制作。

曲奇饼干是一类非常传统的西式点心，西方人至今仍然将它作为饮茶和咖啡时的点心，甚至在一些开香槟庆祝的场合，也会配上一些饼干。由于饼干类产品含水量少、货架期长、品种规格标准便于机械化制作，因此在西点品种中饼干的工业化程度是最高的。随着科学技术的飞速发展，新技术不断涌现，在饼干的花色品种、饼干生产机械化与联动化上都有高度发展。饼干的花色品种至今已发展到上千种之多，主要品种有硬性饼干、软性饼干、苏打饼干、起酥饼干、华夫饼干、夹心饼干、巧克力涂挂饼干等。但是尽管工业饼干的生产发展迅速，但手工或者半手工制作的传统饼干依然很受欢迎，特别是在欧洲国家。近年来，由于欧美人顾忌高胆固醇与肥胖病，重油重糖的曲奇饼干的销售直线下降，低油低糖的高蛋白粗饼干受到人们的欢迎，特别是天然蔬菜或果汁制成的饼干更走俏，开发天然营养植物性的饼干品种成了各国研究的新课题。

一、曲奇饼干类的制作原理

曲奇饼干类人部分都是使用糖油拌和法来搅拌。油脂具有充气性，所谓油脂的打发是将油脂和糖一起高速搅打，糖能促进油脂的充气膨松，搅打过程中空气掺入油脂中形成气泡，成群的脂肪球包围在气泡表面，形成较稳定而膨松的结构。

油脂和面粉是曲奇饼干的两大基本构件，油脂一般占面粉比重的 50% 以上，曲奇烘焙受热时淀粉糊化，大量的油脂覆盖在淀粉颗粒表面，同时油脂是一种很好的传热介质，它使淀粉糊化得更彻底更均匀，使产品很酥脆；在乳化过程中，在机械手段作用下使膏料中含有大量的空气，烘焙时使产品变得很膨松，酥松而脆就构成了曲奇的特点。

二、曲奇饼干类原材料选用原则

（一）面粉

国外对制作曲奇饼干用的小麦面粉，已不再添加面团改良剂来改善其特性，而是以自然面筋调剂为主。主要考虑到使用面团改良剂对食品的污染。根据曲奇饼干品种及制品口感的要求，可以选择高筋、中筋和低筋面粉来制作，使用高筋面粉所制作出的饼干较为酥脆，而使用中筋面粉和低筋面粉制作出来的曲奇饼干就会较为酥松。

（二）油脂

制作曲奇饼干用的油脂包括植物油、天然黄油、人造起酥油等。天然黄油香味浓，制作出的制品口味好，但价格较高，且加工受温度的影响比较大，所以多用于一些中高端曲奇饼干制品的制作。目前，用于饼干的人造起酥油种类规格很多，适于各种饼干的生产，对曲奇饼干的疏松性与稳定性都有很大的好处。但制品口感和营养价值低于天然黄油制作的制品。油脂的硬度越高，越不易被搅打，或搅打时仅能引入少量的空气。在搅打硬度较高的固体状油脂（如温度较低的黄油）时，应先将它适当加热软化成半固体状。但须注意，不能将油脂完全熔化成液体，因为油脂的膨松需要维持其一定的晶体结构。

（三）糖

饼干生产中常用的糖是白砂糖，在曲奇的配方中，建议使用细砂糖和糖粉。曲奇含水量少，颗粒粗的糖不容易溶化，烘烤后影响制品。

（四）疏松剂

传统的饼干疏松剂是碳酸氢钠与碳酸氢铵，大部分饼干的品种都采用复合疏松剂，例如碳酸氢钠与酸式盐混合成的双效泡打粉。

三、曲奇饼干类工艺流程

曲奇饼干的一般工艺流程如下：

面团调制→成形→装盘→烘烤→装饰→包装

四、曲奇饼干类制作工艺

（一）面团调制

先把配方中的糖、盐和油用高速打发至奶油状，再把配方中的蛋分次加入搅拌均匀，然后加入奶水，最后加入面粉拌匀即可。面糊搅拌的时间与烘焙成品扩展和松酥的程度有密切关系。如搅拌时间越久，面糊内拌入的空气就越多，产品就较为松酥，但扩展的情况较差，其原因为搅拌时间久，面粉内的颗粒逐渐溶解，直接影响到产品的扩展程度。如果第一步糖油的搅拌时间缩短，第二步加入蛋后也仅仅是搅拌均匀而已，那么这样的面糊所制作出来的产品质地较硬，缺乏酥松性，但扩展性较好。

（二）成形与装盘

曲奇饼干的成形方法常见的有以下几种。

（1）挤压饼干，将膏料装入裱花袋中挤注于烤盘内。

（2）下降饼干，将饼干糊用汤匙舀起滴落烤盘上。

（3）卷饼干，将拌好的饼干糊用擀面棍擀平，再用切压饼干的模型切压出各种形状。

（4）冷冻饼干，将饼干膏料压成块状后放入冰箱冷冻后切块。

（5）填充饼干，是饼干糊用手揉成圆球再包入馅心。

制作好的曲奇饼干要求大小一致，厚薄均匀，盛放曲奇饼干的烤盘最好铺上一张耐热烤布，这样可以保持制品的干净，同时方便从烤盘中取出。如果没有耐热烤布，可在烤盘中涂少量油脂，再撒上少许面粉。

（三）烘烤

烘烤炉温一般采用上火 200℃、下火 180℃，烘烤时间为 10 ~ 20min。烤炉烘烤产品的温度与时间是影响产品质量的关键，曲奇饼干进炉 5 ~ 8min 时应观察产品着色程度，避免产品底部上色过重以至焦煳，影响产品质量。最后几分钟要把握好炉温，使产品烤到应有的颜色即可。值得注意的是因为曲奇饼干较小，取出晾凉过程中受到烤箱温度的影响，颜色还会发生一定变化。

在烘烤时，要根据产品的性质特点以及放入烤炉中的数量合理地安排烘烤温度及时间，以创造最合适的烘烤条件。制品色泽呈金黄色，火色均匀一致。

（四）装饰与包装（图 5-12）

曲奇饼干常用的装饰料有巧克力、白马糖膏、糖粉、果占等。制品包装一般有盒装、袋装和罐装几种。特别注意要密封保存，防止制品受潮。

图 5-12　曲奇饼干的装饰与包装

实例一 黄油曲奇（Butter cookies）

【品种介绍】

曲奇，来源于英语COOKIES的香港音译，意为“细小的蛋糕”，属于饼干的范畴，它的一般特征是造型小而薄，口感酥脆。不同种类的曲奇会有不同的软硬度。曲奇有很多不同风格，如糖味，香料味，巧克力味，牛油味，花生酱味，核桃味或干水果味等。手工曲奇是世界上最受欢迎的食品之一，尽管不同的曲奇各有特色，它们的做法却大同小异。

【制品配方】

面糊：黄油167g、糖粉175g、色拉油167g、水（牛奶）125g、低筋面粉500g、盐2.5g。

制品分量：烤盘一板。

【设备器具】

搅拌机、烤箱、面盆、筛网、橡皮刮刀、裱花袋、裱花嘴、剪刀、打蛋器、刮片、烤盘、纸袋、电子秤。

【制作方法】

（1）准备工作 称量原料，低筋面粉、盐过筛。预热烤箱，温度为上火190℃，下火190℃。

（2）面糊制作 无盐黄油室温软化后和糖粉混合搅打，分次加入色拉油，快速搅打至发白发泡。分次加入水（牛奶）搅拌充分，乳化均匀。筛入低筋面粉、盐，慢速搅拌均匀即可。

（3）烘烤 将面糊装入套有齿状裱花嘴的裱花袋中，在烤盘中挤出想要的曲奇形状，每个形状之间要留出一定的空隙。入炉烘烤10～12min烤至金黄色后取出，在室温下自然冷却。

【制品图解】

1. 黄油、糖粉混合

2. 加入面粉

3. 加入色拉油

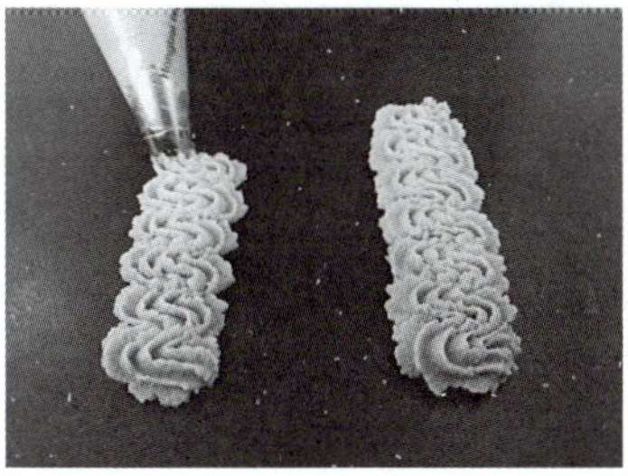

4. 挤注

5. 成形

6. 成品

【技术要点】

（1）水（牛奶）加入黄油的时候，一定要分次加入，并且每一次都搅打到水和黄油完全融合再加下一次。一定不要操之过急，以免出现油水分离。

（2）混合面粉时和匀即可，否则产生筋力不利于操作也影响曲奇口感。面团软硬度要合适，太湿挤注的花纹会消失，太干的面团挤出花纹会很费劲，两者都是不可取的，要注意调节。

（3）挤注时大小一致，排放均匀整齐，饼坯挤注时不能太厚太高，也不适宜挤得太单薄，否则容易成熟不均。

（4）曲奇一般在 190 ~ 200℃焙烤最佳，温度不可太低。曲奇烤制时间短，且容易烤煳，最后几分钟一定要多次观察。

（5）变化品种：将配方中的低筋面粉替换一部分为可可粉，即可制作巧克力曲奇。

课后思考题

1. 黄油曲奇的关键步骤有哪些？
2. 曲奇焙烤完取出后上色不足可以怎样补救？

实例二　蔓越莓饼干（Cranberry cookies）

【制品配方】

面糊：黄油 200g、糖粉 200g、全蛋 50g、低筋面粉 400g。

添加料：蔓越莓干 100g。

【设备器具】

搅拌机、烤箱、面盆、筛子、橡皮刮刀、裱花袋、裱花嘴、剪刀、蛋抽、刮片、烤盘、纸袋、电子秤。

【制作方法】

（1）准备工作　低筋面粉过筛，蔓越莓切碎备用。预热烤箱，温度为上火180℃，下火160℃。

（2）面团制作　黄油放在室温下软化，软化好的黄油和糖粉混合搅打，中速打发至发白发泡。分次加入全蛋液，搅拌充分，乳化均匀。将过筛后的低筋面粉，蔓越莓干一起加入。保鲜膜平铺案板上，将面团整形成宽5cm、高3cm的长方体后入冰箱冷冻。

（3）烘烤　冷冻好的面团切成约0.3cm的片，均匀地摆在铺了不粘布的烤盘内，烘烤10～15min，表面微黄即可，刚出烤箱时饼干稍软，晾凉后就会变脆。

【制品图解】

1. 黄油、糖粉混合，搅打至发白

2. 分次加入全蛋

3. 加入低筋面粉、蔓越莓干拌匀

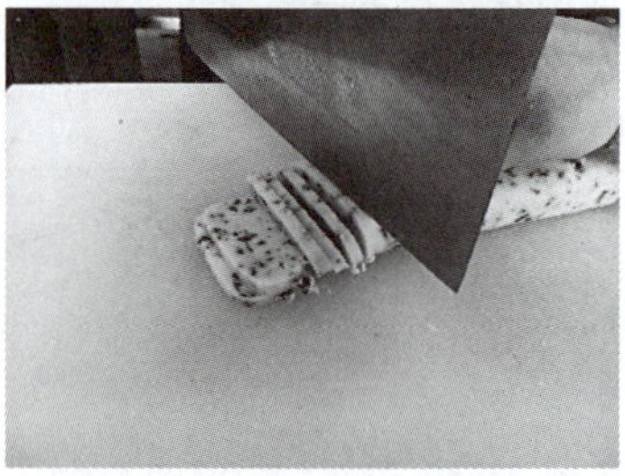
4. 取适量面团，冷冻定形后切片

5. 烘烤

6. 成品

【技术要点】

（1）面团一定要压紧实，切块时形状才完整。

（2）不同型号的烤箱有温度差，中间可打开看看，调整合适的温度，建议新手用稍低温度，多烤一会。

（3）切片的时候要用锋利的刀快速切，才会避免切碎。如果因为饼干面糊的冷冻时间过久，面糊太硬，就适当在室温中放置几分钟再切。

课后思考题

1. 为什么要使用糖粉而不用砂糖？
2. 冷冻后要达到什么效果时最易切片，且切片效果好？

实例三　核桃饼干（Walnut cookies）

【制品配方】

面糊：黄油 250g、糖粉 300g、面粉 500g、盐 4g、苏打 4g、全蛋 90g。

添加料：核桃片 200g。

【设备器具】

搅拌机、烤箱、面盆、筛子、橡皮刮刀、裱花袋、裱花嘴、剪刀、打蛋器、刮片、烤盘、纸袋、电子秤。

【制作方法】

（1）准备工作　低筋面粉过筛，核桃切碎备用。预热烤箱，温度为上火 180℃，下火 160℃。

（2）面团制作　黄油放在室温下软化，软化好的黄油和糖粉混合搅打，中速打发至发白发泡。分次加入全蛋液，搅拌充分，乳化均匀。将过筛后的低筋面粉、核桃、苏打加入黄油面糊中搅拌均匀。将面糊倒在平铺的保鲜膜上面，整形成宽和高各 3.5cm 的长方体后入放冰箱冷冻。

（3）烘烤　冷冻好的面糊切成约 0.5cm 厚的片，均匀地摆在刷油的烤盘中，烘烤 10min 左右即可取出。

【技术要点】

（1）切块饼干整形时务必要压紧实，并且必须完全冻硬以后再切，既便于操作又保证其外形美观。

（2）烘烤中注意饼干颜色变化，烤至表面微黄即可，防止烘烤过度或者不足。

（3）刚出烤箱时饼干稍软，晾凉后就会变脆。饼干完全冷却后应装入密封的罐子或者盒子中避免受潮。

课后思考题

1. 苏打加入饼干中的作用是什么？
2. 面糊没有压紧实会对核桃饼干品质造成怎样的影响？

实例四 法式马卡龙（French macarons）

【品种介绍】

马卡龙，又叫法式小圆饼，是一种用蛋白、杏仁粉、白砂糖和糖霜制作的法式甜点，通常在两块饼干之间夹有水果酱或奶油等内馅。马卡龙在法国被发扬光大，成为享誉世界的美食。马卡龙的原材料十分丰富，口味繁多，色号丰富，成品表面光滑，无坑疤，在灯光照射下泛着淡淡光泽，饼身下缘还会出现一圈漂亮的蕾丝裙边。一般马卡龙有法式和意式之分，区别在于制作工艺的不同，法式马卡龙的蛋白霜由蛋白加糖或者糖粉直接打发，容易操作，较意式马卡龙简单些。

【制品配方】

面糊：蛋白 100g、糖粉 200g、色素少许、杏仁粉 110g、细盐少许、塔塔粉少许。

夹馅料：甘纳许。

【设备器具】

面盆、搅拌机、打蛋器、橡皮刮刀、面粉筛、裱花袋、圆形直径 0.8mm 裱花嘴、牙签、不粘烤布。

【制作方法】

（1）准备工作　面盆洗净，不可有任何污物残留，并将水分擦干。杏仁粉和糖粉过筛。准备好裱花嘴和裱花袋。预热烤箱，温度为上下火 160℃。

（2）制作膏料　先低速打发蛋白，打到泡沫状后分 2 ~ 3 次加入糖粉、盐、塔塔粉、色素。在打发好的蛋白中加入剩余的粉性原料拌和均匀，拌和时候动作要轻，翻拌让干粉更好地与蛋白霜相融。

（3）挤面糊　将膏料装入裱花袋中，使用圆形裱花嘴，垂直将面糊挤到不粘烤布上，挤好后，180° 旋转烤盘将气泡均匀振出，如果还有气泡，可用牙签将其挑破。

（4）晾皮　将挤好的马卡龙静置约 20min，用手指轻按时，不粘手，外表还有一层软壳，来回轻抚不变形，轻按可回弹即可。

（5）烘烤　将马卡龙生坯放入烤箱烘烤 15 ~ 18min。烤好后先关掉烤箱的电源，让马卡龙在里面放置 3min，可避免因温度骤降带来的空心，出烤箱后待其冷却再取出保存。

（6）夹馅　馅料装入裱花袋中挤在马卡龙中间，即制作完成。

【制品图解】

1. 蛋白打发

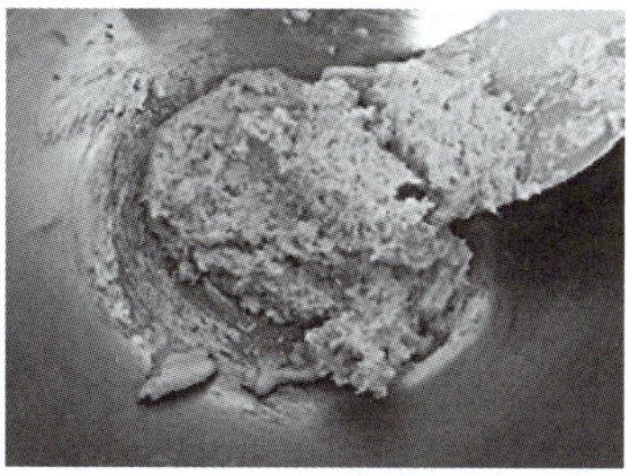

2. 拌和

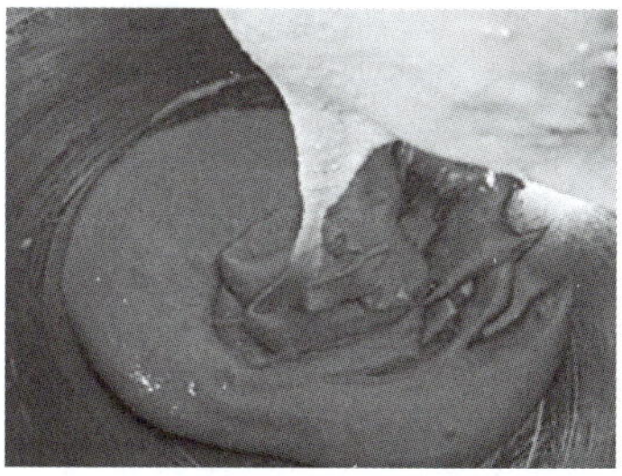

3. 压拌充分

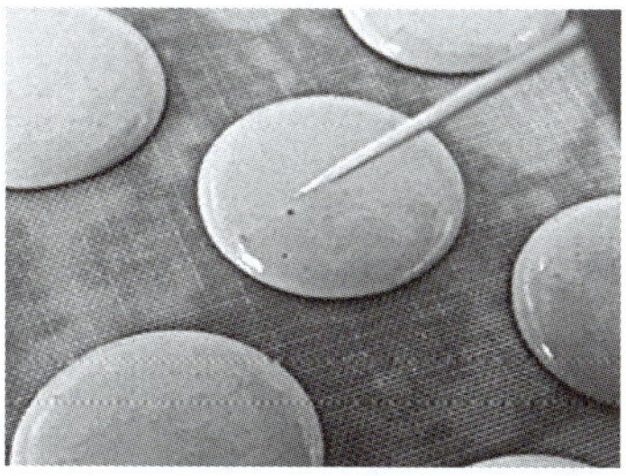

4. 去气泡

5. 入烤箱

6. 成品

【技术要点】

（1）可在面盆里加入30g白醋刷洗并倒出，再擦干。打蛋白的容器必须清洗干净，不能带一点油脂，否则会影响蛋白的打发。蛋白必须为常温且现打现用，打好的蛋白长时间不使用，就会垮塌。蛋白霜应打至浓稠有光泽，提起打蛋器时蛋头有直立尖峰状，如果是长弯钩则还需要继续打发。

（2）面糊不可搅拌过度，多搅拌哪怕几下就会开裂、不出裙边以及不易结皮、太扁、奇形怪状等。搅拌不够的面糊烤好后会出现裂缝，所以要注意搅拌的时间与方式。放置时间过久会没有裙边，注意静置时间。

（3）面糊也不可以太干，要是面糊挑起不落下或是落下后久久不能融入盆内的面糊，或是倾斜盆子面糊不流动都是搅拌不到位面糊太干的表现。

（4）给马卡龙上色最好用色粉或色胶，最好不要用液态色素，否则会加大面糊的湿度，不易成功。

（5）粉性原料过筛后会有减少，需提前多添加一些，保证最后所用原料分量的足够。

课后思考题

1. 马卡龙面糊翻拌的技法应注意哪些问题？
2. 为什么制作马卡龙过程中不适合使用液态色素？

实例五 意式马卡龙（Italian macaron ）

【品种介绍】

马卡龙作为一种法国甜点为人们所熟知，但其实它最早出现在意大利的修道院，是一位修女制作的。1533 年凯瑟琳·德·美第奇嫁给法国国王亨利二世时，由随行厨师将马卡龙的制作方法传入法国。意式马卡龙主要的工艺在于意式蛋白霜，需要把砂糖和水一起加热成 116 ~ 120℃左右的糖浆水，慢慢倒入初打发的蛋白中，操作难度比法式马卡龙大。

【制品配方】

面糊 1：杏仁粉 200g、糖粉 200g、色粉少许、蛋白 75g。

面糊 2（意式蛋白霜）：蛋白 75g、细砂糖 200g、清水 50g。

馅料：黄油 110g、糖粉 25g、柠檬汁 10g、朗姆酒 15g、蓝莓粉 5g。

【设备器具】

搅拌机、面盆、打蛋器、橡皮刮刀、面粉筛、裱花袋、圆形直径 0.8mm 裱花嘴、厚底锅、食品温度计、牙签。

【制作方法】

（1）准备工作　面盆洗净，不可有任何污物残留，并将水分擦干。杏仁粉和糖粉过筛。准备好裱花嘴和裱花袋。

（2）意式蛋白霜制作　将糖和水倒入厚底锅，待水和糖完全融化后，开小火加热不断熬煮，直到糖浆煮沸。待其温度到达 118℃时立刻关火。关火后，立刻将糖浆倒入蛋白中（立刻倒入是为了避免糖浆温度降低），边倒边用打蛋器持续高速搅打蛋白，直到糖浆全部倒完。倒完后，继续打发 2 ~ 3min，使蛋白霜温度下降。

（3）面糊制作　将面糊 1 中的杏仁粉、糖粉混匀，加入蛋白和所需要的色粉，不断翻拌，使粉类和蛋白完全混合，成为非常稠厚的面糊状。将打发好的蛋白霜与粉色杏仁糊混合，混合时，先取 1/3 的蛋白霜与面糊均匀混合，再倒入剩余的蛋白霜，混合时要从底部向上翻拌，动作幅度要大，要在短时间里完成这个动作。

（4）挤圆形　用直径 0.8mm 的圆形裱花嘴挤出直径大约 2.5cm 的圆形。如果稠度合适，面糊会自己慢慢摊平，如果有气泡可用牙签挑破，如果气泡太多，则说明面糊太稀，蛋白霜消泡严重。

（5）静置和烘烤　一般静置 20min，然后烘烤。烘烤 4min 左右时会有裙边出现。

（6）馅料　将黄油切成小块放进干净的面盆隔水融化，将融化好的黄油分成两份，都加入糖粉、蓝莓粉。打发黄油，直到黄油发白蓬松，最后加入柠檬汁和朗姆酒。再将馅料挤入马卡龙中即可。

【制品图解】

1. 准备原料

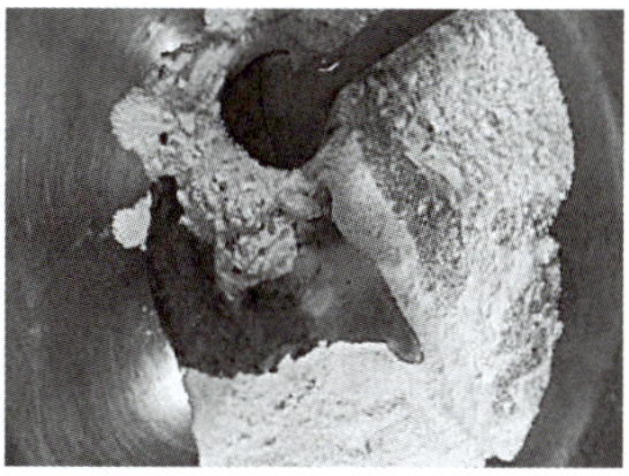
2. 拌和杏仁粉

3. 打发蛋白

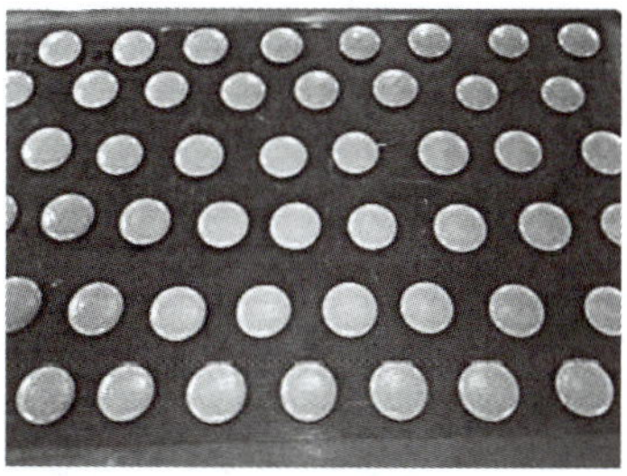
4. 挤注

5. 烘烤

6. 成品装饰

【技术要点】

（1）打蛋白的容器必须清洗干净，不能带一点油脂，否则会影响蛋白的打发。蛋白必须现打现用，打好的蛋白长时间不使用，就会垮塌。蛋白必须为常温，如果是冷藏的全蛋则可以放在温水中浸泡 5min。

（2）静置时间根据当地气候的湿度有不同，湿度越大，静置时间相对越久，反之亦然。放置时间过久会没有裙边，注意静置时间。

（3）熬糖浆时的温度非常重要，要严格把控。

（4）与法式马卡龙不一样的是，意式马卡龙打发后的蛋白霜比较稳定，搅拌过程中不容易消泡，而法式马卡龙的裙边容易回缩。

（5）粉性原料过筛后会有减少，需提前多添加一些，保证最后所用原料分量足够。

（6）给马卡龙上色最好用色粉或色胶，最好不要用液态色素，否则会加大面糊的湿度，不易成功。

课后思考题

1. 意式马卡龙的由来及特色是什么？
2. 意式马卡龙的原料构成及选用要求是什么？
3. 意式马卡龙制作需注意哪些事项？
4. 法式马卡龙与意式马卡龙的相同点和不同点是什么？

项目四 泡芙类

学习目标

- ◆ 了解泡芙类品种的产品特点与膨胀原理。
- ◆ 熟悉泡芙类品种的用料构成及要求。
- ◆ 熟悉泡芙的原料选用原则。
- ◆ 掌握泡芙类品种的制作方法与技能。
- ◆ 熟悉泡芙类品种变化与创新思路和方法。
- ◆ 能独立进行淡奶油膏料的搅拌，准确控制淡奶油的搅拌程度。
- ◆ 掌握泡芙类制作的温度和时间控制。
- ◆ 能独立进行泡芙类品种制作。

泡芙（Puff），又称气鼓、哈斗，是以水或牛奶加黄油煮沸后烫制面粉，搅入鸡蛋，通过挤糊、烘烤或炸制、填馅料等工艺而制成的一类点心制品。泡芙是常见的西式甜点之一，它具有外表松脆，色泽金黄，形状美观，食用方便，品味可口的特点。根据所用馅心的不同，它的口味和特点也各不相同，常见的口味品种有鲜奶油泡芙、香草水果泡芙、巧克力泡芙以及日式泡芙等。正统的泡芙，因为外形长得像圆圆的甘蓝菜，因此法文又名 CHOU，而长形的泡芙在法文中叫 ECLAIR，意指闪电，不过名称的由来不是因为外形，而是法国人爱吃长形的泡芙，总能在最短时间内吃完好似闪电般而得名。在法国，泡芙是象征吉庆、示好的甜点，在节庆典礼场合如婴儿诞生或新人结婚时，都习惯将泡芙蘸焦糖后堆成塔状，称为泡芙塔（Croquembouche），象征喜庆与祝贺之意。

一、泡芙类的制作原理

泡芙的起发主要是由面糊中各种原料的特性及面坯特殊的工艺方法——烫制面团决定的。面粉的品质与泡芙的膨胀有很大关系，它是泡芙膨胀定型不可缺少的原料。面粉中的淀粉在水以及温度的作用下发生膨胀和糊化，蛋清质变性凝固，形成胶黏性很强的面团，当面糊经烘烤膨胀时，能够包裹住气体并随之膨胀，仿佛气球被吹胀了一般。

油脂是泡芙面糊所必需的原料，它除了能满足泡芙的口感需求外，也是促进泡芙膨胀的必备原料之一。油脂的润滑作用可促进面糊性质柔软，易于延伸；油脂的起酥性会使烘烤后的泡芙外表具有松脆的特点；油脂分散在含有大量水分的面糊中，当面糊经烘烤受热达到水的沸腾阶段，面糊内的油脂和水不断产生互相冲击，发生油气分离，并快速产生大量气泡和气体，大量聚集的水蒸气形成强蒸汽压是促进泡芙膨胀的重要因素之一。

水是烫面粉的必需原料，充足的水分是淀粉糊化所必需的条件之一。烘烤过程中，水分的蒸发是泡芙体积膨胀的重要因素。全蛋也是泡芙膨胀的因素之一。把全蛋加入到烫好的面团内使其充分融合，全蛋中的蛋白质可使面团具有延伸性，能增强面糊在气体膨胀时的承受力，使面糊体积增大，且蛋白质的热凝固性能使增大的体积固定。此外，全蛋中蛋黄的乳化性能使制品变得柔软、光滑。

二、原料选用原则

（一）油脂

油脂的种类很多，其油性不同，对泡芙的品质也有一定的影响。在制作泡芙时宜选用油性大、熔点低的油脂，如猪油、人造酥油，其制作的泡芙品质及风味俱佳。色拉油油性小、熔点低，容易与其他材料混合均匀，操作简单，不易失败。

（二）面粉

中筋面粉因筋力适中最适合泡芙使用。用中筋面粉制作的泡芙无论在体形表面爆裂颗粒，还是中间空心部分都具有高筋面粉和低筋面粉所不及的优点。低筋面粉筋力较弱，烘烤时容易爆裂，因此泡芙的表面爆裂颗粒较大，向四周膨胀的范围较宽，体形显得较大，空心较狭窄、壳壁较厚，不适用。而使用高筋面粉制作的泡芙有皮薄空心类似球体的特点，但缺乏向四周膨大的丰满外观。

（三）鸡蛋

鸡蛋应选择新鲜的，且用量要适当。用鸡蛋来调节面糊的稠度可使成品的外壳壁厚且酥。鸡蛋中的蛋白是胶体蛋白，具有起泡性，与烫制的面糊一起搅打，使面糊具有延伸性，能增强面糊在气体膨胀时的承受力。蛋白质的热凝固性能使增大的体积固定。此外，鸡蛋中蛋黄的乳化性能使制品变得柔软、光滑。

（四）食盐

食盐在泡芙中不仅具有调节突出风味的作用，也有增强面糊韧性的作用，是泡芙的辅助原料，少许添加可使泡芙品质更佳。

三、泡芙的基本配方

部分	原材料	用量 /g
1	黄油	200
	水	250
	牛奶	250
2	盐	5
	低筋面粉	300
3	鸡蛋	400

四、工艺流程

泡芙的一般工艺流程如下：

烧水化油→烫面→搅拌→边搅拌边加入鸡蛋→成形→烘烤→注馅、装饰→成品

五、泡芙的制作工艺

（一）面糊调制

1. 烫面

把水、油脂、食盐等原料放入厚底锅中，上火煮沸后倒入过筛的面粉，用木勺快速搅拌，直至面团烫熟、烫透后撤离火位。

2. 搅糊

待烫熟的面团冷却后，分次将鸡蛋液加入到烫熟的面团中，每一次加入蛋液后均应使蛋液与面糊全部搅拌均匀，然后再次加入新的蛋液，继续搅拌均匀，直至形成淡黄色的泡芙面糊为止。

在泡芙面糊调制过程中要注意以下基本要领：面粉要过筛，以免出现面疙瘩；面团要烫熟、烫透，不要出现糊底的现象；要在黄油和水煮沸融合的瞬间快熟倒入面粉搅拌，如果慢了，油在上，水在下，混合后会影响面团的延展性；在面团混合好后加热，其实是将面团加热到微熟，这样有利于以后的成形；蛋液一定要分次加入，搅拌均匀，直到抬起打蛋器或刮刀有沉重的坠手感才表示面团搅拌完成；每次加入鸡蛋液后，面糊必须重新搅拌均匀上劲，以免面糊起砂影响质量；面糊的稀稠要适当，否则影响制品的起发度及外形美观度。

（二）泡芙成形

泡芙常见的形状一般有圆形、长条形、椭圆形和象形等。泡芙成形以挤注为主。在洁净的烤盘中刷一层薄薄的油脂，撒少许面粉备用。将调制好的泡芙面糊装入带有平口或有花纹裱花嘴的裱花袋中，按照需要的形状和大小，将泡芙面糊挤在烤盘上，在制品表面刷上一层蛋液。

在泡芙成形操作中要注意以下基本要领：烤盘上刷油要适当，过多会造成挤制困难，过少会造成面糊与烤盘粘连，影响制品的完整；制品大小要均匀一致；制品之间要留有一定距离，防止制品成熟后粘连；刷蛋液动作要轻，以免损坏制品的外观；刷蛋液要根据实际需要，不是所有的制品都要刷蛋液。

（三）泡芙成熟

泡芙成熟方法一般有两种，一种是烤制成熟，一种是炸制成熟。

1. 烤制成熟

泡芙面糊成形后立即放入220℃左右的烤炉中进行烘烤。当泡芙胀发后，表面开始干硬时，将炉温降到190℃继续烘烤，直至表面呈金黄色，内部成熟为止，出炉后冷却备用。

2. 炸制成熟

在锅中将油加热到七成热，将调好的泡芙面糊用两个金属勺子蘸上油挖成球状，放入油锅中慢慢地炸至金黄色时捞出，表面撒少许糖粉，或炸熟后直接沾肉桂粉与砂糖的混合粉，再配上香草汁食用。

在泡芙成熟过程中要注意以下基本要领：泡芙烘烤过程中不要中途打开烤箱或过早出炉，以免制品塌陷、回缩；正确掌握烤箱的温度，炉温过高时制品表面色泽深而内部不熟，而温度过低时制品不易起发，而且不易上色；炸泡芙要掌握好油温，油温过低制品起发不好，油温过高表面色深而内部不熟。

（四）填馅与装饰

泡芙经烤制或炸制成熟后，一般需添加馅心。馅心的原料一般使用蛋黄酱和打发的鲜奶油，同时可根据不同口味的需要在馅心中加入咖啡糖、巧克力和调味酒等，以使泡芙制品有多种口味的变化。

1. 填馅

将圆形泡芙底部扎以圆孔，将馅料从孔处挤入。将长条形或象形泡芙的侧面切一刀口，挤入馅料，盖好上盖，也可以将上盖装饰好之后再盖上。

2. 装饰

泡芙的装饰方法多样，应根据制品特点和需求灵活掌握。填加馅料的泡芙表面可撒糖粉，或沾砂糖、蘸巧克力进行装饰，如果用砂糖装饰，还可加入适量调色原料调整糖色。有的制品将小型泡芙用脆糖粘连在一起，制出造型产品，还有的制品将泡芙面糊挤成直径 20cm 的圆形，在内部加入馅料装饰成蛋糕或派的形状。

在泡芙填馅与装饰过程中要注意以下基本要领：泡芙的填馅要适量，不可过多，以防造成馅心的外溢；使用砂糖、巧克力作为装饰原料时，要掌握好砂糖、巧克力的熔化温度，以免影响制品的光亮度；借助脆糖做造型时，要正确掌握熬制脆糖的温度和程度，否则影响制品质量。

实例一　奶油泡芙（Cream puff）

【制品配方】

面糊：黄油 200g、水 250mL、牛奶 250mL、盐 5g、中筋面粉 300g、鸡蛋 8 个。

装饰原料：鲜奶油、糖霜、各种杂果、卡仕达酱、巧克力。

【设备器具】

搅拌机、电磁炉、烤箱、裱花袋、裱花嘴、刮板、西点刀、剪刀、面盆、厚底锅、面粉筛、打蛋器。

【制作方法】

（1）准备工作　称量原料，低筋面粉、盐过筛。预热烤箱，温度为上火 210℃，下火 200℃。

（2）面糊制作　水和黄油一起加热至水沸腾后，将低筋面粉一次性倒入锅中。同时用打蛋器快速地搅拌，使面粉与水充分混合均匀，此时可以将炉火关闭，继续搅拌面糊，注意要烫熟烫透。全蛋打散，分次倒入面糊中，搅拌至面糊黏稠、光滑。

（3）将调制好的泡芙面糊装入带有花嘴的裱袋中，根据制品需要的形状和大小，将泡芙面糊挤在烤盘内，使之形成泡芙的品种和花样。一般形状有圆形、长条形、圆圈形、椭圆形等。圆泡芙：把制作好的面糊转移到裱花袋中，用圆形直裱花嘴垂直烤盘挤出圆球形均匀的泡芙坯，然后用手指沾点水把泡芙挤出的尖头抹平，保证烤出来的泡芙均匀美观；泡芙圈：用齿状裱花嘴垂直烤盘像画圈一样，挤出泡芙圈；泡芙条：使用齿状裱花嘴，将面糊装入裱花袋中，斜45°在烤盘挤出约15cm长的条形面糊。

（4）烘烤 将制作好的泡芙放入烤炉，烘烤15～20min，待表面金黄色取出。

（5）装饰 将奶油转移至裱花袋中挤入泡芙中并根据要求进行装饰即可。

【制品图解】

1. 配料

2. 烫面

3. 分次加全蛋快速搅打

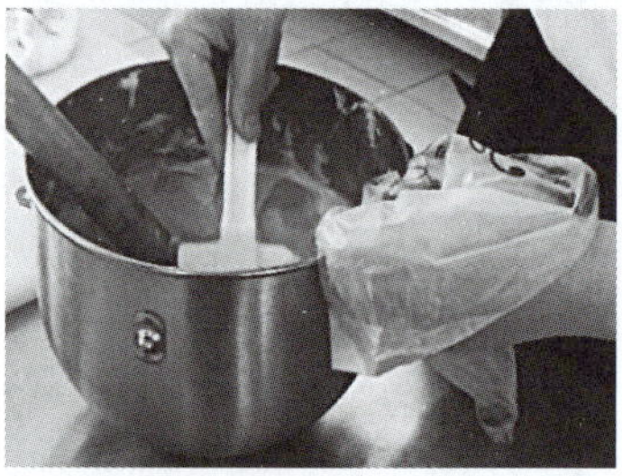
4. 装入裱花袋中

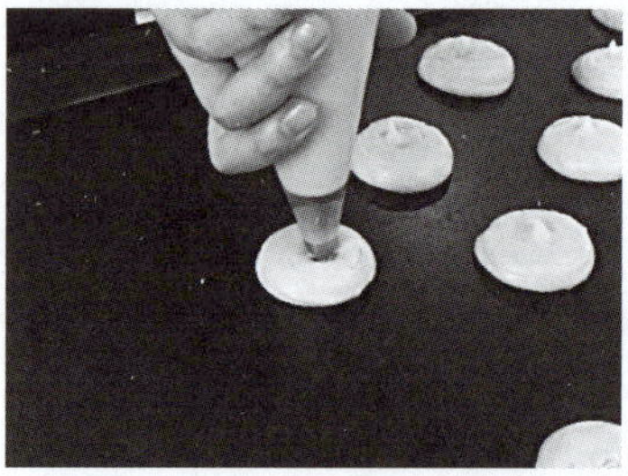
5. 挤入烤盘成形

6. 烘烤

（1）泡芙圈

1. 挤注成形

2. 烘烤定型

3. 装饰

（2）泡芙条

1. 烘烤

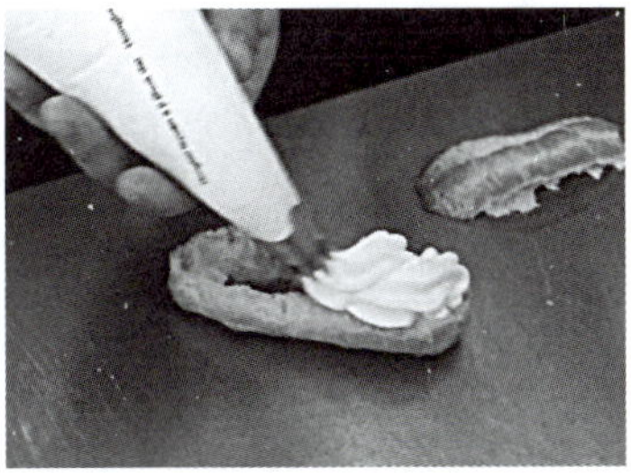

2. 挤入奶油装饰

3. 成品

【技术要点】

（1）面粉最好使用中筋面粉，因为淀粉含量高，可以使泡芙膨胀得更好。面粉必须过筛，使面粉中没有干的面疙瘩。

（2）调制面糊时，烫面必须完全烫熟、烫透，防止煳锅底；待面糊稍冷却后加入鸡蛋，而且，每次加入鸡蛋必须搅拌至鸡蛋全部融于面糊后再加下一次的蛋液。鸡蛋要选择常温的，否则面糊会迅速变冷影响调制效果，检查面糊稠度的方法是：用木勺将面糊舀起，当面糊能均匀缓慢地下流时，即达到质量要求。若面糊流得过快，说明面糊过稀，相反，说明鸡蛋液量不够。

（3）如果是普通烤盘，在烤盘内刷上一层薄油，再撒上一层薄薄的面粉，以避免挤面糊时打滑。

（4）泡芙装饰和填充料不同可变化品种。将配方中的面粉部分替换成可可粉、绿茶粉，可以制作巧克力泡芙或绿茶泡芙。

课后思考题

1. 泡芙制作的关键步骤有哪些？
2. 如果面糊没有烫熟，会对泡芙品质产生怎样的影响？

实例二　酥皮泡芙（Pastry puff）

【品种介绍】

酥皮泡芙是在传统泡芙的基础上增加一层酥皮，使得泡芙的口感更丰富。

【制品配方】

酥皮：黄油 100g、糖粉 100g、低筋面粉 100g。

面糊：牛奶500g、无盐黄油200g、中筋面粉300g、全蛋6个。

夹馅料：淡奶油200g、细砂糖15g。

【设备器具】

搅拌机、电磁炉、烤箱、裱花袋、裱花嘴、刮板、西点刀、剪刀、面盆、厚底锅、面粉筛、打蛋器。

【制作方法】

（1）酥皮制作　低筋面粉过筛，将黄油软化与糖粉拌至发白细腻，再把低筋面粉加入其中拌制均匀。用保鲜袋整形，根据制作的泡芙的大小整形成圆柱形，放冰箱冷冻备用。

（2）面糊制作　牛奶、黄油混合加热至沸腾。加入过筛的中筋面粉，快速搅拌至无颗粒。随后将全蛋分次加入面糊中，快速搅拌均匀。

（3）泡芙制作　将面糊装入圆形裱花嘴的裱花袋中，在烤盘垂直向上挤出球形。将酥皮取出切片，盖在泡芙面糊上，放入预热好的烤箱，上火200℃，下火160℃烤15min后关火。

（4）装饰　酥皮泡芙完全冷却后，将淡奶油、细砂糖一起打发，将奶油装入裱花袋中，在酥皮泡芙的尾部剪开一个小口，将奶油挤入泡芙中即可。

【制品图解】

1. 挤注

2. 盖上切片酥皮

3. 装饰

【技术要点】

（1）酥皮需要提前准备完成，放入冷冻室冷冻，需要时取出切成薄片使用。

（2）泡芙烤制过程中不要打开烤箱门，否则影响膨胀效果，会导致泡芙中途坍塌。

（3）烘烤时分为两个时段，前段时间烘烤时保证炉温达到要求的温度，避免打开炉门降低温度而影响泡芙的胀发和表皮过早干硬。后段烘烤时，泡芙经烘烤已达到胀发的要求，制品表面开始“炭化”作用，此时可以打开炉门观察制品表面是否烤至金黄色，然后将炉温调低使水分完全蒸发。

课后思考题

1. 酥皮泡芙的由来及特色是什么？

2. 酥皮泡芙的原料构成及选用要求是什么？
3. 酥皮泡芙制作需注意哪些事项？

实例三 天鹅泡芙（Swan puff）

【品种介绍】

天鹅泡芙外形酷似天鹅，突破了传统泡芙圆润饱满的形状，小巧纤细中带有一丝优雅精致，很适合做下午茶的甜点，是一种能让人感到幸福的食物。

【制品配方】

面糊：中筋面粉300g、黄油200g、盐5g、水250g、牛奶250g、全蛋8个。

装饰料：打发奶油、巧克力酱、红果酱、糖粉。

【设备器具】

搅拌机、电磁炉、烤箱、裱花袋、裱花嘴、刮板、西点刀、剪刀、面盆、厚底锅、面粉筛、打蛋器。

【制作方法】

（1）调制泡芙面糊 中筋面粉过筛备用。黄油、盐、水加入锅中，中火加热至沸腾后关小火。将中筋面粉倒入锅中，用橡皮刮刀快速拌匀至无干粉，充分烫熟。面团离火晾凉，将鸡蛋液分3～4次加入碗中，一边加入一边搅拌，搅打成均匀顺滑的面糊。

（2）挤注天鹅身体 面糊装入圆形裱花嘴的裱花袋中，在不粘布上挤出直径为2.2cm的圆形再往后前抻成水滴形，形成天鹅的身体部分。放入190℃烤箱烤15min左右，熄火后余温再焖10min，取出晾凉。

（3）挤注天鹅头部 面糊倒入装有口径3mm圆形裱花嘴的裱花袋中，先挤S形的颈部，然后在S的顶端反向挤一个小水滴状作为天鹅的头部。放入180℃烤箱，烤5～8min后取出。

（4）装饰 淡奶油加入糖粉，高速搅打至出现硬性花纹。将打发奶油装入裱花袋中，配齿状裱花嘴。将泡芙从中下层对剖，再将上面一半再对剖。将底部那一半挤入打发奶油，再将天鹅的颈部插入前部，然后装上两瓣翅膀，最后用裱花袋挤少许巧克力酱点上眼睛，头顶挤上红果酱，撒糖粉装饰即可。

【制品图解】

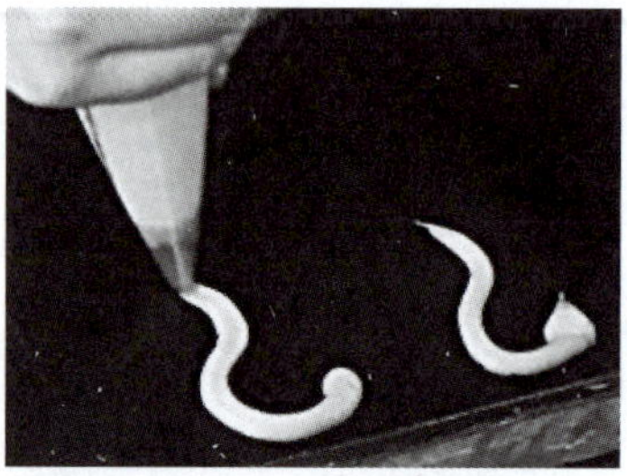
1. 挤注天鹅头

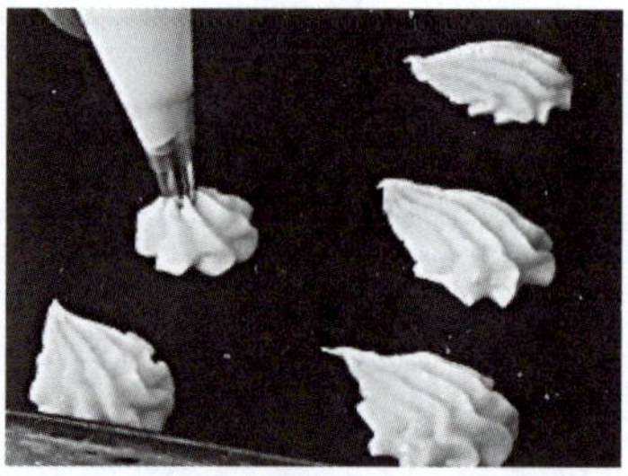
2. 挤注天鹅身体

3. 烘烤定型后装饰

【技术要点】

（1）泡芙糊一定要烫至比较干的状态，也就是面团开始粘锅并在底部结出薄膜的状态，烫不到位的泡芙糊因为水分较多，很容易在烘烤过后出炉时塌陷。

（2）往面糊中加入蛋液要分次加入，而且注意搅拌均匀，不要有颗粒状的面团，而是要搅拌成顺滑细腻的面糊。

（3）泡芙面团烤制中途绝对不要打开烤箱门，以免泡芙塌陷，烤好后不要开烤箱门，余温再焖 10min 可使泡芙酥脆。

课后思考题

1. 天鹅泡芙的由来及特色是什么？
2. 天鹅泡芙的原料构成及选用要求是什么？
3. 天鹅泡芙制作需注意哪些事项？

项目五　冷冻甜品

学习目标

- 了解冷冻甜品品种产品特点。
- 熟悉冷冻甜品类品种的用料构成及要求。
- 熟悉冷冻甜品类品种的制作工艺。
- 掌握冷冻甜品类品种的制作方法。
- 熟悉冷冻甜品类品种变化与创新思路和方法。
- 能独立进行淡奶油膏料的搅拌，准确控制淡奶油的搅拌程度。
- 掌握冷冻甜品的造型方法。

◆ 掌握冷冻甜品类制作的温度和时间控制。

◆ 能独立进行冷冻甜品类品种制作。

冷冻类甜点是用糖、水（果汁、牛奶）、明胶（琼脂）、食用色素、香精等原料按一定比例调制而成，并可搭配其他原料或其他制品的一种甜点。特点是甜酸适度、凉爽可口、细腻光滑、入口即化。冷冻甜点的品种很多，由于它们在原料、制作方法等方面有许多相同之处，在口味、口感等方面的差别也不明显，所以一些冷冻甜点很难有明确的分类。

冷冻甜点的制作方法千变万化，即使是同一类制品也可以有不同的配方，可以使用不同的器皿盛装，采用不同的造型和装饰方法。冷冻类甜品常用作西式各类自助餐甜点，也常用于各类餐会的甜品之中。

一、制作原理

冷冻类甜点是靠胶凝剂（明胶、蛋黄、玉米淀粉、果胶等）的凝胶作用凝固而成的，利用这一特性，可使用不同的模具，制作出风格、形态各异的成品。常见的果冻类甜点主要有：水果果冻、果汁果冻、甜酒果冻、椰奶果冻、西米果冻等。而慕斯（mousse）是将鸡蛋、奶油分别打发充气，与其他调味品调和而成的松软型甜食。奶油含量很高，软滑细腻。慕斯的品种很多，有各种水果慕斯，巧克力慕斯以及各种造型的慕斯蛋糕。

二、原料选用原则

（一）凝结剂

西点冷冻甜品常用的凝结剂是明胶（又叫吉利），是由动物的皮、筋或骨骼提炼萃取出来的物质，此外还有琼脂。琼脂是自海藻等植物萃取而成的。明胶制作的产品弹性好，琼脂制品则口感脆硬，琼脂更适合用来制作果冻。所有凝结剂都有遇冷即凝结的特性，先与白砂糖拌匀再加入冷水融化，煮到约 80℃完全融化后再冷却，即可达到结冻的效果。质量较差的明胶粉会带有腥味，而明胶片则没有腥味，选用时必须留意。

（二）乳及乳制品

在冷冻甜品的制作中，乳及乳制品是不可缺少的原料，其品种有全脂液体牛奶、淡炼乳、加糖炼乳、脱脂奶粉、全脂奶粉等，还有各种鲜奶油、打发奶油等。乳制品中含有丰富的乳磷脂，为增加冷冻甜点的风味起到了重要作用。乳制品还可作为充填物和稳定剂增加制品的稠度。冷冻甜食的混合物始终处于悬浮状态，尤其是含有丰富乳脂的乳制品，如奶油、全脂奶粉等，不仅加强了冷冻甜食稠化的稳定性，而且靠搅打过程中并入的空气使制品保持细腻和润滑的口感，在一定程度上还防止了制品形成大的晶体。脱脂奶粉在含乳及脂肪的冰冻甜食中应少用，多用会导致成品的砂质组织（冰晶体较多）。

（三）蛋及蛋制品

在冷冻甜食的制作中，通常把蛋黄与蛋白分开打泡后加入制品中。蛋黄具有一定的乳化作用，其乳化作用可以使制品形成稳定的乳浊液，并能增加制品的稠度和风味。蛋黄通常经搅打后再加入混合物中，搅拌时温度需要保持在 40℃左右，这时蛋黄的乳化效果最佳。蛋白有很强的起泡性，所以通常在搅打起泡后加入制品中，可以大大增加产品的体积，增加产品的柔软品质和风味，并可以代替打发奶油以降低产品的成本。

（四）糖

大多数制品的配方中常用白砂糖或绵白糖，有些制品使用糖浆效果更佳。冷冻甜食中糖的用量相当高，因为冷冻甜食的食用温度低，低温使人对甜味感觉不明显，因此冷冻甜食中食糖的使用量通常比其他点心要高些。在制品中糖不仅是重要的调味料，而且在赋予制品细腻的组织等方面也是十分重要的。

（五）香料和水果

冷冻甜品中使用大量的水果、香料、酒等，香料的加入量仅以产生柔和的美味为准，切不可多加。西点中喜欢用天然的产品，不同香料的加入是变化冷冻甜品品种的重要手段之一。

三、制作方法

（一）果冻

1. 果冻的调制工艺

果冻的调制方法较简单，一般先将明胶（琼脂）融化，然后倒入煮沸的液体材料中融化，再加入所需要的调料、配料，即成混合的果冻液。果冻液的调制方法，根据所用的凝固原料的不同可分为以下两种。

（1）使用果冻粉：使用果冻粉调制果冻液是最方便、最省时的方法。果冻粉已经配制好，使用时只需按照产品包装上的使用说明，用量配比表使用即可，使用起来很方便。

（2）使用明胶（琼脂）：使用明胶（琼脂）制作果冻是目前较常用的方法。需要先把明胶（粉、片）用凉水泡软，然后再调制。因为果冻是一种凝结的半固体食品，只有在保证基本使用量的基础上才能形成制品特点，所以，果冻内部的胶体结构和硬度（稠密度）与明胶（琼脂）液体有关。一般情况，明胶（琼脂）液占全部液体浓度的 2% 时，才能使液体基本凝固，随着明胶（琼脂）的浓度不断增加，制品的凝胶作用逐渐增强。但酸性物质对明胶（琼脂）的凝胶作用有影响，如柠檬汁、醋、番茄汁等这样的酸性物质能破坏明胶（琼脂）的凝胶力，使果冻的成品弹性降低。所以在制品中有酸性物质时，要适当增加明胶（琼脂）的使用量。

2. 果冻的成形

果冻大多依靠模具成形，一般方法是：将已调配好的果冻混合液体装入各种类型的模子里，在低温的环境中凝固，形成制品。

果冻的形状与所用模具的大小、形态、冷却时间有关。一般来讲，果冻的成形不用大型的或结构复杂的模具。因为果冻内部的凝胶力不足以保持大型模具制作出的成品支撑力，如果加大原料的使用量，就必然降低成品的应有的质量和口感，甚至不能食用。因此，在使用模具时，大多使用小的，简单的模具，以确保成品应有的造型和食用质量。

3. 果冻的定型

果冻的定型主要是通过冷却的方法形成的。将倒入模具的果冻液体，放入冰箱内冷却定型。

明胶（琼脂）的用量，定形的温度和时间与定型的质量有关。定型所需要的时间将取决于果冻配方中明胶的用量多少。配方中明胶（琼脂）的用量越大，凝固定型的时间越短，但明胶（琼脂）的用量并不代表越多越好，使用过多，成品凝固过硬，不仅失去果冻应有的口感，而且也失去果冻应有的品质。一般情况下明胶的用量在 3% ~ 6% 左右，冷却时间需要 3 ~ 5h。

果冻的定型时的温度一般在 0 ~ 4℃。温度越低，果冻的定型所需的时间越短，反之则长。但果冻定型时不宜放入温度在 0℃以下的冰箱内，因为果冻内大部分原料为含水液体，若在 0℃以下的低温冷却，会使果冻结冰，失去果冻原有的品质。

（二）慕斯

1. 慕斯的调制工艺

由于慕斯的种类多，配料不同，调制方法各异，所以很难用一种方法概括。但一般规律是：先把明胶（片、粉）用水融化，然后根据用料，有蛋黄、蛋白的，将蛋黄、蛋白分别打起。有果碎的，把果肉打碎，并加入打起蛋黄、蛋白；有巧克力的，将巧克力融化后与其他配料混合。最后将打起的鲜奶油与调好的半制品拌匀即可入模。明胶的用量可以根据慕斯成形的效果合理掌握，但不宜过多，否则产品凝固性太强，食用时会产生韧性，失去慕斯的原有品质和特性。

2. 慕斯的成形（图 5-13）

成形是决定慕斯形状、质量的关键步骤。慕斯的成形，不仅有利于下一步的服务，而且为制品的装饰奠定了基础。慕斯成形方法多种多样，可按实际加工中的需要，灵活掌握。可以直接装入容器（如玻璃杯、咖啡杯、小碗、小盘）中冷藏，也可以利用各式各样的模具，将慕斯挤入或倒入成形，成形后的慕斯必须放入冷藏箱内数小时以上定型，以保证制品的质量要求和特点。定型好的慕斯可以放入冷冻室冷冻保存。

切块成形

杯子成形

模具成形

图 5-13　慕斯的成形方法

3. 慕斯的装饰（图 5-14）

定型的慕斯为半成品，在食用之前，还有一道最后工序为装饰。一般情况下，不需要脱模的慕斯，在定型后，可直接进行装饰后供给客人食用，不需要取出或更换用具。但对于定型后需要取出的制品，需取出后直接或切块后进行进一步装饰。常用的装饰料有奶油、巧克力插件、水果、果酱等。这些装饰料综合运用在慕斯表面，增加慕斯的美观度。一些特别品种，例如提拉米苏，还需要撒可可粉进行装饰。

水果装饰

巧克力装饰

可可粉装饰

图 5-14 慕斯的装饰

实例一 果冻（Jelly）

【品种介绍】

果冻是一种西方甜食，呈半固体状，由食用明胶加水、糖、果汁制成。亦称啫喱，外观晶莹，色泽鲜艳，口感软滑。

【制品配方】

膏料：明胶片 20g、纯净水 300g、浓缩果汁 20g、白砂糖 40g。

添加料：果肉、果粒适量。

【设备器具】

面盆、电磁炉、塑料果冻模、搅拌机、量杯、电子秤、打蛋器。

【制作方法】

（1）将明胶片放于面盆中，加入自来水浸没泡至柔软。

（2）果粒和果肉放入准备好的果冻杯中备用。

（3）将白砂糖和纯净水倒进面盆，放上电磁炉加热，边加热边用勺子搅拌，完全溶化之后放入泡过的明胶片加热到熔化。溶液放室温下冷却 5min，在未凝固的情况下倒入浓缩果汁，搅匀后入冰箱，0 ~ 4℃下冷藏 3 ~ 5h，凝固后取出。

（4）用水果、巧克力插片、干果、泡沫鲜奶油等对其进行装饰。

【制品图解】

1. 切配水果

2. 准备慕斯杯

3. 调料

4. 入模

5. 装入八分满

6. 成品

【技术要点】

（1）果冻液倒入模具时，应避免起沫。如果有泡沫，应用干净的工具将泡沫撇出，否则冷却后影响成品的美观。

（2）制作果冻所用的水果丁使用前要沥干水分，以保证成品的品质。

（3）使用水果，尽量少用或不用含酸物质多的水果，如柠檬、鲜菠萝等，因其酸度过大会降低果冻的凝胶力，使成品弹性降低，必要时可将此类水果蒸煮几分钟使其蛋白酶失去活性后使用。

（4）果冻甜点是直接入口的食品，更需要保证模具的卫生。

（5）不宜用大型的或结构复杂的模具。因为果冻内部的凝胶力不足以保持大型模具制作出的成品支撑力，在使用模具时，应用小的、简单的模具，以确保成品具有应有的造型和食用质量。

（6）定型时间取决于配方中明胶用量多少。用量越大，凝固定型的时间越短，但不是越多越好，使用过多，成品凝固过硬，会失去果冻应有的口感和品质。一般情况下明胶的用量在3%～6%左右，冷却时间需要3～5h。定型温度一般在0～4℃。

（7）果冻在进入冰箱冷却定型时，应在其表面覆一层保鲜膜，以防止和其他食品的味道相串，影响自身的口味。

（8）定型后的制品脱膜时，要保持制品完整。

课后思考题

1. 为什么果冻成形时要求温度不能低于0℃?
2. 果冻的营养成分特点是什么?
3. 果冻和布丁的区别是什么?

实例二 草莓慕斯（Strawberry mousse）

【品种介绍】

慕斯泛指一种加了打发淡奶油或打发蛋白或打发蛋黄，或上述都有的混合制成的口感轻盈的冷冻甜品。其性质较布丁更柔软，入口即化。是奶冻式甜点之一，可以直接吃或做蛋糕夹层。其味道可口，制作方法简单，草莓味和奶香浓郁。

【制品配方】

垫底：海绵蛋糕坯1个。

慕斯膏料：草莓果酱150g、酸奶80g、朗姆酒20g、淡奶油50g、白砂糖30g、鱼胶片25g。

镜面：草莓酱25g、白砂糖25g、水50g、明胶片5g。

装饰料：草莓、蓝莓、香草叶、奶油。

【设备器具】

牛皮纸、面盆、勺子、6寸慕斯圈、长柄橡皮刮刀、台式搅拌机、甜品刀、电磁炉、糖粉筛、喷枪。

【制作方法】

（1）准备阶段　明胶片用冷水泡软备用。草莓洗净，对半切，慕斯圈垫纸，海绵蛋糕坯片成片，放入慕斯圈中，将对半切的草莓紧贴慕斯圈壁。

（2）慕斯膏料　将200g的草莓和白砂糖放入料理机中打成泥，打好后加入少量朗姆酒。淡奶油打至五成发，分2次倒入草莓泥中，明胶片隔水加热融化，冷却至室温后和膏料混合均匀。倒进准备好的慕斯圈中，放进冰箱冷藏约3h或冷冻30min左右直到凝固。

（3）镜面制作　明胶片用冷水泡软，草莓酱和白砂糖、水一起煮至糖融化后，加入明胶片搅匀至明胶片融化，稍冷却时倒在冻好的慕斯上，厚度约3～5mm，然后放入冰箱再次冷冻至表面凝固后即可取出，用喷枪脱模。

（4）装饰　用奶油花或新鲜草莓进行装饰即可。

【制品图解】

1. 准备模具

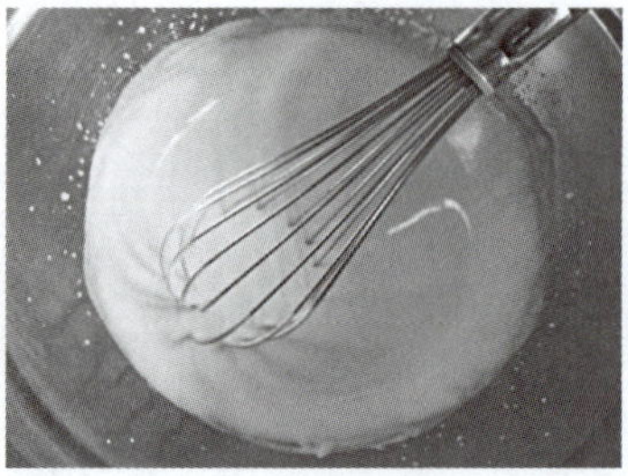

2. 制作膏料

3. 加入膏料

4. 冷藏

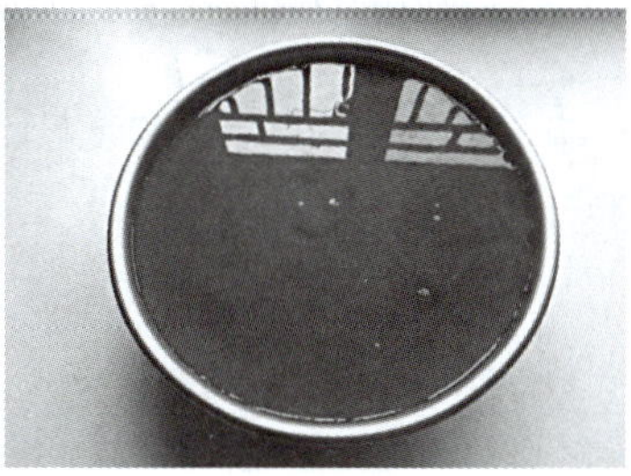
5. 镜面制作

6. 装饰

【技术要点】

（1）慕斯圈下一定要放盘子托住，否则在制作过程中搬运会破坏制品外观。

（2）膏料冷却至快凝固时再加入融化的明胶片，否则两者温度差别太大会破坏产品的成分结构，导致慕斯口感不够细腻柔滑。

（3）镜面制作好后，如有浮沫，一定要用工具撇干净，这样制作的镜面才光滑。

课后思考题

1. 草莓慕斯的由来及特色是什么？
2. 慕斯饼底可以有哪些变化？
3. 草莓慕斯制作需注意哪些事项？

实例三 巧克力慕斯杯（Chocolate mousse）

【品种介绍】

巧克力慕斯杯是一款不添加明胶等凝固剂，直接利用巧克力自身的凝固性制作而成的冷冻甜点，可以直接吃或做蛋糕夹层。制品具有入口即化、巧克力味和奶香浓郁、丝滑醇厚的特点。

【制品配方】

膏料：黑巧克力 500g、蛋黄 10 个、蛋白 10 个、淡奶油 150g、君度酒 50g。

装饰料：奶油、水果、巧克力插件。

【设备器具】

打蛋器、面盆、裱花袋、裱花嘴、玻璃容器。

【制作方法】

（1）准备工作　蛋白和蛋黄分开，巧克力隔水融化后备用。

（2）慕斯膏料制作　将蛋黄和巧克力搅匀，将淡奶油打至半发后加入，混合均匀。蛋白打至干性发泡后加入膏料中，拌和均匀，最后加入君度酒拌匀后入冰箱中冷藏。

（3）装饰　将冷冻好的慕斯膏料装入裱花袋中，直接挤入玻璃杯中。用打发的奶油、水果、巧克力插件进行装饰并冷藏保存。

【制品图解】

1. 准备巧克力

2. 混合原料

3. 加入打发的蛋白

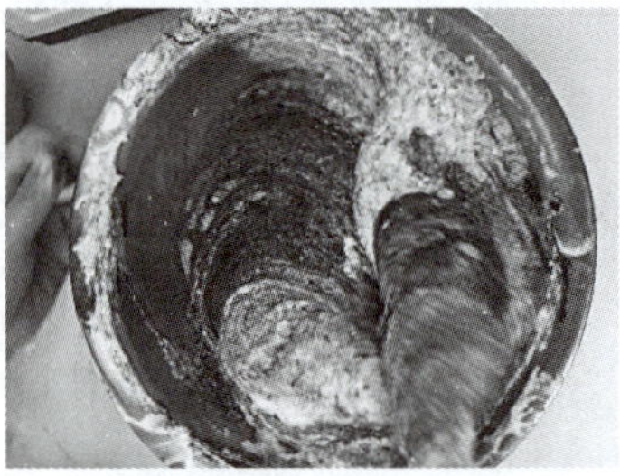

4. 搅拌

5. 加入君度酒

6. 成品

【技术要点】

（1）融化巧克力时工具上不能有水，并且水浴加热的水温不能超过70℃，否则会出现不光泽的颗粒，即翻砂现象。

（2）巧克力融化后趁热加入蛋黄，并持续不断地搅打，使得巧克力混合液呈现很浓稠顺滑的状态，不能呈现颗粒感。

（3）君度酒的添加是为了增加巧克力慕斯的风味，也可以不加。一些巧克力慕斯直接装入小器具，不用蛋糕坯。

课后思考题

1. 巧克力慕斯的由来及特色是什么？
2. 巧克力慕斯制作时需注意哪些事项？

实例四　云石酸奶芝士蛋糕（Yogurt cheese cake）

【制品配方】

垫底：海绵蛋糕坯 1 烤盘。

膏料：奶油芝士 900g、白砂糖 400g、酸奶 561g、鱼胶片 75g、淡奶油 900g、柠檬皮屑或柠檬汁少许、蓝莓酱 100g。

装饰料：新鲜水果、巧克力插件。

【设备器具】

电磁炉、长柄橡皮刮刀、甜品刀、面盆、打蛋器、方形慕斯圈、喷枪。

【制作方法】

（1）准备工作　明胶片放入冷水中泡软备用。柠檬取皮碎屑和柠檬汁备用。慕斯圈垫纸，将海绵蛋糕坯去皮后放入圈内，刷一层糖水备用。

（2）膏料制作　奶油芝士解冻软化后加入白砂糖打至无颗粒状，加入酸奶、柠檬汁、柠檬皮屑继续搅拌均匀。淡奶油打到五分不流动状态，分两次加入膏料中搅匀。明胶片隔水加热，融化后冷却至室温，加入膏料中搅拌均匀，将膏料倒入模具中，轻敲去除气泡。

（3）云石花纹制作　取部分膏料和蓝莓酱混合均匀，倒在膏料表面，用小刀在膏料表面旋转滑动，使膏料呈云石状后入冰箱冷藏。

（4）装饰　放入冰箱冷藏 4h 以上，取出用喷枪脱模。热刀切块，表面用新鲜水果、巧克力插件等装饰即可。

【制品图解】

1. 整理底胚

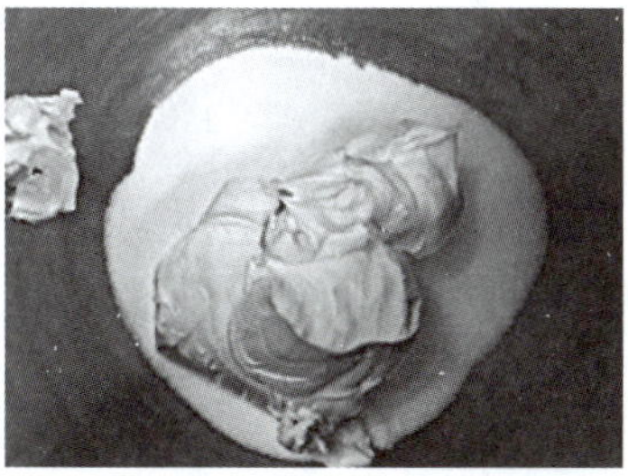

2. 打发芝士和糖

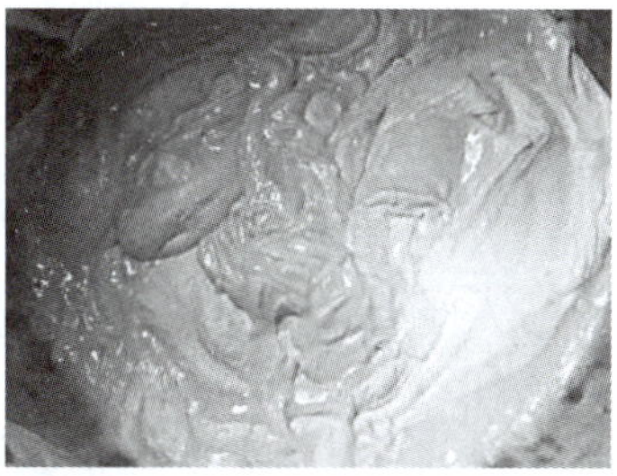

3. 加入奶油

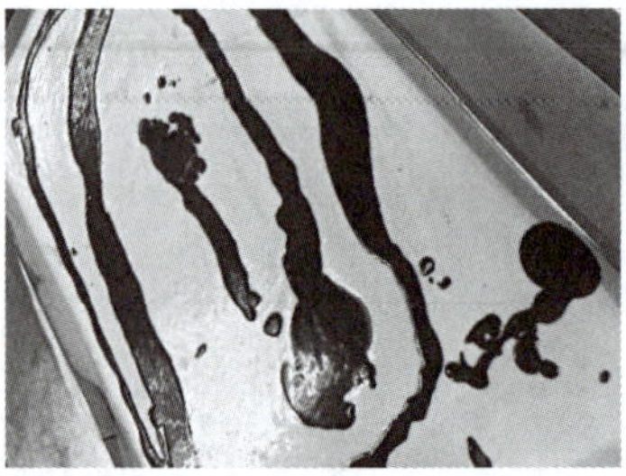
4. 入模

5. 划云石花纹

6. 成品

【技术要点】

（1）通常市售的酸奶都是加了糖的，配方中的白砂糖以及柠檬汁是为了调整口味，如果使用未加糖的原味酸奶则糖的用量要增加。

（2）膏料温度太低，和明胶液混合时明胶容易凝固结块或者起疙瘩，影响成品的口感。因此膏料和明胶液的温度尽量一致。遇到这种情况时把装有慕斯馅的容器放热水中，并不断搅拌，一直到疙瘩消失即可取出，稍微变得浓稠时再倒入模具中。

（3）膏料浓稠度由淡奶油进行调节，太稠，制成的慕斯不够细腻光滑，太稀，膏料容易流淌，不利于成形。

课后思考题

1. 云石酸奶芝士蛋糕的特色是什么？
2. 云石酸奶芝士蛋糕制作时应注意些什么？

实例五 提拉米苏（Tiramisu）

【品种介绍】

提拉米苏是一款经典的意大利甜品，产品具有香醇浓沉的口感，将咖啡的苦、蛋与糖的润、甜酒的醇、巧克力的馥郁、蛋糕的绵密、马斯卡彭和鲜奶油的香浓、可可粉的干爽，糅合在一起。口感细腻，入口即化。

【制品配方】

手指饼干：蛋黄 60g、细砂糖 50g、蛋白 120g、细砂糖 50g、低筋面粉 100g。

膏料：蛋黄 160g、白砂糖 55g、明胶片 20g、马斯卡彭芝士 250g、淡奶油 350g、蛋白 150g、白砂糖 50g。

咖啡水：咖啡酒 20g、速溶咖啡 200g。

装饰料：可可粉、巧克力插件。

制品分量：6寸慕斯圈三个。

【设备器具】

面盆、搅拌机、裱花袋、打蛋器、西点盘、甜品刀、不粘烤布、羊毛刷、慕斯圈、铝箔。

【制作方法】

（1）手指饼干制作　配方中的蛋黄和白砂糖置于热水上打发，至颜色发白，蛋白和白砂糖打发至软尖峰状，将打好的蛋白和蛋黄分次混合均匀，筛入面粉，慢慢混合均匀，制成手指饼干膏料。烤盘中放不粘烤布，将膏料装入裱花袋，使用中号圆形裱花嘴，挤成一条条手指状，放入180℃烤箱中烘烤成微黄色后取出，晾凉备用。

（2）膏料制作　将明胶片用凉水泡软，隔水融化，蛋黄和白砂糖置于热水上打发，至颜色发白，膏体呈软尖峰状，加入马斯卡彭和明胶液搅拌均匀；淡奶油打至半发；蛋白加糖用搅拌机打至软尖峰状；将所有打好的膏料混合在一起成提拉米苏料备用。

（3）咖啡水制作　咖啡调好后加入咖啡酒冷藏成咖啡水备用。

（4）组装　慕斯圈底部包好铝箔，均匀铺上手指饼干，刷上一层咖啡水，倒一半提拉米苏料，再放第二层手指饼干，同样刷上一层咖啡水，倒入剩余膏料。轻敲去掉空气后，入冰箱冷藏24h。

（5）装饰　膏料凝固后取出，表面撒可可粉，用热刀切成需要的形状，用巧克力插件装饰即可。

【制品图解】

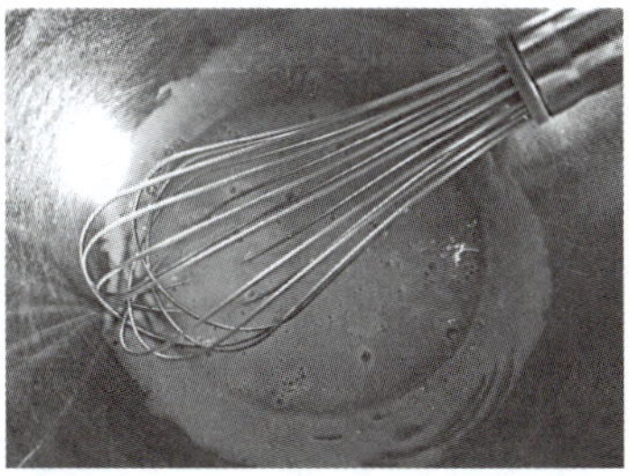

1. 打发蛋黄

2. 加入明胶液

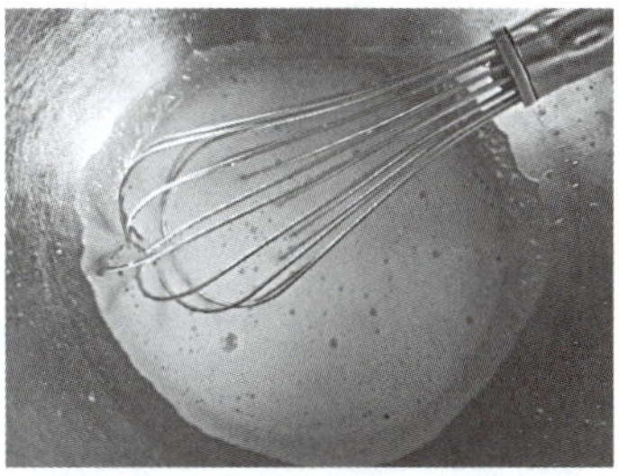

3. 混合

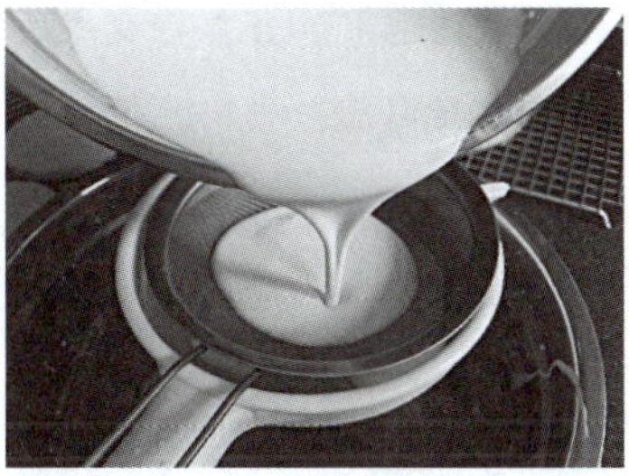

4. 过筛

5. 入模

6. 装饰

【技术要点】

（1）打蛋白的容器必须清洗干净，不能带一点油脂，否则会影响蛋白的打发。蛋白必须现打现用，打好的蛋白长时间不使用，就会垮塌。

（2）刷咖啡水时底层可以少刷一点，但中间一层手指饼干必须用咖啡水浸透。

（3）传统提拉米苏不需要添加明胶，直接装入杯子等盛器中，用勺食用。

课后思考题

1. 提拉米苏的由来及特色是什么？
2. 提拉米苏的原料构成及选用要求是什么？
3. 提拉米苏制作需注意哪些事项？

实例六 焦糖布丁（Caramel pudding）

【品种介绍】

焦糖布丁是烤布丁的一种，以砂糖、鸡蛋为主要原料通过烘烤冷藏而成，因其外表可爱，口感兼备，成为极受欢迎的一种甜品。

【制品配方】

焦糖：白砂糖500g、水500g。

膏料：牛奶500g、全蛋3个、蛋黄2个、白砂糖80g、香草豆荚半根。

【设备器具】

搅拌机、烤炉、布丁模、油刷、刮板、电子秤、厚底锅、蛋抽。

【制作方法】

（1）制作焦糖　将一半的白砂糖倒入厚底锅中，中火加热，同时用木铲不停搅拌。锅中的白砂糖融化后，倒入另外一半白砂糖，继续加热并搅拌，直到变成焦糖（呈焦糖色）。当焦糖变成所需要的颜色时，停止加热，将锅放入装有冷水的盆中迅速降温。趁焦糖还未凝固前，平均地倒入玻璃瓶中，厚约5mm，放凉备用。

（2）调制布丁水　用蛋抽将蛋液搅拌均匀，然后倒入白砂糖搅拌。搅拌时避免因用力过猛而把空气打入蛋液中产生气泡，只需简单地搅拌均匀即可。加入香草豆荚与蛋液充分搅拌均匀，再一点一点地加入牛奶。将混合溶液用细筛网过滤，去掉香草豆荚残渣。用汤勺将溶液倒入装有焦糖的布丁模中。

（3）烘烤 将烤箱预热至160℃。烤盘内倒入1cm高左右的冷水，将布丁放在水中烤1h。当蛋液凝固后即可。

（4）装饰 布丁完全冷却后放冷藏室冷藏，需要食用前取出即可。

【制品图解】

1. 熬焦糖

2. 称量原料

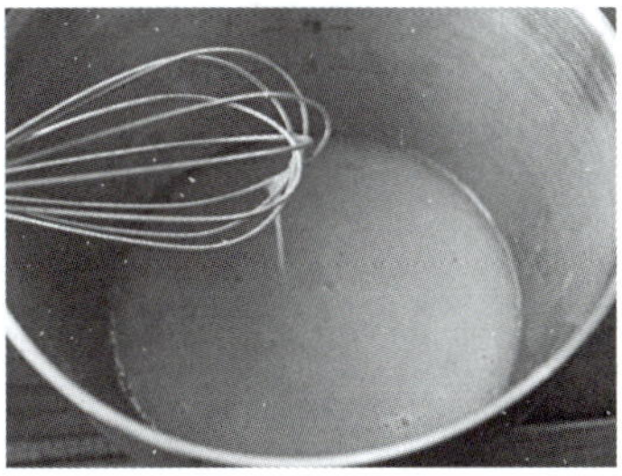

3. 搅拌蛋液

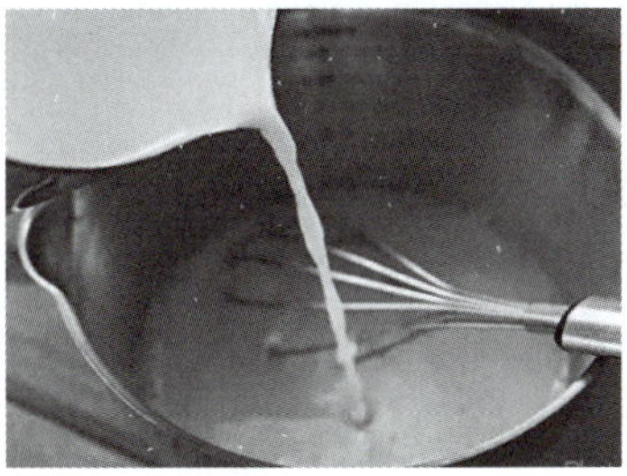

4. 混合液体

5. 过滤

6. 成品

【技术要点】

（1）焦糖熬制时一定要用小火，可以用小勺轻轻地把锅中央的砂糖推到锅周边，让砂糖可以均匀受热融化。喜欢略苦的就熬煮至起小泡；喜欢甜的把糖熬成褐色浆状即可。关火，焦糖颜色会继续加深，因为锅内还有余温。

（2）布丁液倒入模具后要将表面的细小泡沫用纸吸掉，否则烤出来的布丁会有小孔眼，影响美观。

（3）烘烤前模具表面可覆盖锡纸，一是可以保持蛋面滑嫩，二也可以帮助加温，缩短烘烤时间。

（4）有的焦糖布丁制作完成后需要脱模，脱模的方法是待焦糖布丁完全冷却后，用小刀刀尖绕布丁模内壁将焦糖布丁分离，倒扣在盘子上，焦糖全蛋布丁就会滑出来。

课后思考题

1. 制作焦糖应注意哪些问题？
2. 为什么焦糖布丁制作需要水浴加热？
3. 焦糖布丁的成形要注意哪些事项？

项目六 巧克力类西点

学习目标

- 了解各种巧克力的制品特点。
- 熟悉巧克力类的分类和用料构成及要求。
- 掌握巧克力类品种的制作方法和技能。
- 熟悉巧克力类品种变化与创新思路。
- 掌握巧克力装饰品的造型方法。
- 掌握巧克力类制作的温度和时间控制。
- 能独立进行巧克力品种制作。

巧克力（Chocolate）自古以来都备受人们的广泛推崇与热烈追捧，西洋人对巧克力的情有独钟更使其在欧洲大行其道，成为甜点调味时不可或缺的伴侣和浪漫爱情中频频登场的礼物。巧克力制品是各类高档次的宴会、酒会、自助餐等用餐形式的常用制品。通常利用各种相宜的糖果、果仁或手工馅心作为馅料，在表面以不同的工艺方法覆盖上不同类型的巧克力，或在不同类型的巧克力中间注入不同馅料，或在各种不同类型的巧克力上混合各种不同类型的果仁而制成不同形状、不同口感和不同风味的花色品种。

一、巧克力类制作原理

巧克力的熔点很低，40 ~ 50℃就会融化，当冷却到室温时，它又会凝固。巧克力制品就是利用巧克力融化－调温－凝固这一特点来进行制作。巧克力含有大量的可可脂，可可脂的特性是巧克力最重要的特性。可可脂由多种脂肪酸构成的， 28℃时开始软化，33℃的时融化为液体，它的凝固点和融化点之间是非常狭窄的。所以，通常都是采用隔水加热的方式来融化巧克力。如果直接在火上加热，底部温度太高，而巧克力的导热性能很差，底部巧克力容易糊底或烧焦。因此需要将巧克力切成比较均匀的小块，才能加速融化。此外在融化的巧克力中混入少量的水，水就会被巧克力锁住，凝固成团，产生小硬块，俗称“返砂”。只有在加入大量的高温液体时，巧克力和水才能混合在一起形成稳定的结构，就是巧克力酱（甘那许）。巧克力储存的最佳温度为 15 ~ 18℃。巧克力储存一段时间后，表面会泛白，看上去像起了一层霜，这就是是可可脂的结晶，俗称油斑。这是因为不稳定的可可晶体融化移动到表面，在那里重新结晶形成的。因此，巧克力制作需要调温。所谓调温就是通过升温、冷却、再升温的过程，让巧克力的晶体全部转化为稳定晶体。使巧克力表面光滑，方便灌注模具定型，也利于快速干净地脱模，避免巧克力形成白色的油斑，更好储存，口感质地细腻柔顺。调温后的巧克力加工后凝固即是巧克力制品。

二、巧克力类原料选用原则

（一）巧克力

常见的巧克力包括黑巧克力（Dark chocolate）、牛奶巧克力（Milk chocolate）、白巧克力（White chocolate），巧克力含有可可脂，天然可可脂巧克力成本较高，口感好，在西点中的运用非常广泛，适合做各种糕点的装饰物，模具巧克力，也可以做大型的巧克力中装饰物件，制作夹馅，巧克力味蛋糕、点心，裱花蛋糕、表面淋面等。代可可脂巧克力因其价格低廉、操作方便，稳定性较强，在很大程度上已经替代天然可可脂巧克力。

（二）油脂

有时在融化巧克力时，对于较稠的巧克力或存放过久的巧克力可添加适量油脂，以稀释巧克力或增加巧克力的光泽，使巧克力的颜色更深更光亮。可以添加的油脂包括液态油、可可脂（代可可脂）、黄油等。添加食用油脂的种类要灵活掌握，如果巧克力可可脂含量低，硬度不够，应添加可可脂，而巧克力在调制时过硬，则应加入适量的植物油或融化的黄油。但是值得注意的是，无论添加哪种油脂，其口味必须能够对巧克力的风味有所助益，而不能破坏巧克力的口感和口味。

三、巧克力类工艺流程

巧克力类的一般工艺流程如下：

切碎→隔水加热融化→搅拌→调节温度→入模→冷却→成形→装饰→成品

四、巧克力类制作工艺

（一）融化

制作巧克力最基本要掌握的一点就是怎样融化巧克力，巧克力的融化效果会直接影响操作，融化巧克力通常有以下两种：

1. 隔水融化法（双煮法）

准备一大一小两个容器，大容器内盛低于50℃的温水，小容器盛放切碎的巧克力（不同种类巧克力的温度标准有所不同），将小容器放入大容器中，用水传热并反复地搅拌使巧克力融化。多搅拌会加快巧克力的融化，并使巧克力更软滑细腻，光泽度好。一般40℃左右的巧克力的流动性和操作性能处于最佳的状态，如果温度过高，会使巧克力出现油脂分离、反砂、变稠、没有光泽度等现象，而这些现象会直接影响巧克力的操作性能和口感，会影响巧克力的质量和提高制作工艺的难度。搅拌时注意不要让容器进水，否则巧克力返砂，同时注意要按同一个方向搅拌，这样可以避免巧克力内进入空气而产生气泡。

2. 微波炉加热法

这是将巧克力切碎后放入微波炉加热融化的方法。微波炉加热这个方法比较快，但不适合经常使用，只适合在急用的情况下使用。微波炉的火力比较强，很难控制住火候，使用时尽量选择中火或微火，并且每隔30s拿出来搅拌，以防巧克力出现干糊的现象，并且只融化2/3，利用余温融化剩下的巧克力，以达到降温的目的。微波炉融化的巧克力不适合反复使用，比较容易出现返砂的现象。

3. 巧克力恒温机

巧克力恒温机是大型巧克力制作工厂和使用巧克力制品较多的星级酒店经常使用的巧克力调温设备。它的温度是可以控制的，一般情况下温度控制在 40 ~ 45℃左右，巧克力恒温机的优点在于使用方便，随取随用。可以提前融化巧克力，又不需担心温度会变高。

（二）调温

融化好的巧克力需要调温后再使用。调温的目的就是为了让巧克力在室温下更美观，口感更好，避免产生油斑，便于重新塑形。常用调温的方法有：

1. 桌面降温法

直接将已融化的巧克力中倒出1/2或1/3在桌子上，用铲刀拌几下，待巧克力开始有些变稠时，铲回原来的容器中，再按顺时针方向搅拌，这样也很容易将巧克力的温度降下来。这种方法适合小批量巧克力产品，比较适合小型甜品店和工作室。如果出品量较大，一般直接使用调温机操作。

2. 混合降温法

将已融化的巧克力中加入切得很碎的巧克力（分量约为已溶解的巧克力的 1/5），然后按顺时针方向搅拌，待巧克力全部融化后整体温度就会下降，质地也会由稀变稠，用来铲花、铲卷时抹在桌子上就会厚薄适中。

（三）成形

制作巧克力制品的重点在于温度，操作间的温度应保持 20 ~ 25℃。制作巧克力时，动作要快，手法要熟练，尽量缩短巧克力和手的接触时间，以减少手对巧克力表面的接触影响。制作巧克力装饰物时，应尽量避免其他原料的不良影响，尤其是水滴或面粉等原料，以免使制品表面产生花斑或斑点等。常见成形的方法（图 5–15）有：

切割

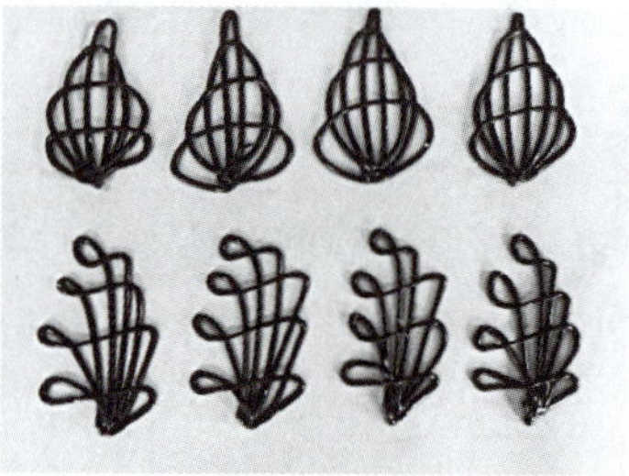
挤注

铲花

图 5-15　巧克力的成形方法

1. 切割

巧克力融化后，抹在油纸或平整的硬塑料纸上，凝固后可用刀切割成各种形状，从简单的长片、方片到人物、图形等。也可使用巧克力转印纸，将温度合适的巧克力平抹在转印纸上，当巧克力凝固后，转印纸上的图案或字迹会转移到巧克力上。制品凝固后，要用平刀小心地将其和油纸或塑料纸分开，否则巧克力不能自由收缩，会产生两头上翘的现象。在制作各类装饰制品时，不同颜色的巧克力可以灵活运用，以增强制品的色彩和风格。

2. 挤注

将合适温度的巧克力装入用三角纸叠成的锥形纸袋中，提起一定的高度，均匀用力，平缓移动，挤出字体或图案。巧克力融化后，装入纸卷中，在油纸上挤出各种图形，如花草树木等，如果再配以不同颜色的巧克力交叉使用，可以使制品更加鲜明、生动、活泼、大方。

3. 铲花

将合适温度的巧克力，在大理石上抹一层。表面开始凝固时用铲子从内向外铲起，并且用指尖挡住一侧，形成扇形花纹。在大理石上平抹一层白巧克力，用齿形塑料片刮出花纹。待白巧克力接近凝固时，覆盖另外一色的巧克力。当巧克力接近凝固时，快速向一侧铲起，并且用四指顺势搓一下，巧克力花棍会更加紧密结实。巧克力扇形装饰品的制作方法和巧克力一般制品的制作大体相同，但巧克力凝固的硬度要再低一些。以推切不能成棍状而成弯曲的片状时为适宜，并将推切下来的巧克力片从中间弯曲成扇形。

值得注意的是：①温度过低后大理石台面比较冷不利于操作，需要将大理石加热，常用的加热方法有用喷枪烧大理石、酒精烧或者热毛巾加热。如温度适中，巧克力花会呈现褶皱均匀、光滑的现象，不会碎裂、粘在一起。如加热不到位，则出现巧克力花易碎裂的情况，加热过度则出现巧克力花粘在一起不成形的情况。②铲刀保持 40° 左右，将巧克力均匀地平铺在大理石上，巧克力尽量抹得有两个半铲刀宽，再将角度改为 15° 左右，反复将巧克力抹平，直到巧克力完全凝固。③融化后的巧克力用平刀抹到大理石上面，薄厚要均匀，当巧克力凝固后、还未完全变硬时进行操作，力度不同，制作的铲花花纹不同。

4. 巧克力喷涂

将巧克力或非巧克力物品，经过冷冻，利用专用喷枪迅速在其表面喷射稀释后的巧克力，巧克力会像雾一样凝结在制品表面。喷涂后的巧克力质感强烈，图案抽象有艺术感。

5. 使用模具

融化后的巧克力装入模具后，可以制作出各种类型的巧克力制品，例如：①造型巧克力：是用模具制作各种形状的巧克力制品。如圣诞节、复活节、情人节的巧克力制品等。②夹馅巧克力：是用各种焙烤制品或各种相适宜的糖果、酒心糖果等为心子，外面覆一层纯巧克力，制成的各种不同形状和口感的巧克力制品。另外有的大型巧克力制品制成模具后，还需要按比例切割成需要的零件或形状，按设计方案粘接成装饰品。

6. 沾裹

是以膨松米面类制品、巧克力酱、花生酱或果仁心作为馅心，在外面用滚动挂衣成形覆盖一层巧克力，制成表面十分光亮，呈圆球形、扁圆形、椭圆形等不同形状的制品。

（四）装饰与包装

巧克力装饰物应存放在恒温的室内，一般温度在 15 ~ 22℃。也可冷藏保存。比较大型的装饰，例如巧克力篮、波浪状巧克力片及大卷片等，可用保鲜膜包好再放入容器中保存。牛奶巧克力及白巧克力冷藏可存放两周，而纯巧克力则可以存放四周。包装尽量采用铝箔包装。

（五）巧克力制作过程中常见缺憾和补救方法

1. 不易脱模

序号	原因	补救方法
1	模具不洁净	使用洁净模具
2	巧克力品质不高，可可脂含量低	选用高品质、可可脂含量高的巧克力
3	搅拌时间不够	增加搅拌时间
4	周围环境温度太高	环境温度在22℃左右
5	注模时温度过高	注模时巧克力温度正确（约30℃）
6	固化时温度太高或过低	固化温度应在8～10℃

2. 巧克力表面有花白现象

序号	原因	补救方法
1	巧克力中水分含量高	使用密封包装的巧克力
2	操作环境湿度大，蔗糖吸水结晶	在恒温环境下操作，一般为22℃
3	融化方法不当，巧克力吸入了水分	使用专业融化器，缩短融化时间
4	成品未密封，脂肪氧化结晶	成品要密封
5	巧克力储存不当	储存温度控制在10～15℃

实例一　模具巧克力（Mold chocolate）

【品种介绍】

模具巧克力是最基本最常见的一款巧克力，有纯色巧克力、双色巧克力、星空巧克力、果仁巧克力等。利用可可脂喷涂出星空效果制作出的模具巧克力，外表绚丽多彩，赏心悦目。

【制品配方】

膏料：白巧克力500g、黑巧克力500g。

夹馅料：各种果仁。

装饰料：可可脂、色素。

【设备器具】

面盆、电磁炉、橡皮刮刀、巧克力模具、冰箱、巧克力铲刀、喷枪。

【制作方法】

（1）准备工作　巧克力模具洗净，擦干备用。巧克力切碎，将2/3的巧克力用“双煮法”融化。待巧克力融化后，再放入余下的巧克力一起调制，搅拌至无颗粒状。

（2）纯色巧克力　将经连续调温的巧克力注入干净没有水的巧克力模具内，经过振动将模具中的气泡排除，将模具边缘的黏附物用刀刮干净，放入冷柜中进行冷却。

（3）双色巧克力　用挤袋将白巧克力挤入模具中1/2满，冷却凝固后全部挤入黑巧克力，经过振动将模具中的气泡排除，将模具边缘的黏附物用刀刮干净，放入冷柜中进行冷却。

（4）星空巧克力　将适量可可脂隔水加热，与白色色粉混合，用软毛刷蘸取少许白色翻糖色粉，用食指指尖轻弹毛刷中部，让翻糖色粉飘落进模具之中，形成星星的效果。用喷枪喷涂颜色后等待至可可脂凝固。将调好温度的白巧克力倒入已经凝固的模具中，经过振动将模具中的气泡排除，将模具边缘的黏附物用刀刮干净，放入冷柜中进行冷却。

（5）果仁巧克力　以各种整粒、半粒或碎粒的果仁，按一定比例与纯巧克力相混合，倒入模具中，经过振动将模具中的气泡排除，将模具边缘的黏附物用刀刮干净，放入冷柜中进行冷却。

（6）脱模　当冷却固化的巧克力制品的透明模板从背面看出有分离的迹象时，轻轻敲打脱出巧克力，用铝箔包装。

【制品图解】

1. 准备模具

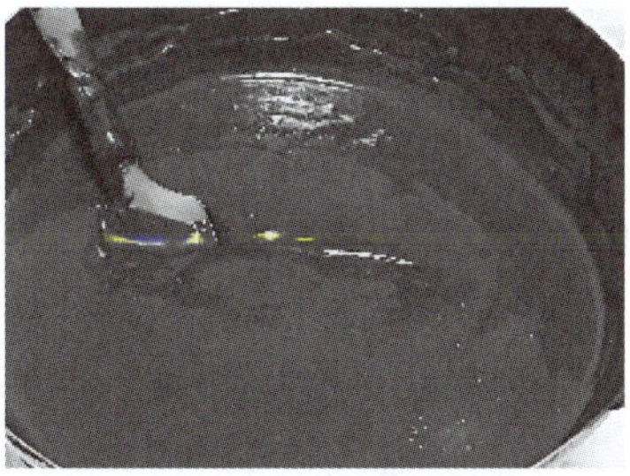

2. 调温

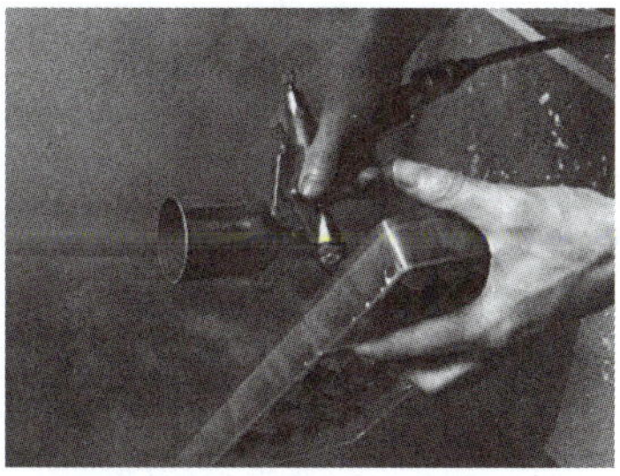

3. 喷涂

4. 星空效果

5. 入模

6. 成品

【技术要点】

（1）将巧克力灌注到巧克力模具中后一定要轻敲排出气泡。否则成品巧克力表面会有小气孔，影响美观。

（2）将模具放入冰箱冷藏室中，待巧克力和模具之间全部变亮才能脱模。

（3）脱模时注意力度，轻轻敲打模具帮助巧克力脱模。

课后思考题

1. 制作出的巧克力表面有气孔的原因是什么？
2. 制作的巧克力表面不光亮，原因在哪里？

实例二 夹馅巧克力（Filled chocolates）

【品种介绍】

夹馅巧克力是在巧克力中间加入各种馅心，既丰富了巧克力的口味口感，又增加了巧克力的品种。通常可以通过在巧克力馅心中加入不同原料来变化。如在馅心中加入果仁，即可制成果仁巧克力；加入朗姆酒，可制成朗姆酒巧克力；加入焦糖，制成焦糖巧克力；加入板栗蓉，制成板栗蓉巧克力；等等。

【制品配方】

膏料：白巧克力500g、黑巧克力500g。

夹馅料：花生酱100g。

【设备器具】

面盆、电磁炉、橡皮刮刀、巧克力模具、冰箱、巧克力铲刀、裱花袋等。

【制作方法】

（1）准备工作　巧克力模具洗净，擦干备用。巧克力切碎，将2/3的巧克力用“双煮法”融化。待巧克力融化后，再放入余下的巧克力一起调制，搅拌至无颗粒状。花生酱装入裱花袋备用。

（2）将经连续调温的巧克力注入干净没有水的巧克力模具内，经过振动将模具中的气泡排出，将模具边缘的黏附物用刀刮干净，将模具180° 反转倾倒，倒掉模具内多余的巧克力，模型边缘用刀刮干净后进行冷却，此时模型内形成一层薄的巧克力壳层。重复一遍操作。

（3）将馅料挤入巧克力壳中约八分满，挤完轻敲模具，使馅料均匀，再倒入剩余的巧克力，将表面刮干净，送入冷柜中冷却。

（4）脱模　当冷却固化的巧克力制品的透明模板从背面看出有分离的迹象时，轻轻敲打脱出巧克力，用铝箔纸包装。

【制品图解】

1. 融化

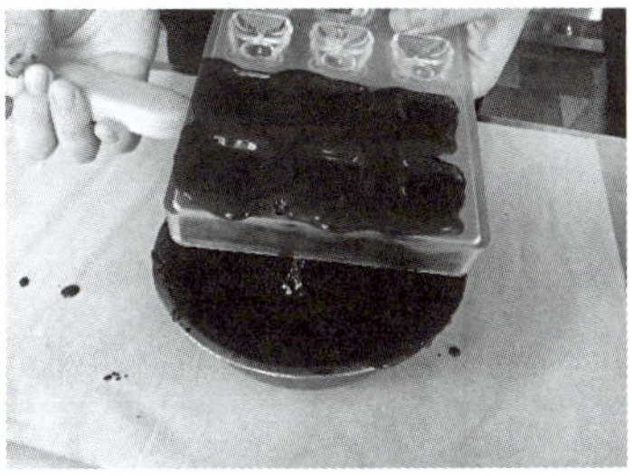

2. 入模

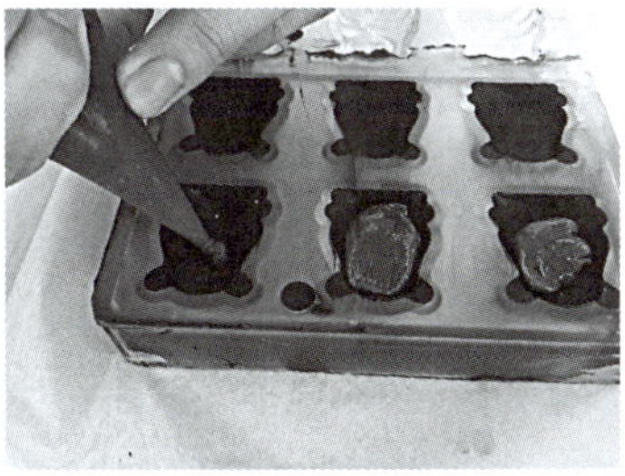

3. 挤馅

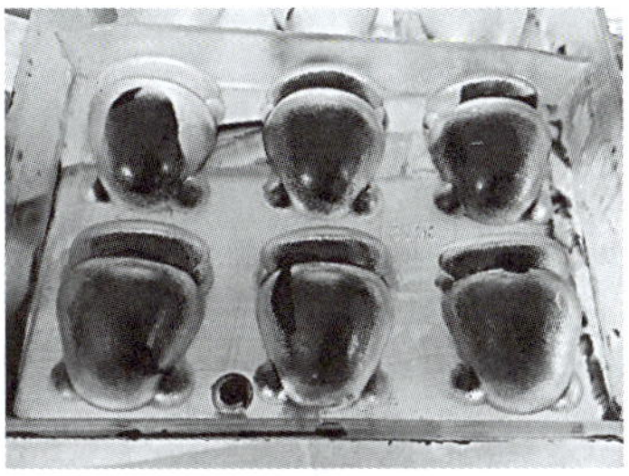

4. 脱模状态

5. 半成品

6. 成品

【技术要点】

（1）模具一定要擦洗干净，无水无油，否则会影响制作出的巧克力的质量。

（2）制作巧克力空壳时，必须让模具内壁均匀地沾上一层巧克力，不能留气泡。此步骤最好重复2次，使空壳具有足够的厚度，否则制好的巧克力壳太薄的话，在运输过程中容易损坏。

（3）夹馅巧克力的壳模成形过程中物料冷热变化反复多次，每次都由液态转变为固态或凝固状态。因此，夹馅巧克力成形浇注，控制温度极为重要，尤其是心体料温度，若控制不当，将影响全过程的平衡操作和最终制品的品质。

（4）馅心的软硬度是夹馅巧克力制作的关键，可以直接购买成品花生酱，也可以调制甘纳许作为馅心。

课后思考题

1. 夹馅巧克力馅心可以怎样变化？
2. 夹馅巧克力操作中的注意事项有哪些？

实例三 夹馅巧克力球（Hazelnut chocolate snowball）

【品种介绍】

巧克力球顾名思义就是外形像球的巧克力，也可以看成巧克力丸，是将馅心制作成圆形，在表面淋上或沾裹上一层巧克力的制品，在制作中需要借助工具保证其完整性，备受消费喜爱。馅心和沾裹料不同，巧克力球的品种也会发生很大变化。

【制品配方】

馅心：无盐黄油 20g、苦甜巧克力 112g、淡奶油 60g、玉米糖浆 12g。

沾裹料：黑巧克力、脆片、糖粉。

【设备器具】

面盆、电磁炉、橡皮刮刀、巧克力模具、冰箱、巧克力铲刀等。

【制作方法】

（1）制馅　将切碎的苦甜巧克力装入面盆里，隔热水融化，再搅拌均匀。倒入淡奶油，继续搅拌均匀。倒入无盐黄油，搅拌均匀。待温度稍稍降低，倒入玉米糖浆，入冰箱冷藏至完全冷却。

（2）将馅料称量 20 克一个，搓成圆球，入冰箱中冷藏备用。

（3）黑巧克力隔水融化调温后，将巧克力馅放入融化的黑巧克力中均匀地沾上一层。

（4）装饰　趁热在脆片中裹一圈，放在不锈钢架上等巧克力凝固即可，或者直接放在不锈钢架上等巧克力凝固，然后裹上糖粉即可包装、贮藏。

【制品图解】

1. 融化巧克力

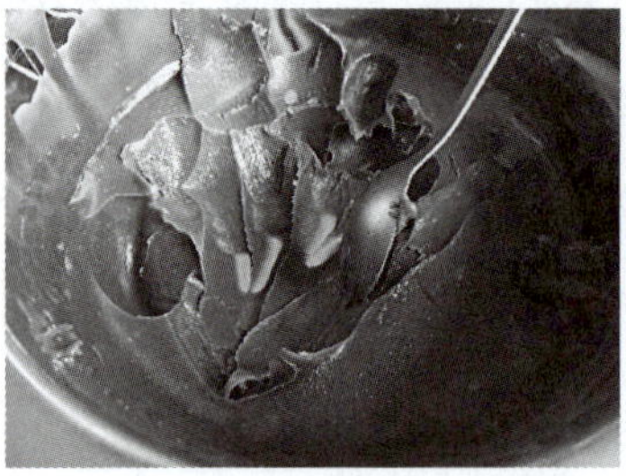

2. 制作馅心

3. 准备

4. 沾裹

5. 成品（一）

6. 成品（二）

【操作要领】

1. 馅心一定要放冰箱中冷藏，等其凝固定型后再进行下一步操作。
2. 操作时动作要快，注意温度的变化。

课后思考题

1. 巧克力球的馅心和夹馅巧克力的馅心有没有区别？为什么？
2. 自己设计并制作一款具有特色的夹馅巧克力球。

第六章

西点装饰

第一节　西点装饰基本知识

学习目标

- 了解西点装饰的特点、要求。
- 掌握各种西点装饰技法特点。
- 能根据具体品种选择适合的装饰方法。
- 熟悉各种装饰方法的操作技术及要点。
- 能够独立进行西点品种装饰工艺环节的操作。

装饰是西点制作工艺中的最终环节，通过装饰与点缀，不但增加西点的风味，也能提高产品的营养价值，更重要的是给人们带来美的享受，增进食欲。每一件西点产品都是一件艺术品，每步操作都凝聚着西点师的心血，不论是哪一种装饰都需要西点师无限的创造力和想象力，也正因为创意无限才使得西点成为艺术品。西点装饰不仅仅用于各种点心制品，也常用于大型宴会、酒会、自助餐台的装饰，以及大型活动的展台装饰，起到突出主题，烘托气氛，增强食品效果、画龙点睛的作用。

西点制作从开始到成形，程序复杂，有些制品具有完整性，食用前可以不需要进一步的装饰，例如曲奇、斑马卷、千层蛋糕等。大部分制品属于半成品，在食用前都必须进行装饰和美化，体现工艺和特色，展示自身的价值，例如各种蛋糕、冷冻甜品等。

一、西点装饰的种类

西点中常用的装饰有简易装饰、图案装饰、造型装饰。

（一）简易装饰

简易装饰属于用一两种装饰材料进行的一次性装饰，操作简便、快速。如在制品表面撒糖粉，摆放果干或果仁，或在制品表面裹附一层巧克力等。仅使用馅料装饰也属于简易装饰的范畴。

（二）图案装饰

使用两种以上的装饰材料，并通常具有两次或两次以上的装饰工序，操作较为复杂，带有较强的技术性。

（三）造型装饰

造型装饰属于西点的高级装饰，技术性要求很高。装饰时，或将制品做成多层体、房屋、船、马车等立体造型，再作进一步装饰；或事先用糖制品、巧克力等做成平面的小模型，再摆放在初步成形的制品上。

二、西点装饰的基本要求

（一）重视食品安全与卫生

西点的制作对于行业从业者的职业素质和卫生要求相当高。大部分西点在装饰后就直接食用，因此装饰过程中必须制定严格的卫生制度，并坚决执行。操作台、设备用具、盛放器皿等严格进行清洗消毒，对环境温度要求高的制品，整个操作过程应在有冷藏设备的环境中进行，每一种原料离开冷藏环境后都要尽快使用，以免二次污染。操作人员必须穿戴工作服、工作帽、工作鞋（袜）；直接操作人员必须戴口罩，使用工具，确保制品的安全和卫生。

（二）选择合适的色彩装饰方式

食品讲究“色、香、味”，“色”排在首位，指的是食品的颜色、色泽，色彩的搭配对人们的食欲影响很大，西点也不例外。作为西点中最重要的感官指标之一，色泽是否良好直接影响到人们的食欲。理想的西点色彩是最大限度地发挥原料所固有的色彩美，西点装饰中不喜欢使用过多的色素，偏爱于使用各种颜色丰富的原料，利用原料特有的色彩和性状进行组合搭配，使制品的最后装饰效果突出，体现美感。在西点装饰过程中，许多原料自身具有各种丰富的色彩，如蛋黄的黄色，樱桃、草莓的鲜红色，糖面糊的焦黄色，糖粉的雪白色和猕猴桃的翠绿色等。这些原料通过加工、切配、组合，就能形成色调自然的点心装饰。颜色搭配对于一款西点的重要性不言而喻，可以活泼，也可以庄重。总之，只要风格统一，能够突出重点色，没有违和感即可。

（三）造型简洁明快，层次分明

西点装饰，更多讲究造型的实用性、食用性和美观性。利用简单的几何图形设计出富有动态空间感的西点，那必定会为整款点心增色不少。西点从造型到装饰，每一个图案或线条，都应一目了然、简洁明快，给人以赏心悦目的感觉。例如制作一款婚礼蛋糕，首先要考虑它的结构安排，考虑每一层之间的比例关系；其次考虑色调搭配，尤其在装饰时要用西点的特殊艺术手法体现出构图，从而用蛋糕烘托出纯洁、甜蜜的新婚气氛。比赛以及展示型的西点装饰则更注重美学基本功，要求从业人员具有更多更高的美学素养和美学造型能力。有志于这方面发展的人员需要注重美学知识的学习，培养自己的美感，方能更好地提高装饰水平。

（四）注重器皿搭配和盘饰

西点有零售类点心、宴会点心、酒会点心、自助餐点心和茶点之分，无论哪一种用途的点心，装饰上都要给人赏心悦目的感觉。西点装饰不仅仅体现在西点本身的形态上，还体现在盛装器皿的选择搭配和盘边装饰上。玻璃碗便于观察西点的质地，精致的瓷盘和碟子可以提高西点的档次。尤其是在高档宴会或酒会上，各种精致的甜点适合与银器、玻璃、水晶等器皿搭配，在灯光的映射下更能够衬托出宴会的气氛。器皿的选择和搭配也充分考验西点师的基本水平，西点品种与器皿搭配时应注意色彩的协调，形态、大小、数量的适应，西点的质感与器皿的匹配。

三、西点中常用的装饰技巧和表现手法

西点设计及装饰技巧多种多样。如何将西点装饰得新颖独到是一门很深的学问，考验西点师各方面的能力。总之，西点装饰是艺术与美食完美结合的诠释，给人带来视觉的冲击和味蕾的奢侈享

受。要体现这些技巧，必须要使用装饰材料，西点中的装饰材料一般具有可食性，能够在西点表面刻意插放拼摆的、起到装饰和点缀作用，是反映西点艺术和精致程度的平面或立体物件。

（一）粉类装饰（图 6-1）

西点中常用于装饰的粉类有可可粉、绿茶粉、糖粉等。粉类能增加色彩的梦幻感和愉悦感，体现动感的美。白色糖粉属于百搭款，在颜色鲜艳的表面稍稍撒上糖粉，会缓和过于热闹的感觉。绿色的抹茶粉，清新怡人。可可粉能增加质感和厚重感。几种粉类也可以结合使用，比如在可可粉上筛糖粉，沉稳厚重中多了点可爱俏皮。撒粉的方式有三种。部分撒粉：与没有撒粉的地方形成对比，增强冲击感；边缘撒粉：突出边缘，使蛋糕形状更加醒目；全面撒粉：与各种点线面结合，增加层次和梦幻感。

（二）喷涂装饰（图 6-2）

喷涂装饰对设备和原料的要求较高，高档次的酒店使用比较多。主要是利用喷砂枪或喷枪将巧克力和可可脂按 1 ∶ 1 的比例混合，溶解制成膏料，加入可溶性色素调色，温度保持在 40℃左右进行喷涂。喷涂前，要让蛋糕急冻，使表面温度下降。当巧克力和可可脂混合物喷涂上去之后，会迅速凝结成细小的颗粒。不停喷涂至覆盖整个面后呈现一层绒面的效果，层次感鲜明，比筛粉效果更加立体。

（三）淋面和涂面装饰（图 6-3）

淋面分为部分覆盖和完全覆盖。甘纳许和果酱是最常用的淋面和涂面材料。淋面酱大都需要溶解，寻找其最适合的温度和状态，需要一定的技巧和经验。用勺子背蘸取淋面酱，观察覆盖状态，如看不到勺子背面，并且覆盖层不是很厚，则表示此时正是淋面的最佳状态。如果淋面酱过于流淌，

图 6-1　粉类装饰

图 6-2　喷涂装饰

图 6-3　淋面和涂面装饰

图 6-4　奶油及裱花装饰

图 6-5　水果装饰

勺子上只有薄薄的一层，则表示温度偏高，需要继续降温；如果过于浓稠则表示温度太低了。果酱、果泥具有不同的颜色和香味，在色泽和质感上也都有各自的特点。

（四）奶油及裱花装饰（图 6-4）

奶油霜主要是奶油经由搅拌过程打入空气，使体积膨胀并降低密度，而呈现松发状进行涂抹、装饰等。奶油霜既能丰富西点的口感，又能借助工具如裱花嘴、抹刀等的使用，呈现出立体的视觉效果。奶油在法式甜点装饰中出现的频率已大不如前，但是由于奶油具有高度可塑性，使它依然活跃在商业蛋糕里，表现手法也不再局限于单纯的色素调色、裱花、抹面。

奶油霜的出现，一定程度上弥补了奶油的缺点。它多是基于奶酪或者黄油打发制成，软硬度适中，可塑性强，比奶油更细腻，且储存期延长，口感上也更加丰富厚重，但热量也相对较高。在展览性质的装饰蛋糕上，奶油霜的身影出现得越来越多。

（五）水果装饰（图 6-5）

西点喜欢利用新鲜水果、水果罐头和果酱进行装饰。常用的水果包括草莓、猕猴桃、蓝莓、醋栗、黄桃、菠萝等。水果这一大类型的装饰的特点，主要在于颜色、口味和创意的搭配。水果的多种色彩和味道与西点本身的口味相匹配，再融入西点师本人的创意，将美味与视觉审美合二为一。水果装饰还有一个重要的技巧便是水果的切法，这一项非常考验西点师的技法，水果的薄厚、如何造型都需要精细的研究和揣摩。水果本身的多样性给西点装饰提供了很多可能性。多数水果还可以用雕刻、折叠、累加的方式达到不同的效果。在水果上刷镜面果胶，可以防止水果脱水、干燥、变色，又能使水果富有光泽。

（六）翻糖装饰（图 6-6）

翻糖常用于蛋糕和西点的表面装饰。因为它比奶油装饰的蛋糕保存时间长，而且漂亮、立体，容易成形，在造型上发挥空间比较大，能给人更强的视觉效果。但翻糖的口感和食用性比较差，其观赏价值大于食用价值。

图 6-6 翻糖装饰

（七）杏仁膏装饰（图 6-7）

杏仁膏是以脱皮杏仁和糖粉为主要原料，经反复压磨而成的白色膏状混合物，具有杏仁味浓，可塑性强的特点。用杏仁膏装饰是西点制作经常使用的一种工艺方法，杏仁膏本身是一种营养高、口味好的可食用原料，又具有良好的柔韧性和洁白度，是装饰制品的一种良好材料。装饰用的杏仁膏必须具有一定的硬度和可塑性。杏仁膏在西点生产中有着很长的历史，起初是西点师傅自制，现在多为工业化生产，质量稳定可靠，已经成为西点中必不可少的原料之一，杏仁膏由于价格比较高，多用于高档西点的装饰制作上。

图 6-7 杏仁膏装饰

（八）巧克力装饰（图 6-8）

巧克力一直是西点装饰中最常用的品种，它可以根据温度调控、时软时硬、变化多端的特殊质感令它成为西点师手中想象力的工具，创造出千变万化、造型各异的巧克力装饰品。巧克力装饰也是技术工艺性较强的制作品种之一。

目前各式各样的巧克力插件成为崛起在蛋糕表面的新贵，或灵动，或沉稳，或形象生动，或抽象独特，在方寸之间将蛋糕装饰领向了一个崭新的纪元。一片小小的巧克力插件，里面蕴含着很多的细节和手法，需要不断练习，找到方法，直到技术熟练精湛。巧克力插件不仅具有装饰效果，而且使用方便快捷，在工作中提前制作装饰插件，在出品时随取随用，既省时又省

图 6-8 巧克力装饰

力，提高了工作效率，使产品在短时间内提高档次。

在巧克力装饰品制作中最重要的便是工具的使用，可以借助各种工具制作出不同形状的装饰件，如巧克力树叶、巧克力条、巧克力卷、巧克力片等。锯齿状的刮刀、pvc 透明塑料膜等，也是经常会使用到的工具，利用这些小东西创造出来的巧克力插件，让西点具有了极富创造性的视觉效果。

（九）糖艺装饰（图 6-9）

糖制品装饰多用脆糖进行。脆糖是将白砂糖、葡萄糖和柠檬酸上火熬至特定温度而成的一种装饰原料。在熬糖过程中，能加入各种颜色的色素，使脆糖呈现出所需的色彩。所以，用脆糖制作出的装饰品，不仅晶莹透彻、色彩斑斓，而且用脆糖制成的花朵、叶子形象逼真、立体感强。以往的脆糖都需要自己调制，现在很多餐厅和企业多购买成品直接使用。

糖丝是熬糖时，砂糖焦化（或变色）之前，用钢丝甩制的制品，在新老西点制作中经常用到，不仅能当装饰品使用，而且能够食用。

图 6-9 糖艺装饰

课后思考题

1. 西点装饰的基本要求是什么？你觉得其中最重要的要求是什么？

2. 西点常用的装饰手法有哪些？

3. 西点色彩可通过哪些方式形成？

4. 西点造型需要考虑哪些因素？

5. 以蛋糕为例，阐述西点制作中成形与装饰的运用。

6. 利用自己所学知识，选择一种个人比较喜欢的装饰手法设计一款节日蛋糕并绘图。

第二节　西点装饰实例

学习目标

- ◆ 了解西点装饰品种的特点、要求。
- ◆ 掌握各种西点装饰技法特点。
- ◆ 能根据具体品种选择适合的装饰方法。
- ◆ 熟悉各种装饰方法的操作技术及要点。
- ◆ 能够独立进行西点品种装饰工艺环节的操作。

实例一　泡芙塔（Croquembouche）

【品种介绍】

泡芙塔是法国传统的庆祝甜点，就是将做好的泡芙沾上焦糖，一个一个累积起来，摞成高高的塔状，象征对美好生活的向往。在法国，泡芙塔往往是婴儿庆生、结婚宴席、圣诞晚宴和洗礼仪式上不可或缺的庆典美食。以奶油为馅的小号泡芙沾着焦糖堆叠成塔，并用水果、巧克力、坚果、鲜花等精心装饰。

【制品材料】

圆形泡芙、奶油、白砂糖、水、装饰糖、糖粉、装饰品等。

【设备器具】

搅拌机、电磁炉、烤箱、裱花袋、裱花嘴、刮板、西点刀、剪刀、面盆、厚底锅、面粉筛、打蛋器、容器容具。

【制作方法】

（1）准备工作　取一张大的厚纸板制作成一圆锥体，表面用铝箔纸包裹，做成泡芙塔模备用。泡芙制作完成，晾凉备用。

（2）填馅、表面装饰　将奶油挤入泡芙坯中，表面沾裹装饰糖。

（3）熬制糖浆　砂糖加水熬制成黏稠的糖浆，保持温热状态。

（4）沾裹造型　将制作好的泡芙底部沾上糖浆，由下往上粘在事先做好的塔模圆锥上，最后在表面撒上糖霜即可。

【制品图解】

1. 制作泡芙塔造型

2. 成品（一）

3. 成品（二）

【技术要点】

（1）注意糖浆的熬制要领。也可以直接购买成品糖使用。

（2）泡芙大小一定要均匀，可以选择两种不同颜色的泡芙进行制作。

课后思考题

1. 泡芙塔的由来及特色是什么？
2. 泡芙塔的原料构成及选用要求是什么？
3. 泡芙塔制作需注意哪些事项？

实例二　裱花蛋糕（Decorative cake）

【品种介绍】

裱花蛋糕是指在蛋糕表面进行裱花装饰的蛋糕。大型裱花婚礼蛋糕、裱花生日蛋糕、大型裱花装饰蛋糕及各种节日蛋糕等，几乎都要使用裱花工艺，其中以大型裱花婚礼蛋糕和裱花生日蛋糕的制作数量最多，裱花工艺使用得也最多，二者具有很高的食用价值和艺术价值。传统西点因使用原材料不同，对于裱花工艺和造型以简洁明快为主，在我国的大部分地区，因为使用植脂奶油，奶油塑性好，适合于塑型和立体造型，蛋糕的花样和技艺也发挥得淋漓尽致。

【制品材料】

蛋糕坯、鲜奶油、巧克力酱、色素、晶晶亮果膏、水果、巧克力插件。

【设备器具】

搅拌机、手柄刮板、抹刀、锯齿刀、裱花嘴、裱花袋、转台、剪刀、水果刀。

【制品图解】

1. 蛋糕坯

2. 片成均匀的三片

3. 中间夹奶油及水果

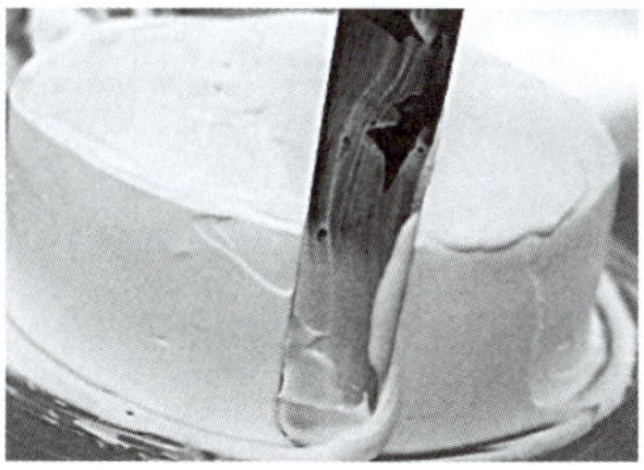
4. 表面及四周抹奶油

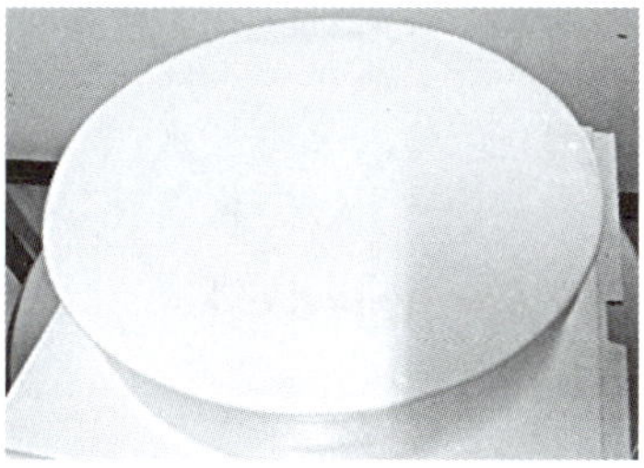
5. 抹好面的蛋糕坯

6. 装饰成品

【制作方法】

（1）抹面制作　蛋糕坯片成均匀的三片，将第一片蛋糕片放于蛋糕转台上，将打发的奶油抹上，放上水果丁并抹平，然后放上第二片蛋糕坯，以同样方法抹上奶油，放上水果抹平后再将第三片蛋糕坯放在上面，最后将奶油涂抹于蛋糕表面和周边，抹光滑、平整。

（2）裱花制作　将所用的裱花嘴装入裱花袋内，翻开裱花袋的内侧，用左手虎口抵住裱花袋中间，右手将所需的裱制奶油装入裱花袋中。奶油装好后，将裱花袋的内侧翻回去，同时把裱花袋卷紧，将袋内空气排出，使裱花袋坚实硬挺。裱制时，右手虎口压住裱花袋上部，同时手掌紧握裱花袋，左手轻扶裱花袋，以不阻挡视线为原则，并将裱花袋倾斜45°对着蛋糕表面挤出原料，此时原料经由花嘴按照操作者的手法动作，自然形成花纹或形状。

（3）根据设计好的图案，将蛋糕制作完成。

（4）摆放上水果、果酱、插件即可。

【技术要点】

（1）制作裱花蛋糕是一项技术含量很高的工作，需要较高的基本功底和熟练的手法。在实际制作中，任何不慎都会导致成品的质量下降，严重的会直接影响到成品的形状和美观。

（2）要正确运用操作姿势与操作的基本手法。抹面时，双手配合要默契，动作要轻柔灵活，用力均匀。裱制时，要做到图案纹路清晰，线条流畅自然，大小均匀，薄厚一致。

（3）原料装入裱花袋或纸卷的量要适宜，过多或过少都会直接影响到手的运动和用力的程度。切忌装料过满，一般装半袋为宜。

（4）要熟悉所用原料的性质和特点，以做到心中有数。例如，用黄油酱裱制蛋糕时，靠近手掌部分的原料在最后被挤出时，由于掌心的温度往往会微有融化、发软，裱制出的形状或线条会有所差异，所以要及时更换。

（5）裱制蛋糕时，要运用艺术的观点来操作，裱制的图案或花纹要具有艺术性。

课后思考题

1. 什么是裱花蛋糕？
2. 制作裱花蛋糕的基本步骤有哪些？
3. 制作裱花蛋糕的要点有哪些？

实例三 水果装饰蛋糕（Fruit decorated cake）

【品种介绍】

水果装饰蛋糕是目前装饰蛋糕的流行趋势，它将各种颜色的新鲜水果或水果罐头运用到蛋糕上，再加上一些其他装饰对蛋糕进行造型。其特点是色彩缤纷的水果能给蛋糕带来良好的视觉感官，而且蛋糕因为水果的加入口感变化更加丰富，更有营养价值。

【常用的水果装饰材料】

新鲜水果：草莓、蓝莓、覆盆子、车厘子、猕猴桃、哈密瓜、杨桃、芒果等。

灌装水果：黄桃、菠萝、杂果等。

【设备器具】

搅拌机、手柄刮板、抹刀、砧板、水果刀、裱花嘴、裱花袋、转台。

【制作方法】

（1）设计图案，按照方案选择水果，并进行预处理：清洗、切片等。

（2）对蛋糕进行基础抹面操作。

（3）花边挤注　根据蛋糕构图需要选用对应的裱花嘴放入裱花袋中，在蛋糕表面挤出需要的花纹，然后将切好的水果按照设计摆放在蛋糕表面。

（4）其他装饰　在蛋糕表面插上插件，如：生日快乐、Happy birthday 等。

【成品图】

示例 1

示例 2

示例 3

示例 4

示例 5

示例 6

【技术要点】

（1）制作前应根据主题选择合适的水果。

（2）掌握好水果色彩的合理搭配，尽量选择颜色丰富的水果品种。

（3）在选择水果时务必严格注意卫生，如清洗、切配、保存等环节。

（4）水果不宜选择酸味过重的品种，会影响蛋糕的食用口感；也不宜选择水分过重的品种，否则放置过程中果汁会留在奶油表面影响整体蛋糕效果。

（5）水果表面刷一层镜面果胶可以达到增亮和丰富口感的作用。

课后思考题

1. 水果装饰蛋糕常见的装饰水果有哪些？
2. 制作水果装饰蛋糕时选择水果的原则是什么？
3. 苹果和梨是否适合直接制作水果装饰蛋糕？

实例四 翻糖蛋糕（Fondant cake）

【品种介绍】

翻糖蛋糕音译自fondant，是一种工艺性很强的蛋糕。它不同于我们平时所吃的忌廉或奶油蛋糕，是以翻糖为主要材料来代替常见的鲜奶油，覆盖在蛋糕体上，再以各种糖塑的花朵、动物等作装饰，做出来的蛋糕如同装饰品一般精致、华丽。因为它比鲜奶油装饰的蛋糕保存时间长，而且漂亮、立体，容易成形，在造型上发挥空间比较大，所以是国外最流行的一种蛋糕，也是婚礼和纪念日时最常使用的蛋糕。延展性极佳的翻糖可以塑造出各式各样的造型，并将精细特色完美地展现出来，造型的艺术性无可比拟，充分体现了个性与艺术的完美结合，因此成为当今蛋糕装饰的主流。

【制品材料】

重油蛋糕坯、翻糖面团、塑型糖膏、杏仁糖膏、糖粉膏、色素、滑粉。

【设备器具】

搅拌机、翻糖工具及模具、抹刀、锯齿刀、裱花嘴、裱花袋、转台。

【制作方法】

（1）装饰品制作　用翻糖膏做出装饰花朵。用塑型糖膏做出装饰用的器物、建筑或人物。以杏仁糖膏捏制出象形人物或动物。

（2）抹面制作　油蛋糕坯放在蛋糕转盘上，去掉表皮，修到5cm高，确保蛋糕平整，水平一致。将蛋糕叠在一起，中间平平地抹一层糖粉膏。蛋糕外部也要抹上一层糖粉膏，使蛋糕的外表更平整。糖粉膏都抹平后，晾至少30min，使得糖粉膏外表稍干燥，以便于稍后覆盖翻糖皮。

（3）取一大块翻糖，擀成3mm左右的厚度。将擀好的翻糖皮覆盖到蛋糕上，一手轻轻扶住蛋糕顶部边缘，一手把边上的翻糖垂直往下拉扯。用小刀修去多余的翻糖皮。蛋糕表面拍一些滑粉（玉米淀粉和糖粉以1：1的比例调制），用手或者刮板，把翻糖表面轻轻刷平。用白色的糖粉膏挤出花边。

（4）根据设计图案将装饰物组装起来，并根据需要用糖粉膏挤注线条、花纹装饰。

【制品图解】

1. 整理翻糖皮

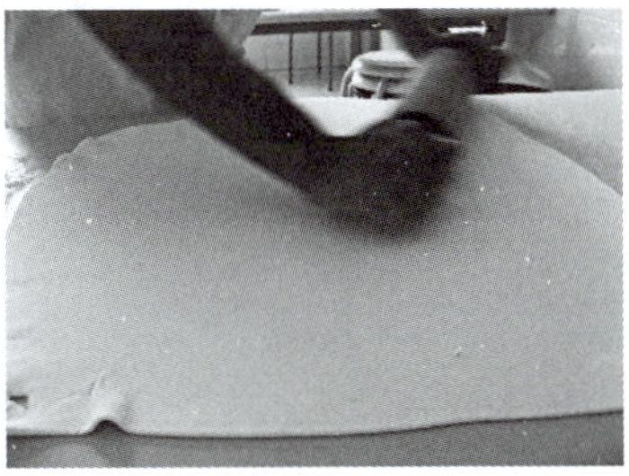

2. 擀皮

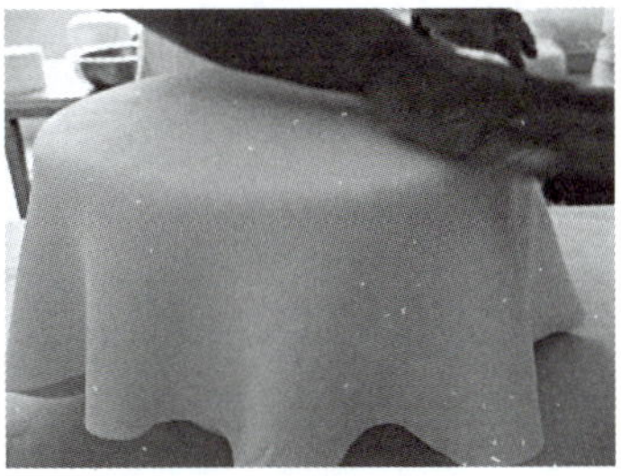

3. 覆盖蛋糕

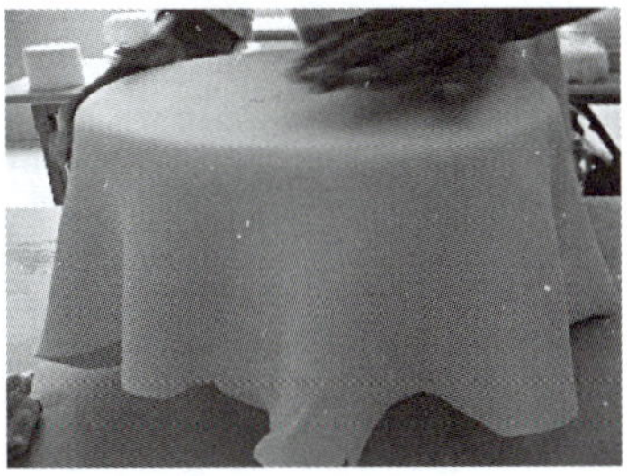

4. 修整（一）

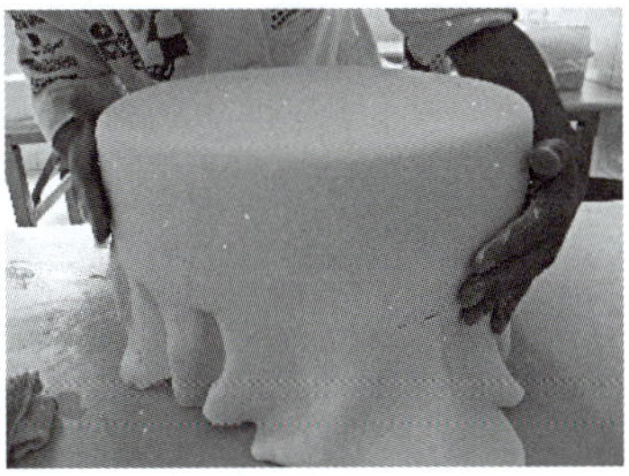

5. 修整（二）

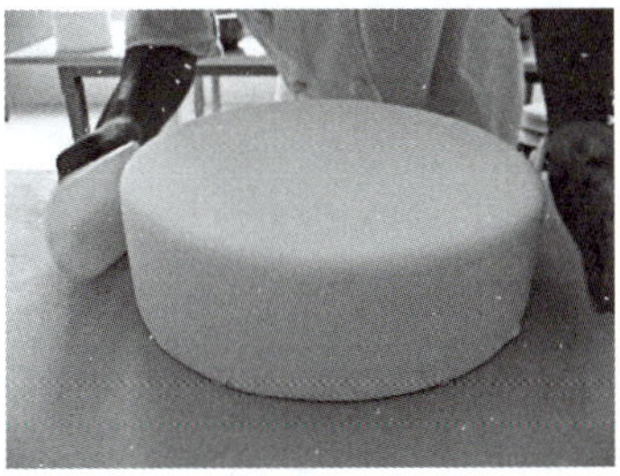

6. 蛋糕坯成品

【成品图】

成品（一）

成品（二）

成品（三）

【技术要点】

（1）因糖皮有一定重量，故蛋糕坯不宜选择轻柔的海绵蛋糕或戚风蛋糕，应选择质地较厚重的油脂类蛋糕。

（2）先用刀将蛋糕表面及四周修平整，然后用糖粉膏均匀涂抹一层，使蛋糕更加平整并有一定的黏性，能牢固粘接表面糖皮。

（3）翻糖擀制过程中要注意防粘，可使用防粘工具和防粘硅胶垫、防粘擀面杖、防粘模具等。

课后思考题

1. 什么是翻糖蛋糕?
2. 制作翻糖蛋糕的基本步骤有哪些?
3. 制作翻糖蛋糕的要点有哪些?

第三节 甜品台整体布置

学习目标

- 了解甜品台的定义。
- 熟悉甜品台的装饰技法。
- 掌握甜品台相关产品的制作方法和步骤。

甜品台，顾名思义，就是用一系列的甜品、蛋糕、饼干、糖果、饮品等，组成一个带有强烈主题性的甜品摆台。在甜品越来越受到人们的喜爱的大时代驱动下，加上“私人订制”的热潮兴起，甜品台也开始被广泛地应用于婚礼、生日宴、周年庆和聚会中。作为内外兼备的存在，甜品台不仅能在各种场景中扮演举足轻重的装饰角色，也能成为人人迫不及待想品尝的美味主打。充满浪漫色彩的马卡龙，唯美富有画面感的翻糖蛋糕，可爱又充满乐趣的卡通饼干……用一桌食物去讲述一段故事，营造出温馨无比的纪念日氛围，才是甜品台真正的魅力所在。甜品台精美细致，是视觉和味觉的完美融合，而一个完整的甜品台，要求是非常高的，不仅仅是做出成品来，同时对现场整体配色、主题的把控，对细节的落实，都体现在整体的设计中。

一、甜品台设计的内容

1. 主题及场景设计

甜品台的设计主题一定要突出。一般应考虑主题思想，再巧妙地结合相应的典故，可以达到很好的效果。甜品台场景设计对宴会主题的渲染和衬托具有十分重要的作用。甜品的制作也要贴近要表现的主题，制品的颜色及造型最好能够相呼应。

2. 台面设计

甜品台的台面设计起到烘托宴会气氛、突出宴会主题、提高宴会档次的作用。可以借助物品与餐具进行组合造型，深化意境，还包括与甜品台相适应的整体色彩、饰物、背景音乐都应该考虑。

3. 品种设计

需要考虑放置甜品台的时间和地点。在制作甜品台的时候，时间是非常重要的注意点。首先，要考虑到食材的新鲜程度，决定好制作时间。其次，确定摆放甜品的环境。摆放环境是室内还是室外，露天还是空调房间，这些对甜品的制作都有严格要求。一般在缺乏温度控制的甜品台布置上，尽量以易保存的重油类蛋糕、饼干、密封的糖果和不易变质的饮品为主。而在温度比较恒定的室内可以选择一些颜色比较鲜艳的慕斯、马卡龙等。

以婚礼庆典为例，户外婚礼甜品台和室内婚礼甜品台品种不同。

户外		室内	
新鲜水果蛋糕	Cream fruit cake	黑森林蛋糕	Black forest cake
水果啫喱冻	Fruit jelly	芒果慕斯蛋糕	Mango mousse cake
香草泡芙	Vanilla puffs	椰奶摩丝蛋糕	Coconut mousse cake
焦糖炖蛋	Cream caramel	水果挞	Fruit tart
时鲜水果	Seasonal fruit plate	草莓慕斯蛋糕	Strawberry mousse cake

4. 食用安全

摆放在甜品台上的制品一般是裸露在空气中的，而且以高糖高油制品为主。在搬运和摆放过程中应避免微生物的污染。此外，在摆放展示过程中，放置的时间过长也容易造成食品的变质。因此，要特别注意卫生问题。

二、甜品台整体造型实例

（一）西方传统节日设计（图 6-10）

圣诞节甜品台设计（一）

圣诞节甜品台设计（二）

圣诞节甜品台设计（三）

图 6-10　圣诞节甜品台设计

（二）庆典活动及节日设计（图 6-11）

随着经济的发展，国内大型酒店的甜品台不再仅仅围绕西方传统节日，在一些特定节日，例如婚礼、满月酒、儿童节、父亲节、新年，在某个重要的日子进行的具有特殊意义的酒会、庆典等活动，也会设计专门主题的甜品台。

儿童节甜品台设计

大型庆典甜品台设计（一）

大型庆典甜品台设计（二）

春节甜品台设计

婚礼甜品台设计

弥月之喜甜品台设计

图 6-11　庆典活动及节日甜品台设计

课后思考题

以小组为单位，自行选择节日主题，设计并制作一款简单的甜品台造型。

参考文献

1. 秦辉，蒋湘林．西饼房岗位务实 [M]．重庆：重庆大学出版社，2015.
2. 王美萍．西式面点工艺 [M]．北京：中国劳动社会保障出版社，2005.
3. 钟志惠．西点制作技术 [M]．北京：科学出版社，2010.
4. 曲家兴．糕点制作基本技能 [M]．北京：中国劳动社会保障出版社，2008.
5. 李里特，江正强．焙烤食品工艺学 [M]．北京：中国轻工业出版社，2010.
6. 韦恩・吉斯伦著，谭建华等译．专业烘焙（第三版）[M]．大连：大连理工大学出版社，2004.
7. 王森．蛋糕大全 [M]．青岛：青岛出版社，2014.
8. 祁可斌，王峰．西式面点制作入门 [M]．北京：机械工业出版社，2012.
9. 肖崇俊．西式糕点制作新技术精选 [M]．北京：中国轻工业出版社，1994.
10. 孙晓鹏．烘焙女王 YOYO 的私藏手札 [M]．南京：江苏凤凰科学技术出版社，2015.
11. 玛丽・贝里著，马志文译．甜点圣经 [M]．北京：北京科学技术出版社，2016.
12. 迈克尔・莫斯著，张佳安译．盐糖脂 [M]．北京：中信出版社，2015.
13. 朱利安・梅瑟隆著，王思清译．巴黎甜点老铺的经典配方 [M]．北京：电子工业出版社，2015.
14. 川上文代著，书锦缘译．西式糕点制作大全 [M]．北京：中国民族摄影艺术出版社，2016.
15. 克里斯托费・费德尔著，郭晓庚译．面团塔奶油甜点 [M]．北京：中国轻工业出版社，2016.
16. 克里斯托费・费德尔著，郭晓庚译．马卡龙面包小点心 [M]．北京：中国轻工业出版社，2016.
17. 大阪辻厨师专科学校编著，潘本力译．西式糕饼制作图解 [M]．长春：吉林科学技术出版社，1997.
18. 王森，张婷婷．日本甜点大师的私房配方 [M]．北京：中国轻工业出版社，2017.
19. 王森，张婷婷．法式甜点 [M]．北京：中国轻工业出版社，2017.
20. 旭屋出版书籍编辑部主编，林美琪译．TOP 甜点师派 & 塔 [M]．北京：光明日报出版社，2016.
21. 王森．塔 & 派 [M]．北京：中国轻工业出版社，2016.
22. 日本柴田书店编著，盖晓乐译．经典法式小甜点 110[M]．北京：中国民族摄影艺术出版社，2017.
23. 威尔・托伦特著，陶尚芸译．米其林餐厅主厨教你做法式甜点 [M]．北京：中国画报出版社，2016.
24. http://www.sohu.com/a/140281267_788852
25. https://www.zhihu.com/question/60581886/answer/178106184

西点烘焙参考书

软欧面包制作教程　彩色印刷

李　杰　主编
页　数：200页
定　价：88.00元
ISBN：9787518419609

更多精彩内容

内容简介

《软欧面包制作教程》按面包的不同款式和用途分为五个部分，即基础软欧面包、撒粉类艺术装饰面包、开刀类艺术装饰面包、编织类艺术装饰面包和包面类艺术装饰面包，共计 67 款。面包材料配比详细、制作步骤清晰，并配有精美的实物照片，让读者能够轻松直观地掌握不同面包的做法。

图解翻糖蛋糕制作技艺　彩色印刷

王　波　主编
页　数：168页
定　价：58.00元
ISBN：9787518418763

更多精彩内容

配套资源：

内容简介

本书通过介绍翻糖糕制作的基本技法，从初级翻糖蛋糕制作入手，逐级深入介绍中级翻糖蛋糕和高级翻糖蛋糕的制作，通过翻糖蛋糕制作技法的介绍，来讲述翻糖蛋糕的制作关键，以便让大家逐渐掌握翻糖技艺，同时为大家提供许多翻糖蛋糕的作品，让大家在学习翻糖技艺的同时欣赏翻糖蛋糕带来的美的视觉享受。

图解韩式裱花技艺　彩色印刷

Myra　著
页　数：168页
定　价：58.00元
ISBN：9787518420407

更多精彩内容

内容简介

本书用了许多篇幅阐述裱花的基础概念、花嘴使用的角度、裱花可能发生的错误，以及花朵组合、设计概念等，读者读完本书之后，对裱花有更详细、更全面的了解，而且能自由地运用学到的技巧，做出美丽万千的裱花蛋糕。本书按照基础、中级到高级的程度，设计了不同的裱花课程，以及如何在蛋糕上组合美丽的裱花，若能够按照书中所设计的章节，按部就班地动手实践，学习起来一定可以事半功倍，做出集姿态、色调和设计于一体的甜点艺术品。

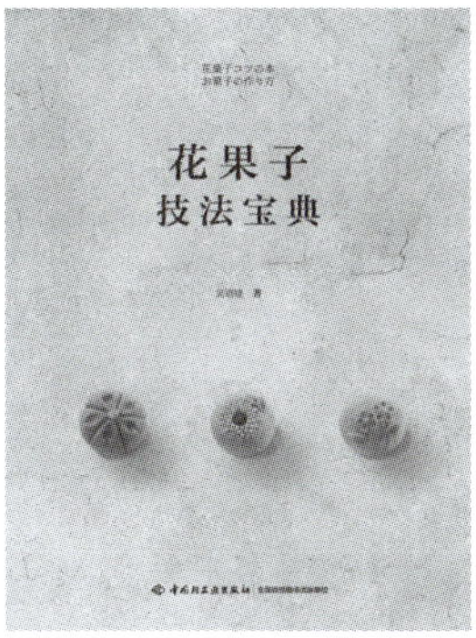

花果子技法宝典　彩色印刷

吴语婕　著
页　数：272页
定　价：168.00元
ISBN：9787518425440

更多精彩内容

配套资源：

内容简介

果子是传统日式点心，与其说是小吃，不如说是日本传统艺术品。其精致的造型完美地表现了日本人对饮食美学的追求，成为日本饮食文化的象征之一。

本书详细介绍了练切、冰皮雪果、雪平、羊羹、米果子五大类典型的日式四季时令果子的制作，按照外皮制作、馅料配方、整形技巧、工具应用全图解的方式向读者介绍果子的制作全过程。同时书中还配备了一些制作视频，让学习者更容易掌握果子的制作技法。

西式面点制作基础教程　彩色印刷

罗因生　著
页　数：180页
定　价：59.00元
ISBN：9787518426348

更多精彩内容

内容简介

本书内容主要分为五部分，即西点烘焙基础知识、面包类西点制作、饼干类西点制作、点心类西点制作和蛋糕类西点制作。全书共介绍了四大类西点中具有代表性的71个品种，图文并茂，制作步骤和制作方法清晰明了。作者通过精准、稳定的配方和精简、高效的做法，为读者一一解答西点烘焙上的各种疑惑。同时，有针对性地介绍了作者多年授课所总结的西点制作技巧。

西点制作教程（第二版）　双色印刷

陈洪华　李祥睿　主编
页　数：268页
定　价：49.00元
ISBN：9787518422562

更多精彩内容

内容简介

本书主要内容包括西点制作常用工具和设备，西点制作原料知识，西点制作基础和西点制作工艺实例，详细介绍了面包、蛋糕、清酥、混酥、饼干、泡芙、布丁、舒芙蕾、司康、巴恩、冷冻甜食及蛋白类甜品制作工艺，并简要介绍了西点制作装饰工艺和西点饮食习俗。